计算机组成原理

主　编　陈　慧
副主编　龙　飞　段智云

北京理工大学出版社
BEIJING INSTITUTE OF TECHNOLOGY PRESS

内 容 简 介

本书系统地介绍了计算机的基本组成原理和内部工作机制。全书共分 10 章，主要内容分成两个部分：第 1、2 章介绍了计算机的基础知识；第 3～10 章介绍了计算机的各子系统（包括运算器、存储器、控制器、外部设备和输入/输出子系统等）的基本组成原理、设计方法、相互关系以及各子系统互相连接构成整机系统的技术。

本书可作为普通高等院校计算机科学与技术专业的大学生学习"计算机组成原理"课程的教科书，也可供从事计算机工作的工程技术人员参考。

图书在版编目（CIP）数据

计算机组成原理 / 陈慧主编. —北京：北京理工大学出版社，2017.11
ISBN 978-7-5682-4937-9

Ⅰ．①计…　Ⅱ．①陈…　Ⅲ．①计算机组成原理–高等学校–教材　Ⅳ．①TP301

中国版本图书馆 CIP 数据核字（2017）第 263734 号

出版发行 / 北京理工大学出版社有限责任公司
社　　址 / 北京市海淀区中关村南大街 5 号
邮　　编 / 100081
电　　话 / （010）68914775（总编室）
　　　　　（010）82562903（教材售后服务热线）
　　　　　（010）68948351（其他图书服务热线）
网　　址 / http://www.bitpress.com.cn
经　　销 / 全国各地新华书店
印　　刷 / 三河市天利华印刷装订有限公司
开　　本 / 787 毫米×1092 毫米　1/16
印　　张 / 16
字　　数 / 376 千字
版　　次 / 2017 年 11 月第 1 版　2017 年 11 月第 1 次印刷
定　　价 / 59.80 元

责任编辑 / 陈莉华
文案编辑 / 陈莉华
责任校对 / 周瑞红
责任印制 / 施胜娟

前　言

本书是为高等院校计算机专业的学生以及从事计算机科学与技术工作的工程技术人员编写的，也适合于非计算机专业的学生使用。本书从基本原理讲起，力图贯彻少而精的原则。

本书的第 1、2 章是基础部分，着重阐述构成一台计算机的基本原理，力求与当前广泛使用的计算机技术相结合，概括了计算机的发展情况，介绍了计算机中各类信息的表示方法，通过记录表的形式引导学生发现其中的原理，比如在加减运算时，通过记录表反映出既可以将运算数看作无符号数，也可以看作有符号补码，引导学生发现加减运算电路的本质，启发学生运用课堂上学习的理论知识对现象和结果进行解释，理论和实践相结合，从而加深对计算机工作原理的理解；第 3、4 章是运算方法和运算器，讲解了运算器的组织方法，从物理上讲授计算机基本部件的构成和作用；第 5 章讨论存储系统，讲解了存储器件的工作原理和扩充方法，主要介绍计算机硬件连接形式和内部处理方式；第 6 章讲解指令系统与寻址方式，特别介绍了指令格式和寻址方式如何在汇编程序中应用；第 7、8 章着重讨论了控制系统与中央处理器的设计原理和计算机各部分内部工作过程，控制器是计算器的调度中心，它将计算机中各个部件联系在一起组合成一个整体，根据控制指令的要求指挥协调其余计算机组成部分工作；第 9 章主要讨论了总线系统的结构，总线是一种内部结构，是 CPU、存储器、输入/输出设备传递信息的公用通道，主机的各个部件通过计算机总线连接，从而形成了计算机硬件系统；第 10 章介绍了输入/输出设备的工作原理以及外设与主机间的互联问题，介绍目前常用的外围设备并简要叙述工作原理。考虑到课程性质和教学要求，在硬件设计上并不要求训练学生达到熟练的设计水平，而是通过示范和有限的设计引导学生深入理解硬件结构。本书强调了计算机的基本原理、基本知识和基本技能的训练，通过控制器原理的学习和模型机的例子，可以使读者建立起计算机整机工作的概念，为从事计算机系统的分析、设计、开发与维护等工作打好基础。

综上所述，本书的重点是计算机的基本组成原理及有关的硬件结构，并对计算机的发展与实现提供了必要的也是最基本的知识。本书的第 1、6、10 章由陈慧编写；第 3、4、5、9 章由龙飞编写；第 2、7、8 章由段智云编写。邓世昆教授对全书进行了统稿与审查，对本书的图稿进行了校对。

北京理工大学出版社的编辑们为本书的出版做了大量的工作，在此对他们辛勤的工作和热情的支持表示诚挚的感谢！由于时间仓促及水平有限，书中难免有错误和不妥的地方，恳切欢迎广大同行和读者批评指正。

编　者

CONTENTS 目录

第1章

计算机系统概论

1.1 计算机的语言

科学技术的高度发展，导致计算机的诞生。在现代化社会中，计算机已经深入到人类工作与生活的各个方面。电子计算机按照信息表示形式和处理方式不同，可分为电子模拟计算机和电子数字计算机两大类。计算机语言（Computer Language）指用于人与计算机之间通信的语言。计算机语言是人与计算机之间传递信息的介质。计算机系统的最大特征是将指令通过一种语言传达给机器。为了使电子计算机能进行各种工作，就需要有一套用以编写计算机程序的数字、字符和语法规则，由这些字符和语法规则组成计算机各种指令或各种语句，这些就是计算机能接受的语言。

人类经常用语言来表达思想、交流经验、互通信息。其中汉语、英语、法语等是使用人数最多的语种。人类互相交流信息所用的语言称为自然语言，但是当前的计算机智能化程度不够，还不具备理解自然语言的能力，于是希望找到一种和自然语言接近，并能为计算机接受的语言，这种语言称为计算机的高级语言。从计算机的发展历史来看，最初在计算机中使用的不是高级语言，由于它难学、语法晦涩难以理解且使用困难，因而需要改进，这样才导致了高级语言的诞生。

常用于数据处理和面向对象的高级语言有 Visual Basic、Visual C++、Java、Delphi、FORTRAN、ALGOL 等。高级语言主要是相对于低级语言而言的，它并不特指某一种具体的语言，而是包括了很多编程语言，这些语言的语法、命令格式都各不相同。高级语言所编制的程序不能直接被计算机识别，必须经过转换才能被执行。高级语言的发展也经历了从早期语言到结构化程序设计语言，从面向过程到非过程化程序语言的过程。

如今通用的编程语言有两种形式，即汇编语言和高级语言，如图1-1所示。汇编语言和机器语言的实质是相同的，都是直接对硬件操作，只不过指令采用了英文缩写的标识符，容易识别和记忆。源程序经汇编生成的可执行文件不仅比较小而且执行效率高。高级语言是绝大多数编程者的选择。和汇编语言相比，它不但将许多相关的机器指令合成为单条指令，并

图1-1　计算机语言

且去掉了与具体操作有关但与完成工作无关的细节，如使用堆栈、寄存器等，这样就大大简化了程序中的指令。同时，由于省略了很多细节，编程者也就不需要具备太多的专业知识。

　　未来面向对象程序设计以及数据抽象在现代程序设计思想中占有很重要的地位，未来语言的发展将不再是一种单纯的语言标准，将会是一种完全面向对象、更易表达现实世界、更易为人编写的形式，其使用计算机语言将不再只是专业的编程人员，普通人完全可以用订制真实生活中一项工作流程的简单方式来完成编程。

　　简单性：提供最基本的方法来完成指定的任务，只需理解一些基本的概念，就可以用它编写出适合于各种情况的应用程序。

　　面向对象：提供简单的类机制以及动态的接口模型。对象中封装状态变量以及相应的方法，实现了模块化和信息隐藏；提供了一类对象的原型，并且通过继承机制，子类可以使用父类所提供的方法，实现了代码的复用。

　　安全性：用于网络、分布环境下时有安全机制保证。

　　平台无关性：与平台无关的特性使程序可以方便地被移植到网络上的不同机器、不同平台。

1.2　计算机的硬件

　　计算机硬件是指计算机系统中由电子、机械和光电元件等组成的各种物理装置的总称。这些物理装置按系统结构的要求构成一个有机整体，为计算机软件运行提供物质基础。简而言之，计算机硬件的功能是输入并存储程序和数据以及执行程序把数据加工成可以利用的形式。组成计算机的基本部件有中央处理器、存储器和输入/输出设备。

　　中央处理器又叫CPU（Central Processing Unit），在早期的计算机中分成运算器和控制器两部分，由于电路集成度的提高，现在已经把它们集成在一块芯片中。

　　运算器是对信息或数据进行处理和运算的部件，经常进行的是算术运算和逻辑运算，所以在其内部有一个算术及逻辑运算部件（Arithmetic Logic Unit，ALU）。算术运算是按照算术规则进行的运算，如加、减、乘、除、求负值等。逻辑运算一般是非算术性质的运算，如比较大小、移位、逻辑乘、逻辑加等。在计算机中，一些复杂的运算往往被分解成一系列算术运算和逻辑运算。当CPU处理的数据局限于整数时，这个CPU有时被称为整数运算部件IU。为了快速而有效地对实数进行处理，在某些计算机中专门设置了浮点运算部件。

　　控制器主要用来实现计算机本身运行过程的自动化，即实现程序的自动执行。

　　存储器用来存放程序和数据，是计算机各种信息的存储和交流中心。计算机中全部信息，包括输入的原始数据、计算机程序、中间运行结果和最终运行结果都保存在存储器中。它根据控制器指定的位置存入和取出信息。有了存储器，计算机才有记忆功能，才能保证正常工作。注意要把存储单元的地址和存储单元里存放的内容（数据或指令）区分开。存储器又有主存储器和辅助存储器之分。当前在计算机上运行的程序和数据是存放在主存储器中的。

输入设备用来输入原始数据和处理这些数据的程序。输入的信息有数字、字母和控制符等，经常用 8 位二进制码来表示一个数字（0～9）、一个字母（A、B、C、…、X、Y、Z）或其他符号，当前通用的是 ASCII 码，它用 7 位二进制码来表示一个字符，最高的一位可用于奇偶校验或作其他用处。一般把 8 位二进制码称为一个字节。

输出设备用来输出计算机的处理结果，可以是数字、字母、表格、图形等。最常用的输入/输出设备是显示终端和打印机，终端设备采用键盘作为输入工具，处理结果显示在屏幕上，而打印机则将结果打印在纸上。此外，为了监视人工输入信息的正确性，在用键盘输入信息时，将刚输入的信息显示在屏幕上，如有错误，可及时纠正。

在计算机中，各部件间来往的信号可分为 3 种类型，即地址信号、数据信号和控制信号。通常这些信号是通过总线传送的，如图 1－2 所示。CPU 发出的控制信号，经控制总线送到存储器和输入/输出设备，控制这些部件完成指定的操作。与此同时，CPU（或其他设备）经地址总线向存储器或输入/输出设备发送地址，使得计算机各个部件中的数据能够根据需要相互传送。输入/输出设备和存储器有时也向 CPU 送回一些信号，CPU 可根据这些信号来调节本身发出的控制信号。计算机还允许输入/输出设备直接向存储器提出读写要求，控制数据传送。

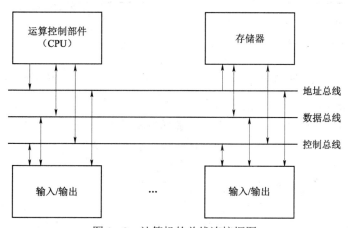

图 1－2　计算机的总线连接框图

1.3　计算机系统的层次结构

计算机解题的一般过程：用户用高级语言编写程序，连同数据一起送入计算机（用户程序一般称为源程序），然后计算机将其翻译成机器语言程序（称为目标程序），在计算机上运行后输出结果，其过程如图 1－3 所示。

早期的计算机只有机器语言，用户必须用二进制码表示的机器语言编写程序，因此工作量大、容易出错，而且对用户的要求较高，要求他们对计算机的硬件和指令系统有正确和深入的理解，并且编程熟练。在 20 世纪 50 年代，出现了符号式的程序设计语言，称为汇编语言。程序员可以用 ADD、SUB、MUL、DIV 符号表示加、减、乘、除的操作码，并用符号来表示指令和数据的地址。汇编语言大部分语句是和机器指令一一对应的。用户用汇编语言编写程序后，依靠计算机将它翻译成机器语言，即二进制码，然后再在计算机上运行。这个翻译过程是由汇编程序实现的。

由于汇编语言与人的传统解题方法相差甚远，因此经过人们的努力又出现了面对题目的高级语言，随同研制出这些语言的翻译程序，因此可以设想在汇编语言级之上又出现了高级语言级，它的实现是先把高级语言程序翻译成汇编语言程序或中间语言程序，然后再翻译成机器语言程序，其层次结构如图1-4所示。

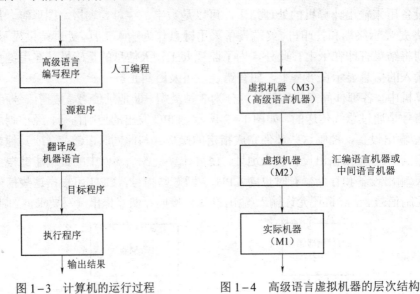

图 1-3　计算机的运行过程　　　　图 1-4　高级语言虚拟机器的层次结构

翻译程序有编译程序和解释程序两种。

编译程序是将编写的源程序中全部语句翻译成机器语言程序后，再执行机器语言程序。假如一个题目需要重复计算几遍，那么一旦翻译以后，只要源程序不变，不需要再次进行翻译。但源程序若有任何修改，都要重新经过编译。

解释程序则是在将源程序的一条语句翻译成机器语言以后立即执行它，而且不再保存刚执行完的机器语言程序，然后再翻译执行下一条语句。如此反复，直到程序结束。它的特点是翻译一次只能执行一次，当第二次重复执行该语句时，又要重新翻译，因而效率较低。

随着计算机应用的发展，有大量数据需要存储、检索，于是数据库及其管理系统应运而生。

1.4　计算机的发展简史及应用

1.4.1　计算机发展简史

1946 年 2 月 14 日，在美国宾夕法尼亚大学诞生了世界上第一台电子数字计算机——ENIAC。ENIAC 计算机共有 18 000 多个电子管、1 500 个继电器，重达 30 t，占地 170 m²，耗电 140 kW，每秒钟能计算 5 000 次加法。ENIAC 计算机的两个主要缺点是：存储容量太小，只能存 20 个字长为 10 位的十进制数；用线路连接的方法来编排程序，每次解题目都要依靠人工改进连线，准备时间大大超过实际计算时间。

与此同时，冯·诺依曼（Von Neumann）与莫尔小组合作研制 EDVAC 计算机，采用了存储程序方案，其后开发的计算机都采用这种方式，称为冯·诺依曼计算机。一般认为冯·诺依曼计算机具有以下基本特点。

（1）计算机由运算器、控制器、存储器、输入设备和输出设备 5 个部分组成。

（2）采用存储程序的方式，程序和数据存放在同一存储器中，指令和数据一样可以送到运算器运算，即由指令组成的程序是可以修改的。

（3）数据以二进制表示。

（4）指令由操作码和地址码组成。

（5）指令在存储器中按执行顺序存放，由指令计算器（即程序计数器 PC）指明要执行的指令所在的单元地址，一般按顺序递增，但可以随运算结果或外界条件而改变。

（6）机器以运算器为中心，输入/输出设备与存储器间的数据传送都通过运算器。

70 多年来，随着技术的发展和新应用领域的开拓，对冯·诺依曼计算机做了很多革新，使计算机系统结构有了很大的进步，如某些机器程序与数据分开存放在不同的存储器中，程序不允许修改，机器不再以运算器为中心，而是以存储器为中心等，虽然有以上这些突破，但设计原则变化不大，习惯上仍称之为冯·诺依曼计算机。

另一种近年来比较流行的结构——哈佛结构，它是一种存储器结构，将程序指令存储和数据存储分开，也是一种并行体系结构，其主要特点是将程序和数据存储在不同的存储空间中，即程序存储器和数据存储器是两个独立的存储器，每个存储器独立编址、独立访问。与两个存储器相对应的是系统的 4 条总线，即程序的数据总线与地址总线，这种分离的程序总线和数据总线可允许在一个机器周期内同时获得指令字（来自程序存储器）和操作数（来自数据存储器），从而提高了执行速度和数据的吞吐率。又由于程序和数据存储在两个分开的物理空间中，因此，取址和执行能完全重叠进行。中央处理器首先到程序指令存储器中读取程序指令内容，解码后得到数据地址，再到相应的数据存储器中读取数据，并进行下一步的操作（通常是执行）。程序指令存储和数据存储分开，可以使指令和数据有不同的数据宽度。哈佛结构的计算机由 CPU、程序存储器和数据存储器组成，程序存储器和数据存储器采用不同的总线，从而提供了较大的存储器带宽，使数据的移动和交换更加方便，尤其提供了较高的数字信号处理性能。

哈佛结构与冯·诺依曼结构处理器相比，处理器有两个明显的特点：使用两个独立的存储器模块，分别存储指令和数据，每个存储模块都不允许指令和数据并存；使用独立的两条总线，分别作为 CPU 与每个存储器之间的专用通信路径，而这两条总线之间毫无关联。计算机使用两个独立的存储器模块，分别存储指令和数据，每个存储模块都不允许指令和数据并存，以便实现并行处理；具有一条独立的地址总线和一条独立的数据总线，利用公用地址总线访问两个存储模块（程序存储模块和数据存储模块），公用数据总线则被用来完成程序存储模块或数据存储模块与 CPU 之间的数据传输；两条总线由程序存储器和数据存储器分时共用。

根据计算机采用的物理器件的发展，可以把计算机的发展历程大概分为 5 个阶段。

第一阶段：电子管计算机。从 1946 年第一台计算机研制成功到 20 世纪 50 年代后期，其主要特点是采用电子管作为基本器件。美国 IBM 公司在 1954 年 12 月推出 IBM 650（小型机），这是第一代计算机中销量最广的，其销售量超过 1 000 台。1958 年 11 月问世的 IBM 709（大型机）是 IBM 公司性能最高的最后一台电子管计算机。

第二阶段：晶体管计算机。从20世纪50年代中期到60年代后期，这个时期计算机的主要构成器件变为晶体管，因此缩小了体积，降低了功耗，提高了速度和可靠性。而且价格不断下降。后来采用磁芯存储器，使运算速度进一步提高。1960年控制数据公司（CDC）研制高速大型计算机系统CDC 6600获得了巨大成功，深受美国和西欧各原子能、航空与宇航、气象研究机构和大学的欢迎，使该公司在研究和生产科学计算高速大型机方面处于领先地位。我国在1965年推出了第一代晶体管计算机DJS-5机，此后成功研制了DJS-108机、DJS-121机等5个机种。

图1-5　IBM 360

第三阶段：中小规模集成电路计算机。从20世纪60年代中期到70年代前期，这个时期的计算机采用集成电路作为基本器件，因此功耗、体积、价格等进一步下降，而速度和可靠性相应提高，这促使了计算机的应用范围进一步扩大。IBM 360系列是最早采用集成电路的通用计算机（见图1-5），也是影响最大的第三代计算机，平均运算速度为每秒几千次到100万次，主要特点是通用化、系列化和标准化。我国在此时期也推出了大、中、小型计算机，如150机、220机、182机等。

第四阶段：大规模集成电路计算机。从20世纪70年代中期到90年代，随着半导体存储器问世，迅速取代了磁芯存储器，并不断向大容量、高速度方向发展，此后，存储器芯片集成度大体上每3年翻两番（1971年每片1 K位，到1984年达到每片256 K位，1992年16 M位动态随机存储器芯片上市），这是著名的摩尔定律。从1971年内含2 300个晶体管的Intel 4004芯片问世，到1999年包含了750万个晶体管的Pentium Ⅱ处理器，都证实了摩尔定律的正确性。后来微处理器的工作速度在一定成本下大体上每18个月翻一番。

低端微型机发展的另一个方面就是单片机，它广泛应用于工业控制、智能仪器仪表。早期的单片机都是8位或4位的。其中最成功的是Intel 8031，因为简单可靠而性能不错获得了广泛好评。此后在8031基础上研发出MCS-51系列单片机系统。基于这一系列的单片机系统直到现在还在广泛使用。随着工业控制领域要求的提高，开始出现了16位单片机，但因为性价比不理想，并未得到很广泛的应用。20世纪90年代后随着消费电子产品的大发展，单片机技术得到了飞速提高。随着Intel i960系列特别是后来的ARM系列的广泛应用，32位单片机迅速取代16位单片机的高端地位，并且进入主流市场。而传统的8位单片机的性能也得到了快速提升，处理能力比起20世纪80年代提高了数百倍。目前，高端的32位单片机主频已经超过300 MHz，性能直追20世纪90年代中期的专用处理器，比如现在ARM公司的ARM7、ARM9、ARM10单片机，Atmel公司推出的AVR32单片机，而普通的型号出厂价格跌落至1美元，最高端的型号也只有10美元。当代单片机系统已经不再只是裸机环境下开发和使用，大量专用的嵌入式操作系统被广泛应用在全系列的单片机上。而在作为掌上计算机和手机核心处理的高端单片机甚至可以直接使用专用的Windows和Linux操作系统。单片机比专用处理器更适合应用于嵌入式系统，因此它得到了广泛的应用。事实上，单片机是世界上数量最多的计算机。现代人类生活中所用的几乎每件电子和机械产品中都会集成有单片机。手机、电话、计算器、家用电器、电子玩具、掌上计算机以及鼠标等计算机配件中都配有 1～2 部单片机。而个人计算机中也会有为数不少的单片机在工作。汽车上一般配备 40 多部单片机，复杂的工业控制系统上甚至可能有数百台单片机在同时工作，单片机的数量不仅远远超过 PC 机和其他计算机的总和，甚至比人类的数量还要多，单片机又称为单片微控制器，它不是完成某个逻辑功能的芯片，而是把一个计算机系统集成到一块芯片上，相当于一个微型的计算机，和计算机相比，单片机只缺少了 I/O 设备。概括地讲，一块芯片就成了一台计算机。它的体积小、质量轻、价格便宜，为学习、应用和开发提供了便利条件。同时，学习使用单片机是了解计算机原理与结构的最佳选择。单片机诞生于 20 世纪 70 年代末，经历了 SCM、MCU、SoC 三大阶段。单片机作为微型计算机的一个重要分支，应用面很广、发展很快。自单片机诞生至今，已发展出上百种系列的近千个机种。目前，单片机正朝着高性能和多品种且进一步向着 CMOS 化、低功耗、小体积、大容量、高性能、低价格和外围电路内装化等方向发展。

第五阶段：超级规模集成电路计算机。自 20 世纪 90 年代末到现在，从集成度来看，计算机使用的半导体存储器芯片集成度已经接近极限，出现了极大甚至超大规模集成电路。这一阶段出现了采用大规模并行计算和高性能机群计算机技术的超级计算机，如 IBM 公司的"深蓝"计算机就是一台 RS/6000 SP2 超级并行计算机，它具有 256 块处理器芯片。

随着超规模集成电路的迅速发展，计算机进入大发展时期，各种类型的计算机都得到了迅速发展，下面对各类计算机的情况做一个简单介绍。

1. 大型机

大型机是反映各个时期先进计算机技术的大型通用计算机，其中以 IBM 公司的大型机系列影响最大。从 20 世纪 60—80 年代，信息处理主要是以主机系统加终端为代表（即大型机）的集中式数据处理，IBM 公司开发出 360 系统，70 年代和 80 年代的 IBM 370 系统曾占据大型机的霸主地位。IBM 公司为开发 360 系统的软件耗费了巨大的财力和人力，据估计，IBM 用户在应用程序和培训等方面耗费了 2 千亿美元，是硬件投资的 3～5 倍。如此丰富的软件不能抛弃，这也成为计算机发展的主要制约因素。因此，IBM 370 系统是在保持与 360 系统兼容的前提下进行了改进和提高，其主流产品有 IBM 303X 系列与 IBM 4300 系列，后者是该系列中的低档产品。

20 世纪 90 年代后期，随着企业规模的扩大和信息技术的发展，很多采用客户机/服务器的分散式运算模式的用户发现，这种系统的管理极为复杂，运算营运成本高，安全可靠性难以保证。于是大型机获得重新崛起的机会，企业需要一个开放的、安全的大型服务器作为计算机平台，因为只有大型机才具有高可靠性、安全性、高吞吐能力、高可扩展性、防病毒以及防黑客的能力。

IBM 公司当前生产的大型机在其服务器产品线中被列为 Z 系列。该系列服务器的主机通常为一个大机柜，通过原生和虚拟方式可运行多种操作系统，其中最典型的操作系统是 IBM 大型机的专用文字界面操作系统 Z/OS。为了使得一台大型机能够同时为多个客户提供服务，IBM 公司在软件上采用了分时复用和虚拟化的设计思想，使得多个客户在同时使用同一台大型机时，就好像将其分割成了多个小型化的虚拟主机，这其实就是效用计算的雏形。

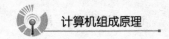

2. 巨型机

现代科学技术的发展，需要有很高的运算速度、很大的存储容量的计算机，一般的大型机已不能满足要求。巨型计算机实际上是一个巨大的计算机系统，主要用来承担重大的科学研究、国防尖端技术和国民经济领域的大型计算课题及数据处理任务，如大范围天气预报、整理卫星照片、原子核物的探索、研究洲际导弹和宇宙飞船等，制定国民经济的发展计划，项目繁多，时间性强，要综合考虑各种各样的因素，依靠巨型计算机能较顺利地完成。1983年研制成功的 Cray X－MP 机向量运算速度达每秒 4 亿次。"天河一号"为我国首台千万亿次超级计算机，已从 2010 年 9 月开始进行系统调试与测试，并分步提交用户使用。它以每秒 1 206万亿次的峰值速度，和每秒 563.1 万亿次的实测性能，使这台名为"天河一号"的计算机位居同日公布的中国超级计算机前 100 强之首，也使中国成为继美国之后世界上第二个能够自主研制千万亿次超级计算机的国家。在德国法兰克福召开的"2015 国际超级计算大会"上，我国国防科技大学研制的"天河二号"超级计算机系统，再次位居第 45 届世界超级计算机500 强排行榜榜首，这是"天河二号"问世以来连续第 5 次夺冠。随着各国在超级计算机领域竞争的升级，尤其是我国相关产业国产化以及智能制造、"互联网＋"等国家战略的推进，也势必给相关公司带来机会。

3. 小型机

小型机规模小、结构简单，所以设计测试周期短，便于及时采用先进工艺，生产量大，硬件成本低；同时由于软件比大型机简单，所以软件成本也低。1971 年贝尔实验室发布多任务多用户操作系统 UNIX，随后被一些商业公司采用，成为后来服务器的主流操作系统。在国外，小型机是一个已经过时的名词，20 世纪 60 年代由 DEC（数字设备公司）公司首先开发，并于 90 年代消失。

4. 微型机

微型机的出现与发展掀起了计算机大普及的浪潮，世界上第一台微型机是利用 4 位微处理器的 Intel 4004 组成的 MCS－4，它于 1971 年问世。Intel 8086 是最早开发成功的 16 位微处理器，它生产于 1978 年。1981 年 32 位微处理器 Intel 80386 问世，与原来的产品相比较，除了提高了主频速度外，还将原属于片外的有关电路集成到片内。自 1981 年美国 IBM 公司推出第一代微型计算机 IBM－PC 以来，微型机以其执行结果精确、处理速度快捷、性价比高、轻便小巧等特点迅速进入社会各个领域，且技术不断更新、产品快速换代，从单纯的计算工具发展成为能够处理数字、符号、文字、语言、图形、图像、音频、视频等多种信息的强大多媒体工具。如今的微型机产品无论从运算速度、多媒体功能、软硬件支持还是易用性等智能化应用方面都比早期产品有了很大飞跃。微型机的发展过程中出现了平板机、笔记本等，其中嵌入式计算机是一种以应用为中心、以微处理器为基础，软硬件可裁剪的，适应应用系统对功能、可靠性、成本、体积、功耗等综合性严格要求的专用计算机系统。它一般由嵌入式微处理器、外围硬件设备、嵌入式操作系统以及用户的应用程序等 4 个部分组成。它是计算机市场中增长最快的领域，也是种类繁多、形态多样的计算机系统。嵌入式系统几乎包括了生活中的所有电气设备，如电视机顶盒、手机、数字电视、多媒体播放器、汽车、数字相机、家庭自动化系统、安全系统、自动售货机、蜂窝式电话、消费电子设备、工业自动化仪表与医疗仪器等。最新的平板计算机是美国苹果公司的 iPad Air 2（64 G/WiFi 版）。

5. 计算机网络

计算机网络是指将地理位置不同的具有独立功能的多台计算机及其外部设备，通过通信线路连接起来，在网络操作系统、网络管理软件及网络通信协议的管理和协调下，实现资源共享和信息传递的计算机系统。21 世纪人类将全面进入信息时代。信息时代的重要特征就是数字化、网络化和信息化。要实现信息化就必须依靠完善的网络，因为网络可以非常迅速地传递信息。因此，网络现在已经成为信息社会的命脉和发展知识经济的重要基础。网络对社会生活的很多方面以及对社会经济的发展已经产生了不可估量的影响。通常所说的网络是指"三网"，即电信网络、有线电视网络和计算机网络。这 3 种网络向用户提供的服务不同。电信网络的用户可得到电话、电报及传真等服务；有线电视网络的用户能够观看各种电视节目；计算机网络则可使用户能够迅速传送数据文件以及从网络上查找并获取各种有用资料，包括图像文件和视频文件。这 3 种网络在信息化过程中都起到十分重要的作用，但其中发展最快并起到核心作用的是计算机网络。随着技术的发展，电信网络和有线电视网络都逐渐融入了现代计算机网络（也称计算机通信网）的技术，这就产生了"网络融合"的概念。自从 20 世纪 90 年代以后，以因特网（Internet）为代表的计算机网络得到了飞速发展，已从最初的教育科研网络逐步发展成为商业网络，并已成为仅次于全球电话网的世界第二大网络。Internet 正在改变着我们工作和生活的各个方面，它已经给很多国家带来了巨大的好处，并加速了全球信息革命的进程。Internet 是人类自印刷术发明以来在通信方面最大的变革。现在，人们的生活、工作、学习和交流都已离不开 Internet 了。

1.4.2 计算机应用

随着计算机的迅猛发展和进步，在各个领域内的应用也日趋广泛，下面对计算机的应用情况做以下介绍。

1. 科学计算

科学计算仍然是计算机应用的一个重要领域，如高能物理、工程设计、地震预测、气象预报、航天技术等。由于计算机具有高运算速度和精度以及逻辑判断能力，因此出现了计算力学、计算物理、计算化学、生物控制论等新的学科。例如，在天文学、量子化学、空气动力学、核物理学等领域中，都需要依靠计算机进行复杂的运算。现代航空航天技术，如"神舟"飞船的轨道设计计算更离不开计算机。

科学计算的特点是计算量大和数值变化范围广。

2. 数据处理

数据处理（信息管理）是目前计算机应用最广泛的一个领域。利用计算机来加工、管理与操作任何形式的数据资料，如企业管理、物资管理、报表统计、计算账目、信息情报检索等。国内许多机构纷纷建设自己的管理信息系统；生产企业也开始采用制造资源规划软件，

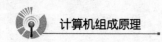

商业流通领域则逐步使用电子信息交换系统，即无纸贸易，如银行系统中用计算机处理储户的存款、贷款、发放工资、信用卡服务等。

3. 自动控制

在现代化车间里，特别是嵌入式控制系统的出现，计算机普遍应用于生产过程的自动控制中。利用计算机对工业生产过程中的某些信号自动进行检测，并把检测到的数据存入计算机，再根据需要对这些数据进行处理，这样的系统称为计算机检测系统。特别是仪器仪表引进计算机技术后所构成的智能化仪器仪表，将工业自动化推向了一个更高的水平，如在汽车工厂中用计算机来控制零部件的安装、轮胎配置、焊接等。

4. 计算机辅助设计/计算机辅助制造

由于计算机有快速的数值计算、较强的数据处理及模拟能力，因而在飞机、船舶、超大规模集成电路等设计制造过程中，计算机辅助设计/计算机辅助制造占据着越来越重要的地位，用计算机辅助进行工程设计、产品制造、性能测试。此外，还用于以下几个方面。

（1）经济管理。如国民经济管理，公司企业经济信息管理，计划与规划，分析统计，预测，决策；物资、财务、劳资、人事等管理。

（2）情报检索。如图书资料、历史档案、科技资源、环境等信息检索自动化；建立各种信息系统。

（3）模式识别。可应用计算机对一组事件或过程进行鉴别和分类，它们可以是文字、声音、图像等具体对象，也可以是状态、程度等抽象对象。

5. 人工智能

人工智能学科研究的主要内容包括：知识表达、自动推理和搜索方法、机器学习和知识获取、知识处理系统、自然语言理解、计算机视觉、智能机器人等。

知识表达是人工智能的基本问题之一，其中的常识知识是研究的重点之一，常识是指人们直觉的、日常使用的那些非专业性知识。自动推理与知识表达方法密切相关，是知识的使用过程。搜索是人工智能中的一种问题求解方法，搜索策略决定着问题求解的一个推理步骤中知识被使用的优先关系。

机器学习是人工智能另一个重要课题。机器学习是指在一定的知识表达意义下获取新知识的过程。

知识处理系统主要由知识库和推理机组成。知识库存储系统所需要的知识，如果在知识库中存储的是某一领域的专家知识，该知识系统称为专家系统。推理机在问题求解时，规定使用知识的基本方法和策略，推理过程中为记录结果或通信需设立数据库。

人与机器进行对话，利用计算机能接受的自然语言描述现实问题，一直是人工智能研究的目标。开发一些具有人类某些智能的应用系统，用计算机来模拟人的思维判断、推理等智能活动，使计算机具有自学习适应和逻辑推理的功能，如计算机推理、智能学习系统、机器人等，帮助人们学习和完成某些推理工作。

第2章

计算机中的信息表示

计算机是对信息进行处理的工具。在了解计算机工作原理之前，首先必须了解信息在计算机中的表示方法。信息在计算机中通常被分为数据信息与控制信息两大类。数据信息是计算机所处理的对象，数据信息又可分为数值型数据与非数值型信息；控制信息是控制计算机工作的信息，计算机中的指令则是各种控制命令产生的基本依据，而通常所说的程序就是按照一定逻辑顺序排列的指令。

2.1 数 制

数制也叫计数制，是用一定符号在统一规则下表示数值的方法，通俗地说就是逢几进位。常使用的数制有二进制、八进制、十进制和十六进制。在人们的日常中通常使用的是十进制，而计算机在极快的运算时使用的是只包含 0 与 1 的二进制。人们在计算机中输入的其他进制数将被转换成二进制进行计算，计算后的结果又从二进制转换成其他进制，这些都使计算很不方便，所以八进制与十六进制在计算机中便可代替二进制进行书写与阅读。

2.1.1 概念

在数制的学习中涉及 3 个基本概念，分别是数码、基数与位权。

1. 数码

在数制中表示数值大小的不同符号称为数码。例如，八进制有 8 个数码，即 0～7；十进制有 10 个数码，即 0～9。

2. 基数

在数制中数码的个数称为基数。例如，八进制的基数为 8；十进制的基数为 10。将基数

记为 R。

3. 位权

在数制中其中某位上的 1 所代表的数制大小称为位权。例如，八进制的 123，1 的位权为 64，2 的位权为 8，3 的位权为 1；十进制的 123，1 的位权为 100，2 的位权为 10，3 的位权为 1。将位权记为 R^i。

通常，一个数可用若干个数位的组合去表示，形成一串有意义的序列（ $X_n X_{n-1} \cdots X_0$ ）。如果从 0 开始由低向高进行计数得到不同数值，就会存在由低位向高位进位的情况。这种按照一定方式进行进位的数制，叫作进位计数制。也可以将序列表示为多项式的形式，这种多项式的形式可以清楚地表示出各数位间的关系，从中还可以找出各数制间的转换规律。多项式的通项公式可写为

$$(N)_R = X_n R^n + X_{n-1} R^{n-1} + \cdots + X_0 R^0 + X_{-1} R^{-1} + X_{-2} R^{-2} + \cdots + X_{-m} R^{-m}$$

$$= \sum_{i=-m}^{n} X_i R^i \tag{2-1}$$

式中　X——所在数位上的数码；

　　　R——基数；

　　　n——所在数位（通常说的整数第一位是 $n=0$ 所在的位）。

2.1.2　常用数制

在平时的数学运算与日常生活中，人们一般采用的是十进制作为数值的表示形式。因为人们习惯十进制的表达方式，所以在计算机编程中也经常使用十进制来表示数值，但计算机的硬件只能采用二进制，即用 0（断）与 1（通）来表示数字。这就涉及十进制与二进制互相转换的问题了。为了能与日常表达形式相对接，计算机也会采用一些特殊的表达方式，如二－十进制就是其中一种，也就是用 4 个二进制的数来表示一位十进制的数。在计算机中也有很多地方使用十六进制或者八进制进行表示，如存储器各个存储单元的地址码就是用十六进制表示的。虽然地址码从根本上来说也由一串序列的二进制码构成，但是由于读写不便，所以会采用十六进制代为表示。所以十六进制与八进制也可以看作是二进制的缩写方式。在本节中会介绍常用数制的表示方式，再讨论常用数制间的转换方法。

1. 二进制

二进制中，它的每个数位能选择的数码仅只有 0 或 1，数码逢 2 进位或者借 1 当 2，其基数为 2。

如采用序列的形式表示可将二进制的数表示为 $(X_n X_{n-1} \cdots X_0 . X_{-1} \cdots X_{-m})_2$ ，其中 X 为各个数位上的数码，n 表示所在的数位。序列中只需要写出各个数码即可，而各个位的位权不需表达出来，因为已经约定在式中了。而右下角的角标则表示括号中序列的基数，也就是它是几进制的数。

如用 2.1.1 小节中提到的多项展开式来表示，就可以把每个数位的位权表达出来，通过式（2-1）可导出通项公式为

$$(N)_2 = X_n \times 2^n + X_{n-1} \times 2^{n-1} + \cdots + X_0 \times 2^0 + X_{-1} \times 2^{-1} + X_{-2} \times 2^{-2} + \cdots + X_{-m} \times 2^{-m}$$

$$= \sum_{i=-m}^{n} X_i \times 2^i \quad (X_i \text{为0、1中的任意数}) \tag{2-2}$$

式（2-2）中基数为2，N 表示一个二进制的数。整数从 X_0 开始共有 $n+1$ 位，对应式中序列 $X_n X_{n-1} \cdots X_0$，从 X_0 开始的位权为 2^0，一直到 X_n 的位权为 2^n，以此类推。小数的个数共有 m 个，对应序列中的 $X_{-1} X_{-2} \cdots X_{-m}$，从 X_{-1} 开始的位权为 2^{-1}，一直到 X_{-m} 的位权为 2^{-m}，以此类推。

【例 2-1】 $(1001.01)_2 = 1 \times 2^3 + 0 \times 2^2 + 0 \times 2^1 + 1 \times 2^0 + 0 \times 2^{-1} + 1 \times 2^{-2}$
$$= (9.25)_{10}$$

在二进制中，除了用下标 2 来表示二进制外，还可在数字后加后缀 B 来表示二进制，如 1001.01B。

2. 八进制

八进制中，数码的个数总共有 8 个，即 0～7。数码逢 8 进位，其基数为 8。

将八进制的数写为多项式的形式为

$$(N)_8 = X_n \times 8^n + X_{n-1} \times 8^{n-1} + \cdots + X_0 \times 8^0 + X_{-1} \times 8^{-1} + X_{-2} \times 8^{-2} + \cdots + X_{-m} \times 8^{-m}$$

$$= \sum_{i=-m}^{n} X_i \times 8^i \quad (X_i \text{为0} \sim 7 \text{中的任意数}) \tag{2-3}$$

式（2-3）中基数为8，位权为 8^i。其表现形式与计算方法与二进制中的式（2-2）一致。

【例 2-2】 $(106.64)_8 = 1 \times 8^2 + 0 \times 8^1 + 6 \times 8^0 + 6 \times 8^{-1} + 4 \times 8^{-2}$
$$= (70.812\,5)_{10}$$

由以上可以发现，通过多项式的转换，可以实现八进制序列与十进制序列的相互转换。

那么二进制与八进制之间的转换呢？

因为 3 位二进制刚好有 8 种状态，刚好足够表示 1 位八进制的数。因此八进制与二进制的数可以采用分段转换的办法，也就是将 3 位二进制转换成 1 位八进制的数或者将 1 位八进制转换为 3 位二进制的数。转换以后的数再相接就成了之前提到的序列的形式。这种方式又被称为二-八缩写。

在变换时需要注意，如果是由二进制变换为八进制时，整数的部分由小数点向左边每 3 位转换为一位八进制，不足的部分用 0 补足。而小数部分是由小数点向右边每 3 位转换为一位八进制，不足的部分也用 0 补足；反之，如果是由八进制变换为二进制，只需要将每一位八进制的数变换为 3 位二进制的数即可。

【例 2-3】 $(106.64)_8 = (1000110.1101)_2$。

按照转换规则，例 2-3 中本应转换为 $(001000110.110100)_2$，但因为在数学中前后的两个 0 在式中无意义，因而可省略不写。

八进制的缩写为 OCT 或 O，所以八进制也可在数字后加后缀 O 来表示其是八进制数，如 106.64O。在一些编程语言中还会以数字 0 开头来代表该数为八进制的数。八进制在计算机系统中是很常见的，但由于十六进制一位可以表示 4 个二进制位，在计算机中 1 字节等于 8 位二进制，刚好是 2 位十六进制，使用起来会比较方便。因而在计算机中八进制的应用不

如十六进制普遍。

3. 十六进制

在十六进制中，每个数位可用数码的个数有 16 个，类似于十进制数中的 0~15，写为 0、1、2、…、9、A、B、C、D、E、F，而 A、B、C、D、E、F 可以理解为十进制下的 10、11、12、13、14、15。十六进制逢 16 进位，它的基数为 16。

将十六进制的数写为多项式的形式为

$$(N)_{16} = X_n \times 16^n + X_{n-1} \times 16^{n-1} + \cdots + X_0 \times 16^0 + X_{-1} \times 16^{-1} + X_{-2} \times 16^{-2} + \cdots + X_{-m} \times 16^{-m}$$

$$= \sum_{i=-m}^{n} X_i \times 16^i \quad (X_i 为 0 \sim F 中的任意数)$$

$$(2-4)$$

式（2-4）中基数为 16，位权为 16^i。

【例 2-4】$(ABC.DE)_{16} = 10 \times 16^2 + 11 \times 16^1 + 12 \times 16^0 + 13 \times 16^{-1} + 14 \times 16^{-2}$
$$= (2\,748.867\,187\,5)_{16}$$

与八进制类似，十六进制与二进制的转换也可用分段转换的办法。因为 4 位二进制刚好有 16 种状态，刚好足够表示 1 位十六进制的数。在变换时将 4 位二进制转换成 1 位十六进制或者将 1 位十六进制转换为 4 位二进制的数。这种变换也称为二-十六缩写。

同样地，在变换时也需要注意，如果是由二进制变换为十六进制时，整数的部分由小数点向左边每 4 位转换为一位十六进制，不足的部分用 0 补足。而小数部分是由小数点向右边每 4 位转换为一位十六进制，不足的部分也用 0 补足；反之，如果是由十六进制变换为二进制，只需要将每一位十六进制的数变换为 4 位二进制的数即可。

【例 2-5】$(ABC.DE)_{16} = (101010111100.1101111)_2$。

按照转换规则，例 2-5 中本应转换为 $(101010111100.11011110)_2$，但因为在数学中最后的一个 0 在式中无意义，因而可省略不写。

在十六进制中，除了角标用 16 作为标示外，还有一种表示方式，就是以 H 作为后缀标注，如 ABC.DEH。在一些编程语言中，十六进制也可通过前缀加数字 0 与字母 x 来表示，如 0xABC。十六进制由于对应二进制是"1 对 4"的性质，在编程中使用比较广泛。计算机中 1 个字节等于 8 位二进制。如果用八进制来表示，两位表示一字节又太少，而 3 位表示又会有冗余。然而十六进制的两位刚好表示了 1 字节。编程时，只需要简单的计算就可变换为十六进制，并且代码不会出现重复性高且读写不便的问题，所以十六进制在计算机应用中是较为常见的进制。

常用的各进制表示方法见表 2-1。

表 2-1 常用的各进制表示方法（以十进制下 10 为例）

表示方法	二进制	八进制	十进制	十六进制
下标表示	$(1010)_2$	$(12)_8$	$(10)_{10}$	$(A)_{16}$
字母表示	1010B	12O（字母 O）	10D	AH
编程常用表示	1010B	012（数字 0）	10	0x0A

4. 二－十进制

二－十进制是采用 4 位二进制数来表示一位十进制的数。这种采用二进制编码表示十进制数的编码方式又称为 BCD（Binary Coded Decimal）码。那么一位十进制又是怎样用二进制进行编码的呢？4 位二进制有 16 种编码可供选择，最简单的方式就是用 4 位二进制所表示的 0～9 去对应十进制中的 0～9。从高位起二进制的权值依次为 2^3、2^2、2^1、2^0，也就是 8、4、2、1。所以这种二－十进制的编码方式又称为"8421 码"。从二－十进制码（4 位二进制编码）来看，其与十进制相同，其只有 0～9 这 10 个数可以选择，逢 10 进位，基数为 10。计算机如果处理一些数据量大但处理比较简单的任务，则编程时可用十进制而在计算机内部就可以采用二－十进制。因十进制与二－十进制之间可以用分段的方法去对应，因此使用简单的硬件电路就可以实现转换。

【例 2－6】 $(789)_{10} = (011110001001)_{BCD}$。

在转换中，如果是由十进制变换为二－十进制时，只需要从高位起将各位十进制数用 4 位二进制码进行替代即可。若是由二－十进制数变换为十进制数时，应从低位或者高位起每 4 位一组，然后将各组的 4 位二进制直接转换为十进制码即可。

表 2－2 给出了 4 位二进制数与其他进位制之间的对应关系。

表 2－2　常用进位制之间的对应关系

十进制	二进制	八进制	十六进制	二－十进制
0	0000	0	0	0000
1	0001	1	1	0001
2	0010	2	2	0010
3	0011	3	3	0011
4	0100	4	4	0100
5	0101	5	5	0101
6	0110	6	6	0110
7	0111	7	7	0111
8	1000	10	8	1000
9	1001	11	9	1001
10	1010	12	A	00010000
11	1011	13	B	00010001
12	1100	14	C	00010010
13	1101	15	D	00010011
14	1110	16	E	00010100
15	1111	17	F	00010101

2.1.3　进位制之间的相互转换

上述的各种进位制在转换时大体可以分为两组；一组是二进制、八进制、十六进制，它们之间可以使用分段对应的方式进行转换；另一组是十进制、二－十进制，它们之间也可以用分段对应来转换。如果是两组之间互相转换则需要二进制与十进制的转换来进行衔接。如需将一个八进制的数转换为二－十进制，就可先将八进制转换为二进制，再将二进制转换为十进制，最后再将十进制转换为二－十进制。因此，在处理进位制的问题上，主要需要处理二进制与十进制之间的转换问题。

二进制与十进制没有简单的对应转换的方法可用，需要将它们分为整数与小数两部分，分别按对应的转换算法进行整体转换。由于多项式的数学关系较为明确，所以可以以式（2－2）为基础来找到转换规律。

1. 十进制整数转换为二进制整数

1）减权定位法

减权定位法中，如果转换后的二进制序列为 $X_nX_{n-1}\cdots X_0$，其位权依次是 2^n、2^{n-1}、$\cdots$、2^0，则将十进制的数与二进制数最高位的位权进行比较。若十进制数减去位权够减，则对应数位 X_i 为 1；反之为 0。之后减去该位权的数后继续往下比较；依然采用够减为 1，反之为 0 的规律。如此往复进行下去直至所有位权都比较完为止。

【例 2－7】将 $(100)_{10}$ 转换为二进制数。

因 $128>100>64$，所以应从权值为 $64(2^6)$ 的数位开始比较。

减权比较	X_i	位权
$100-64=36$	1	64
$36-32=4$	1	32
$4<16$	0	16
$4<8$	0	8
$4-4=0$	1	4
$0<2$	0	2
$0<1$	0	1

因此，有 $(100)_{10}=(1100100)_2$。

需要注意的是，高位权求得的值为二进制高位，相对应地，低位权求得的为低位。从例 2－7 可看出，在位权为 4 时，数值已经减为 0，但此时并没有结束，需要将全部的位权都比较一遍才算结束。

2）除基取余法

除基取余法是通过分析式（2－2）获得的。首先回顾一下式（2－2）：

$$(N)_2 = X_n\times 2^n + X_{n-1}\times 2^{n-1} + \cdots + X_0\times 2^0 + X_{-1}\times 2^{-1} + X_{-2}\times 2^{-2} + \cdots + X_{-m}\times 2^{-m}$$

通过把式（2－2）整体除二进制的基数 2 可以得到

$$\frac{N}{2} = (X_n\times 2^{n-1} + X_{n-1}\times 2^{n-2} + \cdots + X_1\times 2^0) + \frac{X_0}{2} \qquad (2-5)$$

显然，式（2－5）括号内为进行除 2 操作后得到的商，而 X_0 为得到的余数。所以当式子得到的余数为 0 时，则 $X_0=0$；反之，则表明 $X_0=1$。若依次继续对得到的商进行除 2 操作，则可依次判断出多项式中各项的系数 X_i，也就是二进制的各个数位。

由此得到了除基取余法的转换方法：先将十进制的数整体除 2，得到的余数依次作为二进制中低位的数码。得到的商则继续除 2，所得的各个余数依次为从低到高数位的二进制数码。一直进行到商为 0 为止。

【例 2-8】将 $(100)_{10}$ 转换为二进制数。

	余 数	二进制数位
2⎿100		
2⎿50	…… 0	$X_0=0$
2⎿25	…… 0	$X_1=0$
2⎿12	…… 1	$X_2=1$
2⎿6	…… 0	$X_3=0$
2⎿3	…… 0	$X_4=0$
2⎿1	…… 1	$X_5=1$
0	…… 1	$X_6=1$

因此，有 $(100)_{10} = (1100100)_2$。

除基取余法也是一种逐位分离法。与减权定位法不同，它是从低位开始进行分离。由于其步骤相对重复统一，在编程时会比较容易实现。

2. 十进制小数转换为二进制小数

1）减权定位法

小数的减权定位法与整数类似，都是从高位起逐步按照位权来分离。但在小数的转换中，小数转换出的位数可能会非常长，这就需要根据实际需要的转换精度来决定。

【例 2-9】将 $(0.911)_{10}$ 转换为二进制小数。

减权比较	X_i	位权
$0.911 - 0.5 = 0.411$	1	0.5
$0.411 - 0.25 = 0.161$	1	0.25
$0.161 - 0.125 = 0.036$	1	0.125
$0.036 < 0.062\,5$	0	0.062 5
$0.036 - 0.031\,25 = 0.004\,75$	1	0.031 25

因此，有 $(0.911)_{10} = (0.11101\cdots)_2$。

2）乘基取整法

乘基取整法也是通过分析式（2-2）获得的。首先回顾一下式（2-2）的小数部分，即

$$(N)_2 = X_{-1} \times 2^{-1} + X_{-2} \times 2^{-2} + \cdots + X_{-m} \times 2^{-m}$$

现在将等式两边同乘 2 可得到

$$2N = X_{-1} + (X_{-2} \times 2^{-1} + \cdots + X_{-m} \times 2^{-m+1}) \tag{2-6}$$

从式（2-6）可以看出，如果将一个十进制小数乘以 2，若出现整数，则表明 X_{-1} 为 1。若还是一个小数，则说明 X_{-1} 为 0。如此继续对余下的小数继续乘以 2，依次看整数部分的数值，就可以得到次高位的二进制数码，即 $X_{-2} \sim X_{-m}$。

由此规律，可以得出乘基取整法的计算规律，首先将十进制的小数乘以基数 2，所得的整数为二进制的最高位数码。继续对余下小数乘以基数 2，所得的整数为次高位数码。往复下去，直至达到所需小数精度或小数部分已为 0 为止。

【例2-10】将$(0.911)_{10}$转换为二进制小数。

小数部分乘以2	整数部分 X_i
$0.911 \times 2 = 1.822$	1
$0.822 \times 2 = 1.644$	1
$0.644 \times 2 = 1.288$	1
$0.288 \times 2 = 0.576$	0
$0.576 \times 2 = 1.152$	1

因此，$(0.911)_{10} = (0.11101\cdots)_2$。

总的来说，对于十进制转换为二进制，大致可以分为两类方法：一类是减权定位法，在这种方法中，无论是整数还是小数都是从高位到低位进行分离；另一种方法是基于二进制的基数2，通过乘法与除法对十进制的小数与整数部分进行分离。对于整数部分，是通过除法从二进制的低位开始进行分离。而对于小数部分，是通过乘法从二进制的高位开始进行分离。

3. 二进制整数转换为十进制整数

1）按权相加法

在之前曾提到过多项式按权展开的书写方式，按权相加法就是将二进制的数通过多项式展开，并对多项式进行求和，得到的结果就是转换后的结果。

【例2-11】
$$(1001)_2 = 1 \times 2^3 + 0 \times 2^2 + 0 \times 2^1 + 1 \times 2^0$$
$$= (9)_{10}$$

这种方法也就是将二进制数中每位的权值引入式中进行计算，对于手算来说比较直观方便。但由于操作步骤不是很统一，对于程序来说就比较烦琐了。

2）乘基相加法

依然通过式（2-2）来推导，现在回顾一下式（2-2）的整数部分，即

$$(N)_2 = X_n \times 2^n + X_{n-1} \times 2^{n-1} + \cdots + X_0 \times 2^0 \qquad (2-7)$$

下面对式子中的基数2进行提取，可以推导出以下形式，即

$$(N)_2 = X_n \times 2^n + X_{n-1} \times 2^{n-1} + \cdots + X_0 \times 2^0$$
$$= \{[(X_n \times 2 + X_{n-1}) \times 2 + X_{n-2}] \times 2 + \cdots\} \times 2 + X_0$$

通过推导出的式子可以得到乘基相加法的基本规则。首先从二进制的最高位开始乘以2，乘后的数加上次高位的数码，得到的结果再乘以2，继续再加上次高位的数码。如此往复，直至达到最后相加的数码为最低位为止。此时得到的结果即为转换结果。

【例2-12】将$(1001)_2$转换为十进制数。

$$1 \times 2 + 0 = 2$$
$$2 \times 2 + 0 = 4$$
$$4 \times 2 + 1 = 9$$

因此，$(1001)_2 = (9)_{10}$。

4. 二进制小数转换为十进制小数

1）按权相加法

小数的按权相加法与整数的按权相加法相同。

【例 2-13】 $(0.0101)_2 = 0 \times 2^{-1} + 1 \times 2^{-2} + 0 \times 2^{-3} + 1 \times 2^{-4}$
$$= (0.312\ 5)_{10}$$

2）除基相加法

除基相加法依然是通过式（2-2）推导得来的，还是回顾一下式（2-2）的小数部分，即

$$(N)_2 = X_{-1} \times 2^{-1} + X_{-2} \times 2^{-2} + \cdots + X_{-m} \times 2^{-m}$$

与乘基相加法的推导类似，通过对式子中的 2^{-1} 进行提取可以推导出以下式子，即

$$(N)_2 = X_{-1} \times 2^{-1} + X_{-2} \times 2^{-2} + \cdots + X_{-m} \times 2^{-m}$$
$$= 2^{-1} \times \{X_{-1} + 2^{-1} \times [X_{-2} + \cdots + 2^{-1} \times (X_{-m+1} + 2^{-1} \times X_{-m})]\} \qquad (2-8)$$

由上述式子可以得到除基相加法的基本步骤，首先从二进制小数的低位起，将最低位除以基数 2 后与次低位相加，得到的结果再除以基数 2。结果再与次低位相加，如此往复，直至加到小数点后的第一位后除以 2 为止。

【例 2-14】 将 $(0.0101)_2$ 转换为十进制小数。

$$(1 \times 2^{-1} + 0) \times 2^{-1} = 0.25$$
$$(1 + 0.25) \times 2^{-1} = 0.625$$
$$(0 + 0.625) \times 2^{-1} = 0.312\ 5$$

因此， $(0.0101)_2 = (0.312\ 5)_{10}$ 。

在二进制转十进制中，大体也可分为两类：一类是适合用于手算的按权相加法；另一类是基于多项式推导出的乘基相加法与除基相加法，这一类由于步骤相对统一，更适合于程序使用。

2.2 无符号数和有符号数

在计算机中的数，有两种用来进行计算的模式，即无符号数与有符号数。

2.2.1 无符号数

在计算机中，数都在寄存器中进行保存，所以一般称寄存器的存储长度为机器字长。无符号数指的是存储在寄存器中的数不含有符号位，每一位都是用来保存数值的；反之，如果是有符号的数，在寄存器中存放时寄存器就必须空出一位来作符号位。所以如果在寄存器长度不变的情况下，有符号数和无符号数所能表示的范围是不一样的。一般情况下，会把寄存器中的最高位拿来表示符号位，所以在符号位仅有一位的情况下，无符号位所能表示的范围可以是有符号位的 2 倍。

2.2.2 有符号数

有符号数如上所说，就是用最高位来表示符号位的数。

1. 机器数与数值

在计算机中，系统只能识别二进制数。系统中的信息都是用 0 或 1 来表示的，对于带有

"正""负"号的数而言，计算机是无法识别的。由于可以将"正"与"负"当作是两个状态来区别，于是可以用二进制的一个位来表示：用 0 表示"正"，而用 1 来表示"负"。并且规定将符号位放在有效数之前。这种将符号数字化的数也称为机器数，所以有符号数可以通过机器数来表示。而带符号的数称为真值。

【例 2-15】

有符号整数

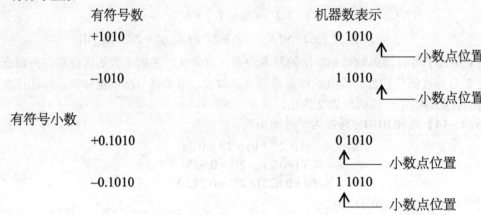

符号数码化后，形成了一种新的编码。那现在的问题是，新的编码中因为有符号位的存在，那符号位的数字又是怎么参加运算的呢？

为了能让符号位也参加运算，需要将编码进行处理，构成以下将要介绍的 4 种编码表示方式，即原码、补码、反码与移码。

2. 原码表示法

原码是机器数中最简单的表现形式。如果符号位为 0，则表示为"正"；如果符号位为 1，则表示为"负"。除了符号位之外的数则是真值的绝对值。通俗地说，原码就是数码化后的符号位加数的绝对值。

1）整数的原码

整数的原码的序列为

$$[X]_原 = X_0 X_1 X_2 \cdots X_n \tag{2-9}$$

其整数的定义为

$$[X]_原 = \begin{cases} X, & 0 \leqslant X < 2^n \\ 2^n - X = 2^n + |X|, & -2^n < X \leqslant 0 \end{cases} \tag{2-10}$$

式中　X——真值；

　　　$|X|$——绝对值；

　　　n——整数的位数。

【例 2-16】 求正整数 +1010 的原码与负整数 -1010 的原码。

$$X = +1010 \qquad [X]_原 = 01010$$
$$X = -1010 \qquad [X]_原 = 2^4 + 1010 = 11010$$

2）小数的原码

小数原码的序列为

$$[X]_原 = X_0X_1X_2\cdots X_n \qquad (2-11)$$

其小数的定义为

$$[X]_原 = \begin{cases} X, & 0 \leqslant X < 1 \\ 1-X = 1+|X|, & -1 < X \leqslant 0 \end{cases} \qquad (2-12)$$

【例 2-17】求正小数 +0.1010 的原码与负小数 -0.1010 的原码。

$$X = +0.1010 \qquad [X]_原 = 0.1010$$
$$X = -0.1010 \qquad [X]_原 = 1+0.1010 = 1.1010$$

从上面数学运算可以看出，原码的表示非常直观，很容易就可以实现互相转换。在计算原码时，其实可以直接将符号位数码化。虽然原码表示非常简单直观，但是在计算机中运算时是相当不方便的。比如要将两个符号不同的数做加减法时，首先要判断出两个数的绝对值大小，然后使用大的绝对值减去小的绝对值，符号位为绝对值大的那个数的符号位，在计算中需要多次比较判断，还需要提取出绝对值的大小。即便是加法运算，其中也会涉及减法，费时费力，所以计算机还需要其他的表示方法。

3. 补码表示法

因为原码在计算中的不便，引入了补码的概念。引入补码主要是为了让符号位也参与运算，以简化加减法的运算规则。同时补码还能化减法为加法。

补码表示法是根据数学上的同余概念引申而来的。在数学上，假设两个数 X 与 Y，如果除以某一整数 N，却得到了相同的余数，则称 X 与 Y 对于其 N 是同余的。记为

$$X \equiv Y \,(\mathrm{mod}\, N)$$

如果有 X、Y、Z 这 3 个数，满足以下关系，即

$$Z = nX + Y \,(n \text{ 为整数})$$

则可称 Z 与 Y 是同余的，记为

$$Z \equiv Y \,(\mathrm{mod}\, X)$$

对于补码的思维，大家可以用时钟的概念来理解。对于时钟来说，它是以 12 为一个计数周期。在有"模"计算的概念中，也就相当于模等于 12。例如，时钟的时针在 0 点的位置上，如果想让时针放到 2 点的位置上，可以顺时针将分针转两圈，也可以逆时针将分针转 10 圈。也就是说，在模为 12 的系统中，+2 可以映照为 -10。由此，在运算中就可以将一个负数用一个正数来表示。

将模的概念应用到计算机中，就出现了补码的表现形式。对于计算机来说，模就是计算机存储器的数据宽度。例如，有的计算机是 32 位或 64 位的机器字长，当计算结果超过了这个字长，就会产生进位，但由于长度不够，所进的位就会丢失。例如，有一个 8 位的计算机，如果将最大表示数 11111111 加上一个 00000001，理论上它们相加等于 100000000，但由于无法表示第九位数，因此最高位 1 将会丢失，其得到的真实结果为 00000000。所以对于这样的计算机，它的模为 2^8。又比如一个计数器，当记满后就会产生一个溢出信号并开始下一轮记数，而对于计数器来说刚溢出时的记数的值也就是计数器的模。这样就可以在计算机做减法

运算时将负数用一个正数来替代。这样将补数运用到计算机中的编码就是补码。下面就详细讲解补码的定义。

1）小数补码

小数补码的定义式为

$$[X]_{补} = \begin{cases} X, & 0 \leqslant X < 1 \\ 2 + X = 2 - |X|, & -1 < X < 0 \end{cases} \quad (\text{mod } 2) \qquad (2-13)$$

在式（2-13）中，X 为真值，$|X|$ 为真值的绝对值。其中的 2 也就相当于 10.000…。

【例 2-18】求正小数 +0.1010 的补码与负小数 -0.1010 的补码。

$X = +0.1010$ $[X]_{补} = 0.1010$

8 位字长： $[X]_{补} = 0.1010000$

$X = -0.1010$ $[X]_{补} = 10.0000 - 0.1010 = 1.0110$

8 位字长： $[X]_{补} = 1.0110000$

因 X 为负数，通过定义式 2-|X|| 计算后，结果符号位为 1，但符号位之后的数的表现形式却与原码和绝对值等形式不同。

2）整数补码

整数补码的定义式为

$$[X]_{补} = \begin{cases} X, & 0 \leqslant X < 2^n \\ 2^{n+1} + X = 2^{n+1} - |X|, & -2^n < X < 0 \end{cases} \quad (\text{mod } 2^{n+1}) \qquad (2-14)$$

在式（2-14）中，X 为真值，$|X|$ 为真值的绝对值。其中模为 2^{n+1}。

【例 2-19】求正整数 +1010 的补码与负整数 -1010 的补码。

$X = +1010$ $[X]_{补} = 01010$

8 位字长： $[X]_{补} = 00001010$

$X = -1010$ $[X]_{补} = 2^5 - 1010 = 10110$

8 位字长： $[X]_{补} = 2^8 - 1010 = 11110110$

4. 由原码转换为补码

如果由真值直接转换为补码，可以通过补码的定义式来直接计算获得。但如果比较一下原码与补码的形式差异，就会发现几种更简便的转换方法。所以将真值转换为补码，也可以通过先转换为原码，再由原码转换为补码的方式来转换。

（1）正数的补码表示与原码相同。

【例 2-20】求正整数 +1010 的补码。

$X = +1010$ $[X]_{补} = 01010 = [X]_{原}$

（2）负数原码转换为负数补码的方法一。

符号位保持不变，为 1，其他的每位先取反，再对取反后的数末尾加 1（定点小数中，末尾加 1 相当于加了 2^{-n}），通常简称这种方法为"取反加 1"。

【例 2-21】求负整数 -1010 的补码。

$X = -1010$ $[X]_{原} = 11010$

取反   10101

末尾加 1　　　　　10110

$$[X]_{补}=10110$$

（3）负数原码转换为负数补码的方法二。

符号位保持不变，为 1，由低位向高位起，第一个 1 与之前的各位 0 保持不变，以后的各个高位除符号位外取反。

【**例 2-22**】求负整数 -1010 的补码。

$X=-1010$

$[X]_{原}=1$　10　10

$[X]_{补}=1$　01　10

　　　不变 取反 不变

5. 由补码转换为原码

如果计算机计算结果为补码形式，但由于负数的补码不直观，所以需要转换为更直观的真值形式或者原码形式。在补码转原码或真值的过程中，可以采用上述的两种办法的逆运算还原出原码与真值。

【**例 2-23**】将补码 10110 转换为原码与真值。

$[X]_{补}=$　　　10110

取反　　　　　11001

末尾加 1　　　11010

$[X]_{原}=$　　　11010

真值　　　　　-1010

【**例 2-24**】将补码 10110 转换为原码与真值。

$[X]_{补}=1$　01　10

$[X]_{原}=1$　10　10

　　　不变 取反 不变

真值 = -1010

2.2.3　补码的性质

（1）0 的补码仅有一种形式。

当 $X=0$ 时，$[+0.000]_{补}=0.000$

$[-0.000]_{补}=2-0.000=10.000-0.000=0.000$（由于字长限制溢出部分被抛弃）

由于 +0 与 -0 的补码都是 0.000。因此 0 的补码仅有一种。

（2）由补码可求原码。

上述已经详细说明了如何通过补码求原码，在此总结一下对于正数与负数求原码的方法。

对于整数，有

$$[X]_{原}=[X]_{补}$$

对于负数，有

$$[X]_{原}=[[X]_{补}]_{补}$$

（3）知道$[X]_补$可求$[-X]_补$。

具体方法是将$[X]_补$中的所有位（连同符号位）一起取反后在末尾加 1。

【例 2-25】

$[X]_补 = 10110$ $[X]_原 = 11010$

$[-X]_补 = 01010$ $[-X]_原 = 01010$

（4）知道$[X]_补$可求$\left[\dfrac{X}{2}\right]_补$、$\left[\dfrac{X}{4}\right]_补$。

具体方法是将$[X]_补$的所有位（连同符号位）向右移动一位可以得到$\left[\dfrac{X}{2}\right]_补$，向右移动两位可以得到$\left[\dfrac{X}{4}\right]_补$，移动后左边缺少的位使用和原符号位相同数码进行补足。

（5）知道$[X]_补$可求$[2X]_补$、$[4X]_补$。

具体方法为：将$[X]_补$的所有位（连同符号位）向左移动一位可以得到$[2X]_补$，向左移动两位可以得到$[4X]_补$，移动后右边缺少的位用 0 补足。

这个方法需要注意一点，如果在移动后符号位的数码发生了改变，则意味着出错，原因是数已经超出了表示范围。

2.2.4 补码与原码的表示范围

在小数的补码中，按照定义式可以求得$[-1]_补$的补码，如$[X]_补 = 10.0000 - 1.0000 = 1.0000$。

虽然 -1 本不属于小数，但 -1 的补码却真实存在。这是因为在原码中 0 的补码只有一种导致的。所以在补码的表达范围上，负数的范围会略大于整数的范围。

（1）小数原码的表示范围（8 字长），即

$$1.1111111 \sim 0.1111111$$

$$-\dfrac{127}{128} \qquad +\dfrac{127}{128}$$

（2）小数补码的表示范围（8 字长），即

$$1.0000000 \sim 0.1111111$$

$$-1 \qquad +\dfrac{127}{128}$$

（3）整数原码的表示范围（8 字长），即

$$11111111 \sim 01111111$$

$$-127 \qquad +127$$

（4）整数补码的表示范围（8 字长），即

$$10000000 \sim 01111111$$

$$-128 \qquad +127$$

2.2.5 反码表示法

除了原码、补码外，还有一种表示码——反码，在反码中，正数的反码与原码相同。负数的反码是：符号位为1，其余的由原码的对应位逐位取反而得。由此可以发现，只需在反码的末尾加上1得到的就是补码。所以反码通常作为原码求补码或者补码求原码的中间过渡来用。

1. 小数的反码表示

小数反码的定义式为

$$[X]_{反} = \begin{cases} X, & 0 \leqslant X < 1 \\ (2 - 2^{-n}) + X, & -1 < X \leqslant 0 \end{cases} (\bmod(2 - 2^{-n})) \qquad （2-15）$$

【例2-26】求正小数+0.1010的反码与负小数-0.1010的反码。

$X = +0.1010 \qquad [X]_{原} = 0.1010$

$\qquad\qquad\qquad\quad [X]_{反} = 0.1010$

$X = -0.1010 \qquad [X]_{原} = 1.1010$

$\qquad\qquad\qquad\quad [X]_{反} = 1.0101$

2. 整数的反码表示

整数反码的定义式为

$$[X]_{反} = \begin{cases} X, & 0 \leqslant X < 2^n \\ 2^{n+1} + X, & -2^n < X \leqslant 0 \end{cases} (\bmod(2^{n+1} - 1)) \qquad （2-16）$$

【例2-27】求正整数+1010的反码与负整数-1010的反码。

$X = +1010 \qquad [X]_{原} = 01010$

$\qquad\qquad\qquad [X]_{反} = 01010$

$X = -1010 \qquad [X]_{原} = 11010$

$\qquad\qquad\qquad [X]_{反} = 10101$

虽然反码也可以把减法化为加法运算，但由于目前采用反码计算的情况较少，因此反码可以当作原码求补码的过程来学习，过多内容不再详细讨论。

2.3 数的定点表示和浮点表示

在实际使用的数中，既会出现整数部分又会出现小数部分。大家都知道，在实际运算时需要先将两个数的小数点对准后，才能进行加减等运算。这就出现了一个问题，即如何来表示小数的位置呢？在计算机中，根据小数点的位置是否是固定的，可以将计算机的数分为两大类，分别是定点表示与浮点表示。

2.3.1 定点表示

计算机中，定点数指的是小数点位置固定不变的数。为了处理方便，将其分为以下3种类型。

1. 无符号定点整数

忽略了符号位的正整数称为无符号整数。由于正好被忽略，数中的所有位都可以用来表示数值的大小。对于一个整数，小数点放置于最后以后，这个小数点在数码中是不存在的。

对于一种表示方法，最关心的是它所能表示的范围及分辨率，也就是这种方法能表示出多大的数与这个数能表达得多准确。就像一把尺子，尺子的大小决定了测量的长度，而尺子的最小刻度决定了测量的精确程度。

假设无符号定点整数的代码序列为 $X_n X_{n-1} \cdots X_1 X_0$，也就是说，由 $n+1$ 位表示，则

典型值	真值	序列
最大正数	$2^{n+1} - 1$	111…111
非零最小正数	1	000…001

由于是正数的缘故，原码与补码相同，因为是无符号数，不需要符号位。因此，无符号定点整数的表示范围为 $0 \sim (2^{n+1} - 1)$；分辨率为 1。

对于一个正数，由 0 到最大正数就是它所能表示的最大范围。而非零最小正数表达的是这种表示方法的精度。

2. 带符号定点整数

带符号位的定点整数是一个纯整数，小数点在所有数最低位，最高位用来表示符号。带符号定点整数通常使用补码来表示，但也有使用原码来表示的情况。下面将分别对原码与补码表示的带符号定点整数进行讨论。

假设带符号定点整数的代码序列为 $X_n X_{n-1} \cdots X_1 X_0$，$X_n$ 表示符号位，则

典型值	真值	序列
原码绝对值最大负数	$-(2^n - 1)$	11…11
原码绝对值最小负数	-1	10…01
原码非零最小正数	$+1$	00…01
原码最大正数	$2^n - 1$	01…11
补码绝对值最大负数	-2^n	10…00
补码绝对值最小负数	-1	11…11
补码非零最小正数	$+1$	00…01
补码最大正数	$2^n - 1$	01…11
原码表示范围：	$-(2^n - 1) \sim 2^n - 1$	
补码表示范围：	$-2^n \sim 2^n - 1$	

补码与原码的分辨率：1。

3. 带符号定点小数

带符号位的定点小数是一个纯小数，可以用原码表示也可以用补码表示。

假设带符号定点小数的代码序列为 $X_0.X_1 X_2 \cdots X_n$，其中 X_0 用来表示符号位，小数点位

置在符号位后面。$X_1X_2\cdots X_n$ 称为尾数，是数值的有效位，并且 X_1 被称为最高有效位。

典型值	真值	序列
原码绝对值最大负数	$-(1-2^{-n})$	$1.1\cdots 11$
原码绝对值最小负数	-2^{-n}	$1.0\cdots 01$
原码非零最小正数	2^{-n}	$0.0\cdots 01$
原码最大正数	$1-2^{-n}$	$0.1\cdots 11$
补码绝对值最大负数	-1	$1.0\cdots 00$
补码绝对值最小负数	-2^{-n}	$1.1\cdots 11$
补码非零最小正数	2^{-n}	$0.0\cdots 01$
补码最大正数	$1-2^{-n}$	$0.1\cdots 11$
原码表示范围：	$-(1-2^{-n})\sim 1-2^{-n}$	
补码表示范围：	$-1\sim 1-2^{-n}$	

补码与原码分辨率：2^{-n}。

定点数的小数点位置是固定的，不需要专门来表示它。也可以说，小数点本身是不存在的，在书写时标注小数点只是为了醒目而已。3 种定点数的小数点在程序中是隐含的约定，编程人员根据需要自行约定选择使用。

如果数据既有整数又有小数，若需要将它定义为某种定点数，就需要在编程时设置比例因子，才能扩大为定点整数或者缩小为定点小数。经过运算后的数据根据比例因子与所做的运算操作，将数据还原为实际值。

在上述描述中，描述小数的序列所使用的是 $X_0.X_1X_2\cdots X_n$，这时的 X_0 为最高位，X_n 为最低位。而描述整数时使用的是 $X_nX_{n-1}\cdots X_1X_0$，这时的 X_0 为最低位。这是因为 X_0 的权都是 2^0，这样描述衔接性更强。通常使用的计算机大多数都是采用以定点整数为参考体系的描述定义。例如，8 条数据线为 $D_7\sim D_0$（低位），16 位地址线为 $A_{15}\sim A_0$（低位）。但在讨论运算方法时会以小数为对象最后推广到整数。这是因为定点小数补码以 2^1 为模，与位数无关；而定点整数是以 2^{n+1} 为模，与位数有关。

定点数的表示范围是相对有限的。运算的结果如果超出表示范围，这时称为溢出。若是大于最大整数的溢出，称为正溢；若是超出绝对值最大负数（小于定点数最小值）这时称为负溢。若是在比例因子选择的过程中选择不当，如在变为定点小数时比例因子不足，这时运算的结果就可能产生溢出。因此在计算机的内部，硬件必须要具备溢出判断的功能，若发生溢出，就需要立即根据溢出转到溢出处理中，调整比例因子。

定点数的表示方法比较简单，实现的成本也比较低。但在有限位数的表示中，范围与精度通常是不可兼顾的，并且选择比例因子也比较麻烦。

2.3.2 浮点表示

从前面介绍的内容可以看出，只要是定点数，如果位数一确定，则其表示范围和分辨率也就固定不变了，不能根据实际需求来改变，只能依靠比例因子来调节。为此，若是使用一种科学的数字表示法，将比例因子作为数的一部分包含其中，就能够按照实际需求来调整表示数的大小了，又能有足够的精度，由此引出了浮点表示法。浮点数是一种小数点位置可根

据需求浮动的数。

1. 浮点数格式

比例因子采用指数的形式，将数写成比例因子与尾数相乘的形式。

$$N = \mp R^E \times M \tag{2-17}$$

式中　N——真值；

　　　R^E——比例因子；

　　　M——尾数。

通常对于浮点格式，R 是隐含约定固定不变的，因此浮点数的表达式中需要提供 E 与 M 两个部分（包括符号）。对应的浮点数格式如图 2-1 所示。

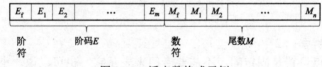

图 2-1　浮点数格式示例

E 是阶码，是比例因子 R^E 的指数数值，是一个带符号的定点整数，其可用补码或者移码的形式表示。若 E 为正数，其意义是尾数 M 将被扩大若干倍；若 E 为负数，意义是尾数 M 将被缩小为原来的若干分之一。

R 是阶码的底，通常指定为尾数 M 的基数。例如，尾数如果是二进制的数，二进制的基数是 2，那么就指定 R 为 2。前面说过 R 是隐含约定的，因此不需要在浮点代码中体现。

M 是尾数，是一个带符号的定点小数，可用补码或者原码的形式表示。浮点数都是近似表示，精度由尾数决定，表示范围由 R、E 决定，为了能提高浮点数的精度，尽可能将有效位占满可用位数，通常采用规格化的方式来表示，即要求尾数满足条件 $1/R \leqslant |M| < 1$。

为了满足条件，通常采用两种方法，第一种是将尾数右移 1 位，阶码加 1，这种方法称为右规；第二种是将尾数左移一位，阶码减 1。

需要注意的是，M_f 决定了数的正负；而 E_f 仅决定阶码的正负，其表示是需要将数扩大还是缩小。

2. 移码

上述提到，浮点数的阶码是可以用移码来表示的。移码是专门用来表示浮点数阶码的码制，采用这种码制，其优点是可以更为方便地比较出两个数阶码的大小，若阶码（加上符号位）共 $m+1$ 位，则移码的定义为

$$X_{移} = 2^m + X \quad -2^m \leqslant X \leqslant 2^m \tag{2-18}$$

式中　X——阶码的真值；

　　　2^m——符号位 X_m 的位权。

总的来说，移码相当于将真值沿数轴正方向平移 2^m，所以称为移码。或者说增加 2^m 个单位，所以也可以叫增码。

【例 2-28】若一个浮点数的阶码是 8 位，用移码表示，其表示范围为 $-128 \leqslant X \leqslant 127$，则其 $X_{移} = 2^7 + X$，见表 2-3。

表2-3 真值、移码、补码对照表

真值 X（十进制）	真值 X（二进制）	$X_{移}$	$X_{补}$
−128	− 10000000	00000000	10000000
−127	− 01111111	00000001	10000001
⋮	⋮	⋮	⋮
−1	− 00000001	01111111	11111111
0	00000000	10000000	00000000
+1	00000001	10000001	00000001
⋮	⋮	⋮	⋮
+127	01111111	11111111	01111111

（1）当移码的符号位为 1 时真值 X 为正，而当符号位为 0 时真值 X 为负。这一点与原码、补码、反码的逻辑刚好相反。

（2）将移码与补码做对比不难发现，除了符号位逻辑相反以外，原码和补码的其他位均相同，这是由于移码是真值平移 2^7 得到，而补码是平移 2^8 得到。

（3）如果让真值从 −128 增至 +127，对于移码从 00000000 增至 11111111，刚好呈现递增状态。可见，使用移码来表示阶码，能更容易地比较出阶码的大小。

3. 表示范围与精度

如果一个浮点数，阶码为 $m+1$ 位，含有一位阶符，使用补码表示，以 2 为底；尾数为 $n+1$ 位，含有一位数符，同样也使用补码来表示并规格化，则这个数的典型值如表 2-4 所示。

表2-4 典型值

典型值	代　码	真　值
绝对值最大负数	01…1, 1.0…0	$[2^{2^{m}-1}](-1)$
绝对值最小负数	10…0, 1.10…0	$[2^{-2^{m}}](-2^{-1})$
最大正数	01…1, 0.11…1	$[2^{2^{m}-1}](1-2^{-n})$
非零最小正数	10…0, 0.10…0	$[2^{-2^{m}}](2^{-1})$

其表示范围为：$-[2^{2^{m}-1}] \sim [2^{2^{m}-1}](1-2^{-n})$。

其最高分辨率为：$[2^{-2^{m}}](2^{-1})$。

对于绝对值最大的数，它的阶码应该是最大的正值，因此补码代码为 01…1，其真值为 $2^{m}-1$。对于绝对值最大负数，其自身尾数也应为绝对值最大负数，小数的补码可以表达为 1.0…0，真值为 −1。最大正数应该是尾数最大的值，其补码表示为 0.11…1，真值为 $(1-2^{-n})$。

对于绝对值最小的数，其阶码应该为最大的负值，其阶码用补码可表示为 10…0，其真值为 -2^{m}。需要注意的是，通过规格化后，尾数的最小非零绝对值为 2^{-1} 而不是 2^{-n}。

接下来通过对比定长代码下定点表示与浮点表示来考查其表示范围与精度。

【例2-29】若一个定点32位长的数，其中包含一位符号位，使用补码表示，则其表示范围为$-2^{31} \sim (2^{31}-1)$，其分辨率为1。

【例2-30】若一个浮点32位长的数，其中阶码设置为8位，内含1位阶符，使用补码表示，使用2为底；尾数设置为24位，其含有1位符号位，使用补码来表示并规格化，则其表示范围为$-2^{127} \sim 2^{127}(1-2^{-23})$，其最高分辨率为$2^{-129}$。

通过比较不难发现，同样的字长，浮点数表示范围比定点数大很多，并且分辨率也高很多。其实，上面在说分辨率的时候，说明的只是最高分辨率，它所对应的是当阶码为绝对值最大负数的情况下。当阶码增加的时候，其分辨率则会随之变低，相反地，阶码减少时，分辨率也会随之升高。例如，阶码若其真值为23时，当其使得尾数改变一个最小量2^{-23}时，此时真值其实变化1，这时的分辨率其实为1。当在实际情况中，往往需要表示一个较大的数时，分辨率并不会要求太高，如在表示天体与天体之间的距离时是用光年为单位的情况。而要求精度很高的，对数值范围要求往往也并不高。例如，在芯片加工中，精度需达到微米甚至亚微米级，但实际芯片的尺寸也就厘米级。在浮点数的表示中，其阶码可以根据实际需要来变化。例如，在表示数值较小的数时，可以使阶码为绝对值较大的负数，这时可以获得较高的精度，在表示一些精度需求不是很高的数时，可以使阶码选择较大的正数，从而获得更大的表示范围。

在浮点数中精度可以分为两类：一类为相对精度，其表示的是尾数自身的分辨率，大小取决于尾数的位数，在上例中其相对精度为2^{-n}；另一类是绝对精度，绝对精度等于R^E乘以相对精度。

若阶码发生变化则会使比例因子R^E发生变化，这个过程相当于改变小数点的位置，因此才称为浮点数。它不需要外设比例因子，可以容易地达到需要的精度，因此在要求高的计算中，往往采用浮点数运算。一个浮点数由两部分组成，一部分是一个定点整数（阶码），另一部分是一个定点小数（尾数），因此浮点数的运算是由两组关联的定点运算来实现的。

4. 真值与浮点数之间的转换

对于真值与浮点数的转换，下面通过两个例子来理解它们之间的转换过程。

【例2-31】若一个浮点数的字长为32位；其阶码为8位，包含一位阶符，使用补码表示，以2为底；尾数为24位，包含一位数符，使用补码表示并规格化。浮点代码为$(A3680000)_{16}$，求真值。

$$(A3680000)_{16} = (10100011, 011010000000)_2$$
$$E = -(1011101)_2 = -(93)_{10}$$
$$M = (0.11010 \cdots 0)_2 = (0.8125)_{10}$$
$$N = 2^{-93} \times 0.8125$$

【例2-32】浮点数的格式如例2-31一样，则将$(1011.11010 \cdots 0)_2$换写为浮点数代码。

$$N = -(1011.11010 \cdots 0)_2 = -(0.101111010 \cdots 0)_2 \times 2^4$$
$$E = (4)_{10} = (00000100)_2$$
$$M_{补} = (1.010000110 \cdots 0)_2$$

浮点数代码$(00000100, 1010000110 \cdots 0)_2 = (04A18000)_{16}$

5. IEEE 754 标准浮点格式

前面使用的浮点数格式是为了方便介绍讨论才这样定义的，在实际的机器中，浮点数格式与之会有一些差别。下面简要介绍当前广泛采用的 IEEE 754 标准浮点格式（见图 2-2）。按照这个标准，浮点数的格式可分为 3 类，分别为短实数、长实数和临时实数。

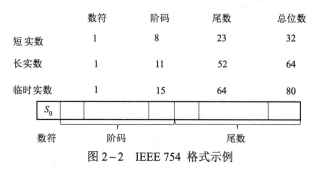

图 2-2　IEEE 754 格式示例

以 32 位的短实数浮点数为例，其中最高位 S_0 是数符，接下来的 8 位为阶码，以 2 为底，采用的是移码表示，在这里其偏置为 127，也就是说，如果真值为 1，那么其阶码表示为 128，在这里与之前表示方法使用的偏置为 128 的有所不同。剩下的 23 位为尾数，是一个纯小数，其中的数符已经在代码的最高位表示。在 IEEE 754 中，约定了尾数的最高位为 2^0，约定的最高位并不会出现在代码中，因此实际上尾数为 24 位，其真值实际为 1 加 23 位尾数真值。

2.4　字符数据表示

2.4.1　ASCII 码

在国际上广泛使用美国信息交换标准码（American Standard Code for Information Interchange）作为信息交换标准，简称 ASCII 码。由输入设备将信息送入主机，由主机将信息送出，以供打印、显示以及各个计算机系统之间的通信，这个信息交互的过程泛称为"交换"。在交换的过程中，大家需要制定一个统一的标准，这样才能让大家识别、认可，使得信息可以共享，ASCII 码就是国际认可的标准。ASCII 原本是为了信息的交换所定义的标准，但由于其字符数有限、编码简单，因此输入、存储、内部处理也往往采用这个标准。

ASCII 字符集中共有 128 种常用的字符，包含有数字 0～9、大小写英文字母、常用的运算符号、括号、标点及标识符等，这些字符大致能满足各种编程语言、西方文字以及各种控制命令的需要。

每个 ASCII 采用 7 位编码，在存储器中使用一个字节的单元就可以放置一个 ASCII 编码，其中一个单元格含有 8 位，多余出来的 1 位被作为奇偶校验位来使用。字符与编码的关系如表 2-5 所示。

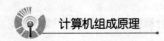

表2-5 字符的 ASCII 编码

十六进制码	字符	十六进制码	字符	十六进制码	字符	十六进制码	字符
00	NUL	20	SP	40	@	60	、
01	SOH	21	!	41	A	61	a
02	STX	22	"	42	B	62	b
03	ETX	23	#	43	C	63	c
04	EOT	24	$	44	D	64	d
05	ENQ	25	%	45	E	65	e
06	ACK	26	&	46	F	66	f
07	BEL	27	'	47	G	67	g
08	BS	28	(	48	H	68	h
09	HT	29	)	49	I	69	i
0A	LF	2A	*	4A	J	6A	j
0B	VT	2B	+	4B	K	6B	k
0C	FF	2C	,	4C	L	6C	l
0D	CR	2D	-	4D	M	6D	m
0E	SO	2E	.	4E	N	6E	n
0F	SI	2F	/	4F	O	6F	o
10	DLE	30	0	50	P	70	p
11	DC1	31	1	51	Q	71	q
12	DC2	32	2	52	R	72	r
13	DC3	33	3	53	S	73	s
14	DC4	34	4	54	T	74	t
15	NAK	35	5	55	U	75	u
16	SYN	36	6	56	V	76	v
17	ETB	37	7	57	W	77	w
18	CAN	38	8	58	X	78	x
19	EM	39	9	59	Y	79	y
1A	SUB	3A	:	5A	Z	7A	z
1B	ESC	3B	;	5B	[	7B	{
1C	FS	3C	<	5C	\	7C		
1D	GS	3D	=	5D	]	7D	}
1E	RS	3E	>	5E	↑	7E	～
1F	US	3F	?	5F	_	7F	DEL

2.4.2　汉字编码

与西文不同,汉字的字符很多,所以汉字编码要比西文复杂很多。在一个汉字信息系统中,需要使用几种编码,大体分为 3 类,分别为输入码、内部码、交换码。

1. 汉字输入码

对于需要汉字输入的人员来说,直接让其记忆数以千计的汉字二进制编码是相当困难的;键盘也不可能将数千个汉字都形成按键;所以,对于汉字的输入需要一些比较直观、方便且快速的方法。至今至少已有几百种汉字的编码方案被提出来,较常使用的也有几十种。总体归纳,汉字的编码可以分为拼音码、字形码及音形结合或者具有联想提示的方案等。在这里所产生的码称为输入码,在输入码之后需要借助内部码进行对照,转变为便于处理的内部码。

2. 汉字内部码

汉字内部码也称为内码,内部码是给内部存储、处理以及传输使用的编码。在早期,不同的人设计了不同的汉字内部码,最终导致了各个计算机中使用的汉字内部码可能不一致,造成了计算机之间交换汉字信息困难的情况。在这之后,我国推出了汉字交换码的国家标准,并于 1990 年又提出基于 ASCII 码体系的汉字内码方案,其与国标汉字交换码有简单的对应关系,是用两个字节编码来表示一个汉字。

3. 汉字交换码

早期汉字系统内部码不统一,因此在各个汉字系统之间或者汉字系统与通信系统之间进行汉字的信息传输时,需要制定一种统一的编码标准,也就是汉字交换码。

我国制定过的《信息处理交换用的 7 位编码字符集》,在之后成了 GB 1988 国家标准。除了如货币符号等个别字符外,GB 1988 与 ASCII 是完全相同的,可以认为是中国版的 ASCII 码。

在 1981 年,我国发布了汉字交换的标准《信息交换汉字编码字符集——基本集》(GB 2312—1980)。此字符集与 GB 1988 是兼容使用的,其使用两个字节来表示一个汉字字符编码,每个字节的编码使用 GB 1988 中的字符编码。GB 2312 字符集收录了包含 6 763 个汉字以及 682 个图形字符,如间隔、标点、数字、运算符、汉语拼音、制表符、希腊文字母、拉丁文字母、俄文字母、日文假名等。它们形成了一个 94×94 的矩阵,其中矩阵中的行称为区,列称为位,这样其中的一个汉字就可以称为处于某区某位中。其与国标的交换码有简单的对应关系。

本节只简单地介绍了 3 类汉字编码,详细的内容请查阅相关的资料。

第3章

运算方法

计算机的运算通常包含定点数和浮点数的运算以及有符号数和无符号数的运算。本章将讨论数据信息加工处理的原理、方法及实现。计算机中主要有两类基本运算，即算术运算和逻辑运算。逻辑运算相对比较简单，按位进行，基本逻辑运算有"与""或""非"和"异或"4种。而算术运算则会涉及常用的数据类型和编码方式等方面的因素。这里首先讨论的将会是定点数运算，包括移位运算和加、减、乘、除四则运算的方法；然后介绍浮点数的运算。

3.1 定 点 运 算

定点运算是算术运算的基础，包括移位、加、减、乘、除等运算，其中，定点加（减）运算是重点。

3.1.1 定点数的移位运算

移位运算又称为移位操作，是计算机进行算术运算、逻辑运算不可缺少的基本操作，任何计算机都包含有移位指令。作为一种指令，它可以独立运行；作为一种微操作，它又可以伴随其他指令一起执行。不管是独立运行还是伴随着其他指令运行，移位操作的功能和原理都是相同的，因此，可以将其作为一种基本微操作进行研究。

由于移位运算可以实现乘2和除2的功能，并且其结构简单，因此在早期计算机没有乘、除运算线路时，采用了移位和加法相结合的方法来实现乘、除运算。此外，移位运算还可运用于寄存器信息的串行传送。

移位的类型按照移位的性质可以分为三大类，即逻辑移位、循环移位和算术移位。每一种移位又存在左移和右移两种形式。

1. 逻辑移位

逻辑移位（Logic Shift）也称为线形移位（Linear Shift），是指寄存器中的整组数据进行移位。逻辑移位时，只是数码位置的变化，不考虑数值的大小变化。逻辑移位的规则是：左移时低位补 0，右移时高位补 0。逻辑左移和逻辑右移分别用 shl 和 shr 表示。

例如，X 寄存器逻辑右移时，如图 3-1 所示。X 寄存器逻辑左移时，如图 3-2 所示。

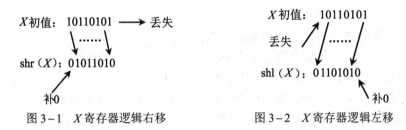

图 3-1　X 寄存器逻辑右移　　　　图 3-2　X 寄存器逻辑左移

逻辑移位主要用于数据处理中字的装配、拼组与拆散等操作，也用于程序控制结构中的状态位及特殊信息调用。

2. 循环移位

循环移位（Circular Shift）是指被移位数据的最高位和最低位之间有移位通路形成的闭合环路。循环移位规则：循环左移时，最高位转移到最低位，其余位依次左移；循环右移时，最低位转移到最高位，其余位依次右移。循环左移和循环右移分别用 cil 和 cir 表示。

例如，X 寄存器循环左移时，如图 3-3 所示。X 寄存器循环右移时，如图 3-4 所示。

图 3-3　X 寄存器循环左移　　　　图 3-4　X 寄存器循环右移

循环移位主要用于移位信息仍需保留的情况。

3. 算术移位

算术移位（Arithmetic Shift）是指带符号数的移位，移位后数的符号不变而数值变化，左移实现乘 2 功能，右移实现除 2 功能。算术左移和算术右移分别用 ashl 和 ashr 表示。

带符号数有 3 种表示方法，即原码、反码和补码。编码不同，移位规则也不同。

1）原码移位规则

原码左移时，符号位不变，其余各位依次左移，末位补 0。需要注意的是，若最高有效位为 1，则左移后将发生溢出。

右移时，符号位不变，其余各位依次右移，最高有效位补 0。

例如，X 寄存器算术左移，如图 3-5 所示。X 寄存器算术右移时，如图 3-6 所示。

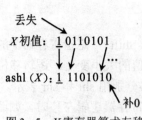

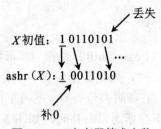

图 3-5　X 寄存器算术左移　　　　　　图 3-6　X 寄存器算术右移

2）补码移位规则

补码左移时各位依次移位，其中最高有效位左移至符号位，且末位补 0。若左移后未发生溢出，则对于正数补码其最高有效位为 0，左移至符号位使其保持 0 不变；而对于负数其最高有效位为 1，左移至符号位使其保持 1 不变。

补码右移时，符号位不变，各位依次右移，其中符号位右移至最高有效位。正数，符号位为 0，右移后相当于最高有效位补 0；负数，符号位为 1，右移后相当于最高有效位补 1。

例如，X 寄存器算术左移，如图 3-7 所示。若 X 寄存器为正数，算术右移如图 3-8 所示。若 X 寄存器为负数，算术右移如图 3-9 所示。

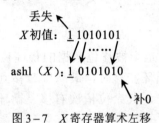

图 3-7　X 寄存器算术左移

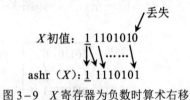

图 3-8　X 寄存器为正数时算术右移　　　图 3-9　X 寄存器为负数时算术右移

从上例中可以很好地理解算术移位，但是也会有相应的疑问。例如，对 X 左移的例子中，如再进行一次算术左移，那么将会发生符号位的变化，破坏正确的符号，这也就是溢出。

综上所述，对于补码的算术移位规则，可以归纳如下。

① 符号位参与操作。

② 右移时，其最高有效位补入符号位。

③ 左移时，其末尾补入 0，符号位丢弃；当符号位和最高有效位相反时，左移会溢出。

3）反码移位规则

由反码表示的数进行算术移位时，也可以进行补码数算术移位的类似分析，因而可以得出以下结论。

① 反码数的算术移位，符号位参与移位操作。

② 对于正数，移位时空位补 0。

③ 对于负数，移位时空位补 1。

注意：从某个寄存器获得数据并将结果存入同一寄存器的移位操作可以表示为简单的移位微操作，如 $X \leftarrow \text{ashl}(X)$ 等价于 $\text{ashl}(X)$。若目标寄存器不同于源寄存器，则两个寄存器均需指定，如 $Y \leftarrow \text{ashl}(X)$。

3.1.2 定点数的加、减运算

定点数的加、减运算是算术运算的基础，既可以采用原码也可以采用反码进行运算。从两者的编码方式可以看出，原码的加、减运算比较复杂，而补码的加、减运算相对要简单，因此在计算机系统中，普遍采用补码形式进行数据存储、传输和运算操作。

1. 原码的加、减运算

之前学习过，原码表示包括两个部分，即符号部分和幅值部分。符号位 1 位，0 表示正数（或 0），1 表示负数；幅值部分用来表示数的绝对值。原码的表示虽然简单，但是其加、减运算比较复杂，具体执行何种操作不仅由操作符决定，还取决于参与运算的两个符号位及运算数的幅值。此外，运算结果符号位形成的逻辑也比较复杂。

对于操作 $U_S U \leftarrow X_S X \pm Y_S Y$，定义 AS 为计算的操作符，AS = 0 表示加法，AS = 1 表示减法。还定义 $PM = X_S \oplus AS \oplus Y_S$。$X_S$、AS 和 Y_S 共有 8 种组合，表 3-1 列出了这些可能的组合及其相应的 PM 值，同时还分别给出了当 $X = 5$、$Y = 9$ 和 $X = 9$、$Y = 5$ 时各种组合的结果。

表 3-1 原码的加法和减法

操作	X_S	Y_S	AS	PM	$X = 5, Y = 9$	$X = 9, Y = 5$
$(+X)+(+Y)$	0	0	0	0	$(+4)+(+5)=(+9)$	$(+5)+(+4)=(+9)$
$(+X)-(+Y)$	0	0	1	1	$(+4)-(+5)=(-1)$	$(+5)-(+4)=(+1)$
$(+X)+(-Y)$	0	1	0	1	$(+4)-(-5)=(-1)$	$(+5)-(-4)=(+1)$
$(+X)-(-Y)$	0	1	1	0	$(+4)-(-5)=(+9)$	$(+5)-(-4)=(+9)$
$(-X)+(+Y)$	1	0	0	1	$(-4)+(+5)=(+1)$	$(-5)+(+4)=(-1)$
$(-X)-(+Y)$	1	0	1	0	$(-4)-(+5)=(-9)$	$(-5)-(+4)=(-9)$
$(-X)+(-Y)$	1	1	0	0	$(-4)+(-5)=(-9)$	$(-5)+(-4)=(-9)$
$(-X)-(-Y)$	1	1	1	1	$(-4)-(-5)=(+1)$	$(-5)-(-4)=(-1)$

执行何种操作由两个值决定，即 PM 值以及 X 和 Y 的幅值大小（$X > Y$、$X = Y$ 或者 $X < Y$）。

从表 3-1 中可以看出，只要 PM = 0，就是将 X 和 Y 的幅值加起来，而且结果的符号总与第一个操作数（X_S）相同，这就可通过以下的微操作来实现：$U_S \leftarrow X_S$，$U \leftarrow X + Y$。当然，还得同时考虑溢出的问题，发生溢出会导致运算结果出错，因此计算机必须能判断溢出，并进行相应的处理。这里就需要引入进位 C 来一起表示，原有的 $U \leftarrow X + Y$ 则可以用 $CU \leftarrow X + Y$ 进行替代，进位 C 的值将赋给溢出标志位。在表 3-1 的运算中，如果 X 和 Y 的值都只为 3 位，那么将会有溢出的产生，因为 1001 不能存于一个 3 位的寄存器中。

当 PM = 1 时，情况更加复杂。根据 X 和 Y 的幅值大小，计算结果的幅值可能是 $X - Y$，也可能是 $Y - X$。另外，当结果为 0 时，算法必须保证 0 的符号为正，即符号 U_S 位为 0。

先来考虑 X 和 Y 的幅值大小。当 $X>Y$ 时，U 应该为 $X-Y$，可理解为 $X+Y'+1$。当 $X<Y$ 时，则会得到 $Y-X$ 的负值；这可以通过取其 2 的补码来实现，也就是 $(X-Y)'+1$。而是否需要将（$X-Y$）的结果取负值，可以通过 X 和 Y 的减法来实现：$CU\leftarrow X+Y'+1$，这可以实现 X 和 Y 的大小比较，当 $X\geqslant Y$ 时，C 置 1；当 $X<Y$ 时，C 置 0。

关于结果为 0 的情况，当 $X=Y$ 时，执行 $CU\leftarrow X+Y'+1$，结果为 $U=0$、$C=1$。在计算机中，0 总是作为 +0 来保存；否则当下一次使用时将会产生错误。这与日常理解的 $+0=-0=0$ 有所不同，切记。因此当 $X=Y$ 时，必须将结果符号位置 0。

当 $X\neq Y$ 时，同样需要考虑符号位 U_S 的取值问题。当 $X>Y$ 时，U_S 与 X_S 相同；当 $X<Y$ 时，U_S 与 X_S 的反码值相同。

2. 补码的加、减运算

在计算机中，如果参加运算的操作数和结果都采用补码表示，则可以使得运算方法和控制条件都变得简单。

1）补码加、减运算基础

$$[X+Y]_补=[X]_补+[Y]_补 \quad (\bmod\ M) \tag{3-1}$$

$$[X-Y]_补=[X+(-Y)]_补=[X]_补+[-Y]_补 \quad (\bmod\ M) \tag{3-2}$$

式（3-1）表明，当操作码要求进行加法运算时，可以直接将补码的两个操作数相加，不必考虑符号是正是负，所得加数则为补码表示的和。

式（3-2）表明，当操作码要求进行减法运算时，可将其转换为与减数的负数相加，将减法变为加法。式（3-2）中的 $[-Y]_补$ 称为 $[Y]_补$ 的机器负数，由 $[Y]_补$ 求 $[-Y]_补$ 的方法如下：将 $[Y]_补$ 连同符号位一起求反，末尾加 1，即 $[-Y]_补=Y_S'Y'+1$。如果 Y 为正，则其机器负数为一个负数；反之，如果 Y 为负，则其机器负数为一个正数。例如：

若 $[Y]_补=01101$，则 $[-Y]_补=10011$。

若 $[Y]_补=11101$，则 $[-Y]_补=00011$。

由此可以归纳出补码加、减法运算规则，具体如下。

（1）参与运算的操作数用补码表示，符号位参与运算，得到的结果为补码表示。

（2）若操作码进行加运算，则两个数直接相加。

（3）若操作码进行减运算，则取减数机器负数，再与被减数相加。

【例 3-1】已知 $[X]_补=00110100$，$[Y]_补=11100100$，求 $[X+Y]_补$、$[X-Y]_补$。

解 $[X+Y]_补=[X]_补+[Y]_补=00110100+11100100=00011000$

$$
\begin{array}{r}
00110100 \\
+11100100 \\
\hline
\end{array}
$$
丢弃 $\longleftarrow$ 100011000

由 $[Y]_补=11100100$ 可知，$[-Y]_补=00011100$

则 $[X-Y]_补=[X]_补+[-Y]_补=00110100+00011100=01010000$

$$
\begin{array}{r}
00110100 \\
+00011100 \\
\hline
01010000
\end{array}
$$

2）溢出判断

从数学规律可以看出，两个不同符号的数相加是不会产生溢出的，只有两个同符号的数相加才会有可能出现溢出。两个正数相加，绝对值超出允许的表示范围称为正溢；反之，两个负数相加后，绝对值超出允许的表示范围，则称为负溢。一旦溢出，溢出的部分将被丢弃，这将使得留下来的值不能表示正确的结果。

图 3-10 列出了补码加法溢出的产生，将从中找出判断溢出的方法。

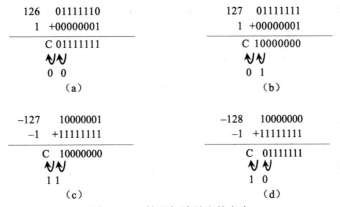

图 3-10 补码加法溢出的产生

在图 3-10 中，机器数字长为 8（包含 1 位符号位），其补码定点数的表示范围则为 -128～+127。其中，图 3-10（a）和图 3-10（c）未超出表示范围，没有产生溢出；而图 3-10（b）和图 3-10（d）则超出了机器字长的表示范围，产生了溢出；这其中图 3-10（b）为正溢，图 3-10（d）为负溢。

常用判断溢出的方法有以下几种。

（1）利用单符号位判断。

两个正数相加结果为负，表示发生了正溢；两个负数相加结果为正，则表示发生了负溢。用 X_S、Y_S 和 U_S 分别表示两个操作数和运算结果的数符，则正溢可表示为 $X_S' Y_S' U_S$，负溢为 $X_S Y_S U_S'$。判断运算是否有溢出的表达式可以归纳为

$$溢出 = X_S' Y_S' U_S + X_S Y_S U_S'$$

【例 3-2】 若 $X = -9$，$Y = -13$，字长为 5，求 $X + Y$。

解 $[X]_原 = 11001$，$[X]_补 = 10111$；$[Y]_原 = 11101$，$[Y]_补 = 10011$

$[X+Y]_补 = [X]_补 + [Y]_补 = 10111 + 10011 = 1\ 01010$（高位 1 自动丢弃）

两个负数相加的结果应该为负，但是代码却显示为正，这就表明出现了溢出，结果出错。

（2）利用最高有效位的进位进行判断。

同时利用进位输出和结果最高位的进位输入来判断溢出。如果两者相等，那么没有溢出；反之则为溢出。例如，图 3-10（a）和图 3-10（c）中最高位进位的输入和进位输出相等，因此没有溢出；而图 3-10（b）和图 3-10（d）中两者相异，则出现了溢出。若用 C_f 表示进位的输出，C_{f-1} 表示结果最高位进位的输入，则溢出可表示为

$$溢出 = C_f C_{f-1}' + C_f' C_{f-1} = C_f \oplus C_{f-1}$$

（3）采用变形补码。

在每个操作数的补码中用两位二进制数来表示符号，则称为变形补码，00 表示正数，11 表示负数；如果运算后结果数的符号位两位仍然相同，说明没有发生溢出；反之则说明有溢出产生。通过简单分析可得出，01 表示产生了正溢，10 表示产生了负溢。若用 U_{S1}、U_{S2} 分

别表示结果的第一符号位和第二符号位，则溢出可以表示为

$$溢出 = U_{S1}U'_{S2} + U'_{S1}U_{S2} = U_{S1} \oplus U_{S2}$$

通过简单的分析可得知，不论是否有溢出，第一符号位总能表示结果数的正确符号。

【例 3−3】 已知 $X = -11$，$Y = -12$，字长为 6，求 $X + Y$。

解 $[X]_原 = 11\ 1011$，$[X]_补 = 11\ 0101$；$[Y]_原 = 11\ 1100$，$[Y]_补 = 11\ 0100$

$$
\begin{array}{r}
11\ 0101 \\
+11\ 0100 \\
\hline
丢弃 \longleftarrow \underline{1}\ 10\ 1001
\end{array}
$$

$$[X + Y]_补 = [X]_补 + [Y]_补 = 11\ 0101 + 11\ 0100 = 10\ 1001$$

结果数符号位为 10，表示产生了负溢。

【例 3−4】 已知 $X = +12$，$Y = -14$，字长为 6，求 $X - Y$。

解 $[X]_原 = 00\ 1000$，$[X]_补 = 00\ 1000$；

$[Y]_原 = 11\ 1010$，$[Y]_补 = 11\ 0110$，$[-Y]_补 = 00\ 1010$，

$$
\begin{array}{r}
00\ 1000 \\
+00\ 1010 \\
\hline
01\ 0010
\end{array}
$$

$$[X - Y]_补 = [X]_补 + [-Y]_补 = 00\ 1000 + 00\ 1010 = 01\ 0010$$

结果数符号位为 01，表示产生了正溢。

注意： 采用变形补码时，在寄存器和存储器中的数仍然只使用一个符号位，只是在进行运算时才扩充为双符号位。

3）补码加、减运算的硬件实现

对于操作 $U_S U \leftarrow X_S X \pm Y_S Y$，定义 AS 为计算操作符，其中 AS=0 表示加法，AS=1 表示减法。

图 3−11 所示为补码加、减运算的硬件实现。进行加法运算时，AS 为 0，加法器的一个输入操作数 Y 的各位通过异或门后保持不变，进位输入信号 C_{in} 为 0，实现 $U_S U \leftarrow X_S X + Y_S Y$；进行减法运算时，AS 为 1，用异或门对操作数 Y 的各位取反，这里包括符号位，且将 C_{in} 置为 1，实现最低位加 1，也就是 $U_S U \leftarrow X_S X + Y'_S Y' + 1$。显然，补码加减运算比较简单，多数计算机都采用补码进行加、减运算。

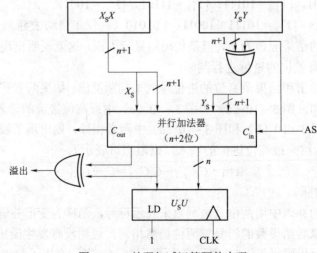

图 3−11 补码加减运算硬件实现

3.1.3　定点数的乘法运算

乘法和除法都是基本的算术运算，但其计算比较复杂，计算过程较长，其执行速度对整机运算影响很大。因此，早期的小型计算机和微型计算机的乘法或除法更多是通过执行程序来完成的，而大中型计算机和现代计算机中，则设有专门的乘法和除法指令，也就是说，这些计算机设有专门的乘法和除法部件。

乘法运算也与码制密切相关。与加减运算不同，原码乘法较方便，而补码却复杂很多。

1. 原码乘法运算

原码乘法运算主要有原码一位乘法和原码两位乘法两种方法。

1）原码一位乘法

当两个原码相乘时，乘积的符号单独对待，即同号相乘为正，异号相乘为负；数值部分为两数绝对值的积。另外，当结果为 0 时，其符号必须为 0，保证以 +0 的格式保存在计算机中。

与之前相同，设定 $[X]_原 = X_S X$（X_S 为 1 位符号位，X 为 n 位幅值），$[Y]_原 = Y_S Y$，$[UV]_原 = U_S UV$（两个 n 位的数相乘，积为 $2n$ 位），则

$$U_S = X_S \oplus Y_S$$

$$UV = X \times Y$$

其中，两数幅值相乘，即 $X \times Y$ 为：

$$
\begin{array}{r}
X=1101（13）\\
\times \quad Y=1011（11）\\
\hline
1101 \\
1101 \\
0000 \\
+ \quad 1101 \\
\hline
10001111（143）
\end{array}
$$

当人工计算乘法时，由乘数低位开始，逐位与被乘数相乘，在取位中逐位变高，相当于左移一位，最后一并求和，乘积的符号遵循同号为正、异号为负的原则。

这个过程可以称为移位—相加乘法。这个过程只需稍作修改，就可使其能够让硬件简便地实现，则可以得到原码移位—相加乘法的基本算法。

首先一个修改，每求出一个部分后就进行求和计算，而不是放到最后一次性求和。在硬件设计上，二输入的加法更容易实现，而多输入的加法会使硬件设计变得复杂。因此，计算的变形后的结构为：

$$
\begin{array}{r}
X=1101（13）\\
\times \quad Y=1011（11）\\
\hline
1101 \\
1101 \\
\hline
100111 \quad \longleftarrow \text{计算的和}\\
0000 \\
\hline
100111 \quad \longleftarrow \text{计算的和}\\
+ \quad 1101 \\
\hline
10001111（143） \longleftarrow \text{最终的和}
\end{array}
$$

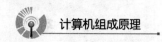

以上即是算法修改后的计算过程，若仔细观察，还可从中找到机会来简化硬件的实现。需要注意的是，乘数逐位与被乘数求积时，每增高一位，就相当于将被乘数或者全 0 值左移一位，因此排列出现了不同，硬件实现过程中就要求每一个部分都被送到不同的位置上，比起把每一位送到相同位置上实现起来要困难得多。此外，还需要注意到，在移位相加的过程中，总有部分位（从低位开始）可以理解为是不参与运算的，因为在这些位上并没有相应的乘积来与之进行求和。通过以上部分的分析，可以通过右移来替代左移，从而降低电路实现难度。实现过程变换为：

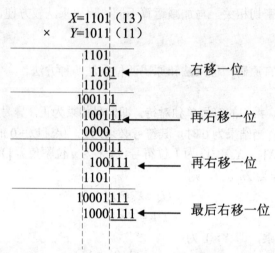

注意：每次都是相同的 4 列数进行相加。同时，已经移除的数不参与运算。

综上，要实现另一个 $n+1$ 位寄存器的值（包括 1 位符号位和 n 位数值幅值）的原码移位—相加乘法计算，结果保存在两个 $n+1$ 位寄存器中。用 $X_S X$、$Y_S Y$ 分别表示被乘数和乘数，$U_S U$、$V_S V$ 表示乘积，其中 U 为乘积的高 n 位，V 为低 n 位，X_S、Y_S、U_S 和 V_S 表示各寄存器符号位，另外用一位寄存器 C 表示加法时的进位。在原码乘法中不会发生溢出，因此不用考虑溢出的情况。可将算法表达式表示为：

$U_S = X_S \oplus Y_S, V_S = X_S \oplus Y_S, C = 0, U = 0;$

FOR i = 1 TO n

  DO

    {IF $Y_0 = 1$ THEN CU = U + X;

    shr(CUV);

    cir(Y)}

表 3-2 以乘法运算 $(+13) \times (-11)$ 为例，分步骤列出执行该算法时所有寄存器的值。初始化 $X_S = 0$，$X = 1101$，$Y_S = 1$，$Y = 1011$。

表 3-2　原码移位—相加算法步骤

功能	i	U_S	V_S	C	U	V	Y	注释
$U_S = 1$，$V_S = 1$，$C = 0$，$V = 0$	—	1	1	0	0000	0000	1011	循环前初始化
IF $Y_0 = 1$	1	—	—	0	1101	—	—	$Y_0 = 1$，$CU = U + X$
shr(CUV)	—	—	—	0	0110	1000	—	

功能	i	U_S	V_S	C	U	V	Y	注释
cir(Y)	—	—	—	—	—	—	1101	—
IF $Y_0 = 1$	2	—	—	1	0011	—	—	$Y_0 = 1$，$CU = U + X$
shr(CUV)	—	—	—	0	1001	1100	—	
cir(Y)	—	—	—	—	—	—	1110	—
IF $Y_0 = 0$	3	—	—	—	—	—	—	$Y_0 = 0$
shr(CUV)	—	—	—	0	0100	1110	—	
cir(Y)	—	—	—	—	—	—	0111	—
IF $Y_0 = 1$	4	—	—	1	0001	—	—	$Y_0 = 1$，$CU = U + X$
shr(CUV)	—	—	—	0	1000	1111	—	
cir(Y)	—	—	—	—	—	—	1011	Y 为初值
DONE					1000	1111	—	$U_S UV = (-143)$

移位—相加乘法硬件结构设计如图 3－12 所示。

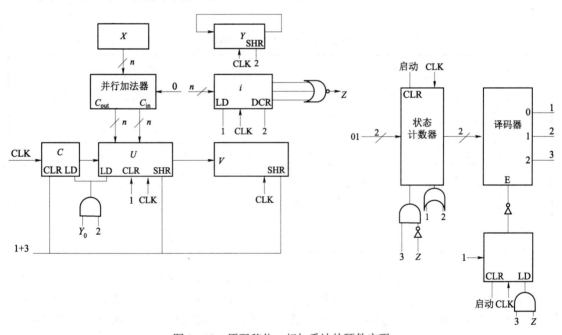

图 3－12　原码移位—相加乘法的硬件实现

2）原码两位乘法

为了提高乘法的运算速度，可以在一个节拍中考虑两位乘数，根据两位乘数的组合来决定本拍内应该进行什么操作，从而在一拍内求得与两位乘数相对应的部分的积。这种一拍处理两位乘数的方法叫作两位乘法，其速度比一位乘法提高了近 1 倍。

原码两位乘数有以下 4 种可能的组合。

① $Y_1Y_0=00$，部分积 $+0$，右移两位。

② $Y_1Y_0=01$，部分积 $+X$，右移两位。

③ $Y_1Y_0=10$，部分积 $+2X$，右移两位。

④ $Y_1Y_0=11$，部分积 $+3X$，右移两位。

其中，$2X$ 可以由 X 左移一位得到。$+3X$ 的运算由于使用普通加法器不能一次完成，而如果分成两次操作（先 $+X$ 再 $+2X$）又会降低运行速度，这就必须寻求其他方法变通解决。常用的解决方法是将 $3X$ 等价于 $4X-X$，在本次操作中先执行 $-X$，使用欠账触发器 C_J 来记录欠账（一个 $+4X$ 操作），以便在下一次操作中补上。实际上在下一次执行操作时，完成的并不是 $+4X$ 操作，而是一个 $+X$ 操作，这是因为完成本次累加后，需要将当前和右移两位，从逻辑关系来看，也就相当于被乘数左移了两位。因此，在下一个操作中就只需要执行 $+X$，而不是 $+4X$。

原码两位乘法规则如下。

① 参加运算的操作数取其绝对值。

② 符号位单独处理 $U_S=X_S \oplus Y_S$。

③ 欠账触发器 C_J 初始值为 0。

④ 根据乘数的最低两位 Y_1Y_0 和欠账触发器 C_J 的值决定每次执行的操作，规则如表 3-3 所示。

表 3-3 原码两位乘法规则

Y_1Y_0	C_J	操 作
00	0	部分积 $+0$，算术右移两位，$0 \to C_J$
00	1	部分积 $+X$，算术右移两位，$0 \to C_J$
01	0	部分积 $+X$，算术右移两位，$0 \to C_J$
01	1	部分积 $+2X$，算术右移两位，$0 \to C_J$
10	0	部分积 $+2X$，算术右移两位，$0 \to C_J$
10	1	部分积 $-X$，算术右移两位，$1 \to C_J$
11	0	部分积 $-X$，算术右移两位，$1 \to C_J$
11	1	部分积 $+0$，算术右移两位，$1 \to C_J$

⑤ 减 X 操作可以通过加 $[-X]_补$ 实现，右移按补码算术右移规则进行。

⑥ 若乘数的幅值为 n 位（不包含符号位），当 n 为偶数时，进行 $n/2$ 次累加—移位操作，若 $C_J=1$，则再进行一次加运算；当 n 为奇数时，乘数高位前可增加一个 0，因此，需要进行的累加—移位操作次数为 $n/2+1$。

⑦ 由于原码两位乘法中有 $-X$ 的操作，尽管被乘数和乘数都是绝对值相乘，但在分步运算过程中当前和有可能出现负值，因此需要增设符号位以指示当前和的正负。此外，由于运算中有 $+2X$ 的操作，与当前和累加后可能会产生进位，因此，需要增设 3 个符号位：第一符号位表示当前和的正负，第二、第三符号位保存每次累加所可能产生的进位。

⑧ 乘数绝对值前加双符号位，以便最后还欠账。

用程序表示原码两位乘法 $U_SUV \leftarrow X_SX \times Y_SY$ 的实现过程如下：

$U_S = X_S \oplus Y_S$，$V_S = X_S \oplus Y_S$，$C_J = 0$，$U^* = 0$；

FOR i = 1 TO n/2 DO

    {IF $Y_1Y_0C_J = 001$ 或 010 THEN $U^* = U^* + X^*$，$C_J = 0$；

    IF $Y_1Y_0C_J = 011$ 或 100 THEN $U^* = U^* + 2X^*$，$C_J = 0$；

    IF $Y_1Y_0C_J = 101$ 或 110 THEN $U^* = U^{*\prime} + 1$，$C_J = 1$；

    算术右移 U^*V 两位；

    循环右移 Y^* 两位}；

    IF $Y_1Y_0C_J = 001$ THEN $U^* = U^* + X^*$；

循环右移 Y^* 两位

其中 U、V、X、Y 为 n 位幅值，U_S、V_S、X_S 和 Y_S 分别为 U、V、X、Y 的一位符号位，C_J 为 1 位，X^* 为增设了 3 个符号位（初始值 000）的被乘数 X，U^* 为增设了 3 个符号位（初始值 000）的当前和，Y^* 为增加了两个符号位（初始值 00）的乘数 Y，$2X^*$ 为 X^* 左移一位的值。若算法不要求保持 Y 值不变，则最后一步 Y^* 循环右移两位的操作可以舍弃。

以乘法 $(+63) \times (-57)$ 为例，表 3-4 列出了运行两位乘法的所有寄存器的值。数制转换后，表达式可写为 0111111×1111001，寄存器初始化 $X_S = 0$，$X = 111111$，$Y_S = 1$，$Y = 111001$。

表 3-4　原码两位乘法的执行步骤

功能	i	U_S	V_S	U^*	V	Y^*	C_J	注释
$U_S = 1$，$V_S = 1$，$C_J = 0$，$U^* = 0$	0	1	1	000000000	000000	00111001	0	
IF $Y_1Y_0C_J = 001$ 或 010	1			000111111				$Y_1Y_0C_J = 010$，$+X^*$，$C_J = 0$
IF $Y_1Y_0C_J = 011$ 或 100								
IF $Y_1Y_0C_J = 101$ 或 110								
ashr(U^*V)两位				000001111	110000			
cir(Y^*)两位						01001110		
IF $Y_1Y_0C_J = 001$ 或 010	2							
IF $Y_1Y_0C_J = 011$ 或 100				010001101			0	$Y_1Y_0C_J = 100$，$+2X^*$，$C_J = 0$
IF $Y_1Y_0C_J = 101$ 或 110								
ashr(U^*V)两位				000100011	011100			
cir(Y^*)两位						10010011		
IF $Y_1Y_0C_J = 001$ 或 010	3							
IF $Y_1Y_0C_J = 011$ 或 100								
IF $Y_1Y_0C_J = 101$ 或 110				111100100			1	$Y_1Y_0C_J = 110$，$-X^*$，$C_J = 1$
ashr(U^*V)两位				111111001	000111			
cir(Y^*)两位						11100100		
IF $Y_1Y_0C_J = 001$				000111000				$Y_1Y_0C_J = 001$，$+X$
cir(Y^*)两位						00111001		
DONE				111000	000111			结果 = -3591

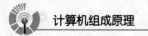

该算法的硬件实现比原码移位—相加乘法要复杂，特别是在状态 2，对应 $Y_1Y_0C_J$ 值的判断，并根据不同的组合情况，控制加法器完成 $+0$、$+X$、$+2X$ 和 $-X$ 的操作。

2. 补码乘法运算

原码乘法比较简单，但是由于补码加减法比原码加减法简单，所以数据在通用计算机中常采用补码形式进行传送和存储。如果同一运算部件对加减运算采用补码算法，而乘除运算却采用原码算法，则需要进行码制转换，这会带来很多不便，这时就需要寻求补码的乘法。补码乘法是指操作数和结果均采用补码表示，连同符号位一起，按照相应的算法进行运算。

1）补码一位乘法

有两种方法可以实现补码的一位乘法。一种是校正法，就是首先按原码乘法直接乘，再根据乘数符号进行校正。算法规则如下。

（1）不管被乘数 $[X]_补$ 的符号如何，只要乘数 $[Y]_补$ 为正，就可像原码乘法一样进行运算，其结果不需要校正。

（2）如果乘数 $[Y]_补$ 为负，则先按原码乘法运算，然后再将结果加一个校正量 $[-X]_补$。

另一种方法是将校正法的两种情况统一起来，就演变成了比较法。由于这是 Booth 夫妇首先提出的，所以又称为 Booth 算法，目前被广泛采用。

对于任意一个 $n+1$ 位的整数（符号位为 1 位，数值为 n 位），若其补码形式为 $Y_SY_{n-1}Y_{n-2}\cdots Y_0$，则可以证明其真值为

$$Y = Y_S \times 2^n + \sum_{i=0}^{n-1} Y_i \times 2^i$$

设被乘数 $[X]_补 = -X_SX_{n-1}X_{n-2}\cdots X_0$，乘数 $[Y]_补 = -Y_SY_{n-2}\cdots Y_0$，则有

$$[XY]_补 = \left[X \times \left(-Y_S \times 2^n + \sum_{i=0}^{n-1} Y_i \times 2^i \right) \right]_补$$

$$= [X]_补[-2^nY_S + 2^{n-1}Y_{n-1} + 2^{n-2}Y_{n-2} + \cdots + 2Y_1 + 2^0Y_0]$$

$$= [X]_补[-2^nY_S + (2^nY_{n-1} - 2^{n-1}Y_{n-1}) + (2^{n-1}Y_{n-2} - 2^{n-2}Y_{n-2}) + \cdots + (2^2Y_1 - 2^1Y_1) + (2^1Y_0 - 2^0Y_0) + 0]$$

$$= [X]_补[2^n(Y_{n-1} - Y_S) + 2^{n-1}(Y_{n-2} - Y_{n-1}) + \cdots + 2^1(Y_0 - Y_1) + 2^0(0 - Y_0)]$$

$$= [X]_补[2^n(Y_{n-1} - Y_S) + 2^{n-1}(Y_{n-2} - Y_{n-1}) + \cdots + 2^1(Y_0 - Y_1) + 2^0(Y_{-1} - Y_0)]$$

式中 Y_{-1} 为附加位，其初始值为 0。

若令 $Y_{n-1} - Y_S = A_n$，$Y_{n-2} - Y_{n-1} = A_{n-1}$，$Y_{n-3} - Y_{n-2} = A_{n-2}$，$\cdots$，$Y_{i-1} - Y_i = A_i$，$\cdots$，$Y_0 - Y_1 = A_1$，$Y_{-1} - Y_0 = A_0$，则上式可以写成

$$[XY]_补 = [X]_补(2^nA_n + 2^{n-1}A_{n-1} + \cdots + 2^1A_1 + 2^0A_0)$$

$$= [X]_补(A_nA_{n-1}\cdots A_1A_0)$$

上式表明了补码一位乘法的基本操作：被乘数 $[X]_补$ 乘以对应的相邻两位乘数的差值，再与原当前和累加，然后右移一位，形成该步骤的当前和。由于它的操作是相邻两位乘数之差（低位减高位），即两位数的比较结果，因此称其为比较法。比较法运算规则如下。

① 参加运算的数用补码表示。

② 符号位参与运算。

③ 乘数最低位后面增设一位附加位 Y_{-1}，其初值为 0。

④ 逐次比较相邻两位，并按照表 3－5 所示规则进行运算。

表 3－5　Booth 乘法规则

Y_0Y_{n-1}	$A_0=Y_{-1}-Y_0$	操　作
00	0	部分积+0，右移一位
01	1	部分积+X，右移一位
10	−1	部分积−X，右移一位
11	0	部分积+0，右移一位

⑤ 当前和采用补码算术右移，符号位不变，其他位依次右移。

⑥ 对于 $n+1$ 位（符号位 1 位，数值 n 位）的补码，共需 $n+1$ 步运算，但最后一步不再移位。

用 Booth 算法实现乘法 $U*V \leftarrow X* \times Y*$ 的程序如下：

$U*=0$；$Y_{-1}=0$；

FOR　$i=1$　TO　$n+1$　DO

　　{IF　$Y_0Y_{-1}=10$　THEN　$U*V=U*+X*'+1$；

　　IF　$Y_0Y_{-1}=01$　THEN　$U*V=U*+X*$；

　　IF　$i \neq n+1$　THEN　算术右移 $U*V$，ELSE　$V_S=U_S$；

　　循环右移 $Y*$ 并将 Y_0 复制给 Y_{-1} }

其中，$U*$、$X*$、$Y*$ 均为包含了 1 位符号位的 $n+1$ 位补码；X_S、Y_S、U_S、V_S 均为 1 位符号位；V 为 n 位值，存放乘积的低 n 位；Y_{-1} 为 1 位值。

注意：在最后一个循环中，不要再对乘积部分右移，只需要将结果的符号位赋值给 V_S 即可。最后，乘积的符号位为 U_S 或 V_S，数值部分为 UV 组成的 $2n$ 位补码。

表 3－6 列出了 $X*=-3(1101)$ 和 $Y*=-5(1011)$ 时该算法的步骤。

表 3－6　Booth 算法步骤

功能	i	V_S	$U*$	V	$Y*$	Y_{-1}	注释
$U* = 0$；$Y_{-1}=0$			0000	000	1011	0	
IF　$Y_0Y_{-1}=10$	1		0011				$Y_0Y_{-1}=10$，$-X$
IF　$Y_0Y_{-1}=01$							
cir $(Y*)$，$Y_{-1} \leftarrow Y_0$					1101	1	
$i \neq 4$，ashr（$U*V$）			0001	100			
IF　$Y_0Y_{-1}=10$	2						$Y_0Y_{-1}=11$
IF　$Y_0Y_{-1}=01$							
cir $(Y*)$，$Y_{-1} \leftarrow Y_0$					1110		
$i \neq 4$，ashr（$U*V$）			0000	110			
IF　$Y_0Y_{-1}=10$	3						
IF　$Y_0Y_{-1}=01$			1101				$Y_0Y_{-1}=01$，$+X$

功能	i	V_S	U^*	V	Y^*	Y_{-1}	注释
cir (Y^*) , $Y_{-1} \leftarrow Y_0$					0111	0	
$i \neq 4$, ashr（U^*V）			1110	111			
IF $Y_0 Y_{-1} = 10$	4		0001				$Y_0 Y_{-1} = 10$, $-X$
IF $Y_0 Y_{-1} = 01$							
cir (Y^*) , $Y_{-1} \leftarrow Y_0$					1011	1	恢复为初始值
$i = 4$, $V_S = U_S$		0					
DONE			0001	111			结果 = +15

至此，还需要考虑补码乘法的一种特殊情况，即当被乘数和乘数都为 -2^n 时（编码为 $100\cdots0$），乘积为 $+2^{2n}$，不能存在于一个 $2n$ 位的寄存器中。这是补码乘法唯一的溢出情况，需要进行特殊处理。在算法中可以采用两种方法实现：一种是在算法的开始立即检查是否为这种特殊情况，若是，则置溢出标志并结束算法，反之则进行具体乘法运算；另一种是先进行乘法运算，运算完后再判断是否溢出，此时需要将运算器的符号位扩充为两位，最后如果乘积的两位符号位不同，就表示发生了溢出。

Booth 算法硬件实现如图 3–13 所示。

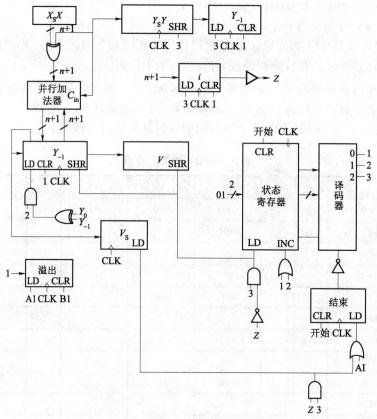

图 3–13 Booth 算法硬件实现

2）补码两位乘法

补码两位乘法是在 Booth 乘法基础上推导出来的，它既可以使运算速度提高一倍，又可以作为构成多位乘法的基础。

根据 Booth 乘法，将比较 Y_1Y_0 的状态所执行的运算合并成一步，便容易推导出补码两位算法，其运算规则如表 3－7 所示。

表 3－7　补码两位乘法规则

$Y_1Y_0Y_{-1}$	操　作
000	部分积＋0，算术右移两位
001	部分积＋X，算术右移两位
010	部分积＋X，算术右移两位
011	部分积＋2X，算术右移两位
100	部分积－2X，算术右移两位
101	部分积－X，算术右移两位
110	部分积－X，算术右移两位
111	部分积＋0，算术右移两位

执行该算法时应注意以下几点。

① 被乘数和部分积均采用 3 个符号位。

② 若乘数的位数 n 为偶数，则需加两个符号位，共进行 $n/2+1$ 步乘法，但最后一步不移位；若 n 为奇数，则可补 0 变成偶数，以简化逻辑操作。也可对乘数只加 1 个符号位，共进行 $(n+1)/2$ 步乘法，且最后一步右移一位。

用补码两位乘法实现 $UV \leftarrow X \times Y$ 的程序如下：

U*=0，Y_{-1}=0；

FOR i TO　n/2+1　DO

{IF　$Y_1Y_0Y_{-1}$＝001 或 010 THEN U*=U*+X*；

　IF　$Y_1Y_0Y_{-1}$＝011　THEN U*=U*+2X*；

　IF　$Y_1Y_0Y_{-1}$＝100　THEN U*=U*+2X*′+1；

　IF　$Y_1Y_0Y_{-1}$＝101 或 110 THEN U*=U*+X*′+1；

　IF　i≠n/2+1　THEN　算术右移 U*V 两位

　　　　　　　　ELSE　V_S=U_S；

循环右移 Y* 两位并将 Y_1 复制给 Y_{-1}}

其中，U、V、X、Y 为 $n+1$ 位补码，Y_{-1} 为 1 位值，X^*、U^* 分别为设置了 3 个符号位的被乘数和当前和，Y^* 为设置了两个符号位的 Y，2X^* 为 X^* 左移一位的值。同样，如果算法不要求保持 Y 的值不变，那么可以去掉最后一步，也就是 Y^* 循环右移两位的操作。

在最后一个循环中也不需要再对乘积部分进行右移，只需将结果的符号位赋值给 V_S 即可。

例如，考虑乘法（+63）×（−57），即 0111111×1000111，表 3−8 列出了运行该算法时各寄存器的值。初始化，$X^* = 000111111$，$Y^* = 11000111$，$n = 6$。

表 3−8　补码两位乘法的执行步骤

功能	i	V_S	U^*	V	Y^*	Y_{-1}	注释
$U^* = 0$，$Y_{-1} = 0$	0		000000000	000000	11000111	0	
IF $Y_1Y_0Y_{-1} = 001$ 或 010	1						
IF $Y_1Y_0Y_{-1} = 011$							
IF $Y_1Y_0Y_{-1} = 100$							
IF $Y_1Y_0Y_{-1} = 101$ 或 110			111000001				$Y_1Y_0Y_{-1} = 110$，$-X^*$
$i \neq 4$，ashr(U^*V)两位			111110000	010000			
cir(Y^*)两位，$Y_{-1} \leftarrow Y_0$					11110001	1	
IF $Y_1Y_0Y_{-1} = 001$ 或 010	2						
IF $Y_1Y_0Y_{-1} = 011$			001101110				$Y_1Y_0Y_{-1} = 011$，$+2X^*$
IF $Y_1Y_0Y_{-1} = 100$							
IF $Y_1Y_0Y_{-1} = 101$ 或 110							
$i \neq 4$，ashr(U^*V)两位			000011011	100100			
cir(Y^*)两位，$Y_{-1} \leftarrow Y_0$					01111100	0	
IF $Y_1Y_0Y_{-1} = 001$ 或 010	3						$Y_1Y_0Y_{-1} = 000$，$+0$
IF $Y_1Y_0Y_{-1} = 011$							
IF $Y_1Y_0Y_{-1} = 100$							
IF $Y_1Y_0Y_{-1} = 101$ 或 110							
$i \neq 4$，ashr（U^*V）两位			000000110	111001			
cir(Y^*)两位，$Y_{-1} \leftarrow Y_0$					00011111	0	
IF $Y_1Y_0Y_{-1} = 001$ 或 010	4						
IF $Y_1Y_0Y_{-1} = 011$							
IF $Y_1Y_0Y_{-1} = 100$							
IF $Y_1Y_0Y_{-1} = 101$ 或 110			111000111				$Y_1Y_0Y_{-1} = 110$，$-X^*$
$i = 4$，$V_s = U_s$		1					$V_s = 1$
cir(Y^*)两位，$Y_{-1} \leftarrow Y_0$					11000111	1	恢复为初始值
DONE			111000111	000111			结果 $= -3591$

3. 快速乘法

快速乘法器主要有阵列乘法器和华莱士树两种。

1）阵列乘法器

为了进一步提高乘法运算的速度，可采用类似于人工计算的方法，用图 3-14 所示的一个阵列乘法器来完成 XY 乘法运算（$X = X_1X_2X_3X_4$，$Y = Y_1Y_2Y_3Y_4$）。阵列的每一行送入乘数 Y 的每一位，而各行错开形成的每一斜列则送入被乘数的每一数位。图 3-14 中的每一个方框均包括一个与门和一位全加器。该方案所用加法器数量很多，但内部结构规则性强，适用于超大规模集成电路实现。

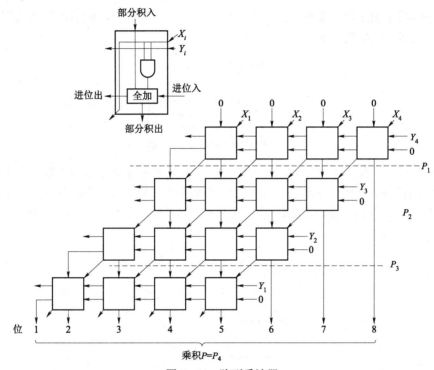

图 3-14　阵列乘法器

2）华莱士树

华莱士树（Wallace Tree）是用来实现两数相乘的一种组合电路，尽管与移位—相加乘法器相比，它所需的元器件要多一些，但运行速度要快得多。华莱士树不使用标准的并行加法器执行加法，而是使用几个进位保存加法器和一个并行加法器实现乘法。

进位保存加法器能同时执行三数相加，但不输出一个结果，其输出为一个和 S 以及一组进位位，如图 3-15 所示。其中每位 S_i 是位 X_i、Y_i、Z_i 的二进制和，进位位 C_{i+1} 是该和产生的进位。要得到最终和，必须将 S 和 C 相加。由于进位位通过加法器没有延时，因此它比并行加法器要快。在并行加法器中，加法 $1111 + 0001$ 将产生一个进位，该进位将从最低位通过和的每一位到达最高位，并产生进位输出。此外，与并行加法器不同，进位保存加法器不能生成最终和。

例如，对于 $X = 0111$，$Y = 1011$，$Z = 0010$，进位保存加法器将输出和 $S = 1110$，进位 $C = 00110$。注意，因此进位保存加法器在产生 S_i 的同时产生 C_{i+1}，所以与 S 相比，C 必须左移一位。用一个并行加法器将 S 与 C 相加，就可以求出最终结果 $10100(20)$，即 $0111(7) + 1011(11) + 0010(2)$ 的和。

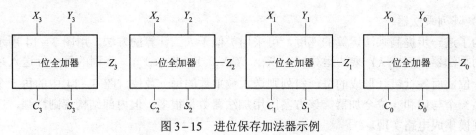

图 3-15　进位保存加法器示例

使用进位保存加法器实现乘法，首先需要求出每一个部分积，然后再将这些部分积输入进位保存加法器中，举例如下。

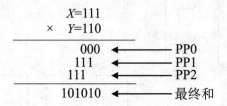

即根据 Y 的每一位为 1 还是 0，部分积选择 X 或 0 并左移到正确的位置。在本例中，因为 PP2 为 Y_2 的部分积，因此需要将 X 的值 111 左移两位，即 PP2 实际为 11100。类似可知，由于 PP1 为 Y_1 的部分积，因此需要将 X 的值 111 左移 1 位。图 3-16 给出了为本例生成部分积的一种方法。

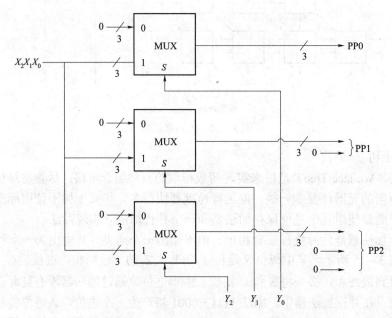

图 3-16　用华莱士树生成乘积的部分积

可以用一个 5 位的进位保存加法器对部分积 PP0、PP1 和 PP2 进行相加，然后用一个并行加法器将输出 S 与 C 相加，就可以得到 X 与 Y 的最终乘积。图 3-17 给出了该乘法的硬件实现。注意，通过对部分积的收尾补 0 可以使部分积都处在正确的位置上。

图 3-17 给出的是一个最小的华莱士树，并不能完整地说明华莱士树的设计原则。图 3-18 给出了两个 4 位数相乘的华莱士树的设计流程。第 1 个进位保存加法器实现前 3 个部分积的加法；第 2 个进位保存加法器将第 4 个部分积与第 1 个进位保存加法器的输出 S 和 C 相加；最后通过一个并行加法器输出积。

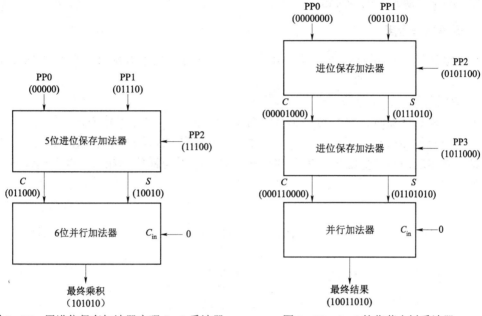

图 3-17 用进位保存加法器实现 3×3 乘法器　　　图 3-18 4×4 的华莱士树乘法器

考虑乘法 1011×1110，它产生的部分积 PP0 = 0000000，PP1 = 0010110，PP2 = 0101100、PP3 = 1011000。第一个进位保存加法器的输出 S = 0111010，C = 00001000；第二个进行保存加法器输出为 S = 01101010，C = 000110000。并行加法器输出的最终积为 10011010。

由于部分积的个数随着乘数位数增加而增加，因此当乘数位数较大时，华莱士树可以利用并行操作。图 3-19 给出了两个 8 位数相乘的华莱士树。

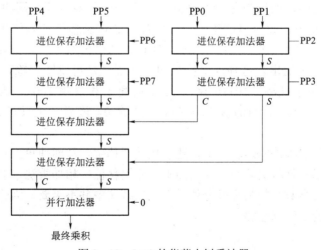

图 3-19 8×8 的华莱士树乘法器

3.1.4 定点数的除法运算

在 4 种基本算术运算中,除法被认为是最复杂的,它需要考虑除数为 0 和所得的商不能超过其所用寄存器的容量等问题。

1. 原码除法运算

原码除法运算主要有原码移位—相减除法、原码恢复余数除法和原码不恢复余数除法 3 种。

1)原码移位—相减除法

两个原码数相除时,符号位也需要单独对待,同样是同号相除为正、异号相除为负;数值部分为两数幅值相除后所得的商。其中,两数幅值的除法类似于原码乘法,可以通过移位算法来实现,不过除法采用的是移位—相减,而不是移位—相加。以下列计算为例进行说明。

$$
\begin{array}{r}
01110 \\
1101\overline{)\,10110111} \\
1101 \\
\hline
10011 \\
1101 \\
\hline
1101 \\
1101 \\
\hline
01
\end{array}
$$

虽然没有明确显示出来,但第一步操作是比较除数 1101 和被除数的前 4 位 1011,由于 1101>1011,所以商 0。这在计算机中是非常重要的一步,它被用来检测商是否溢出。因为在除法的硬件实现中,通常被除数的幅值保存在一个 $2n$ 位的寄存器或两个 n 位的寄存器中,除数的幅值和商的幅值保存在 n 位的寄存器中,余数的幅值保存在被除数的两个 n 位寄存器的一个之中。如果被除数的高 n 位大于等于除数,那么商的幅值将大于 n 位而不能保存在商寄存器中,此时将产生溢出。例如,二进制幅值的除法 11011101÷1011,其中被除数为 8 位,除数为 4 位。由于 1101>1011,商至少有 5 位,比商寄存器的位数(4位)多一位,因此产生溢出。这种溢出检测的附加好处是可以防止除数为 0 的除法。除法第二步是加入 1 位用于检测,10110 除以 1101 得商 1 和余数 1001。第三步,10011 除以1101,商 1 余 110。第四步,1101 除以 1101,商 1 余 0。最后一步只有低位 1,除以 1101,商 0 余 1。

与原码移位—相加乘法的步骤类似,这里也使用移位,从而使每次相减的结果总是送到同一位置上。但这里却是将被除数左移,而不是原码移位—相加乘法中的右移当前和。在除法过程中,被除数(余数)的最高部分位在下一次减法中并不需要,因此左移出的位不参加减法计算。修改后的除法算法如下:

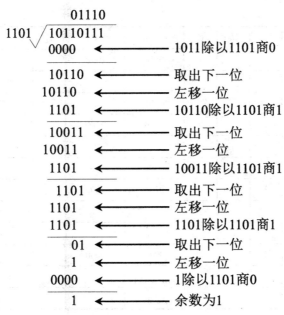

由此可见，被除数（余数）与除数的减法器只要 n 位即可。二进制算法的上商规则比较简单，每位商只能为 0 或 1，当被除数大于等于除数时，商 1；否则商 0。两个原码数据的移位—相减除法的算法如下：

IF U≥X THEN 产生溢出并终止算法；

$Y_S = U_S \oplus X_S$；$U_S = U_S \oplus X_S$；Y=0；C=0；

FOR i=1 TO n DO

  {线形左移 CUV；

  线形左移 Y；

  IF CU≥X THEN { $Y_0 = 1$，U = CU－X }}

其中，被除数在初始化时加载到 U_SUV，其中 U_S 为符号位，U 保存高 n 位，V 保存低 n 位。除数和商分别保存在 $n+1$ 寄存器 X_SX 和 Y_SY 中，X 和 Y 为 n 位幅值。余数保存在 U_SU 中。C 为 1 位值，用来保存 U 的移出位。

在考虑整个算法的计算前，应先考虑执行第一步就终止算法的情况。如除法(＋112)÷(＋7)，若 $n=4$，则 $U_SUV = 001110000$，$X_SX = 00111$。由于 $U≥X$，两者均为 0111，因此将终止算法。如果继续执行算法，将产生商(＋16)（10000）和余数 0。但值 10000 不能保存在 4 位的商寄存器 Y 中，因此将产生溢出。实际上算法设置了一个溢出标志，提醒 CPU 此时结果不正确。

表 3-9 列出了算法执行(－147)÷(＋13)的步骤。初始化时，$U_S = 1$，$U = 1001$，$V = 0011$，$X_S = 0$，$X = 1101$，$n = 4$。运算结束时，商 $Y_SY = 11011$，余数 $U_SU = 10100$，结果正确。

表 3-9　原码移位—相减算法的执行步骤

功能	i	U_S	C	U	V	Y_S	Y	注释
初始化	×	1	×	1001	0011	×	××××	
IF $U≥X$								$U<X$，不终止算法
$Y_S=1$，$U_S=1$，$Y=0$，$C=0$		1	0			1	0000	

续表

功能	i	U_S	C	U	V	Y_S	Y	注释
shl（CUV）	1		1	0010	0110			
shl（Y）							0000	
IF $CU \geqslant X$				0101			0001	$10010 \geqslant 1101$
shl（CUV）	2		0	1010	1100			
shl（Y）							0010	
IF $CU \geqslant X$								$CU < X$
shl（CUV）	3		1	0101	1000			
shl（Y）							0100	
IF $CU \geqslant X$				1000			0101	$10101 \geqslant 1101$
shl（CUV）	4		1	0001	0000			
shl（Y）							1010	
IF $CU \geqslant X$				0010			1011	$10001 \geqslant 1101$

在图 3-20 中，U、X 比较器的结构非常复杂，为此，可以利用减法来实现 U、X 大小的比较，这就是原码恢复余数除法。

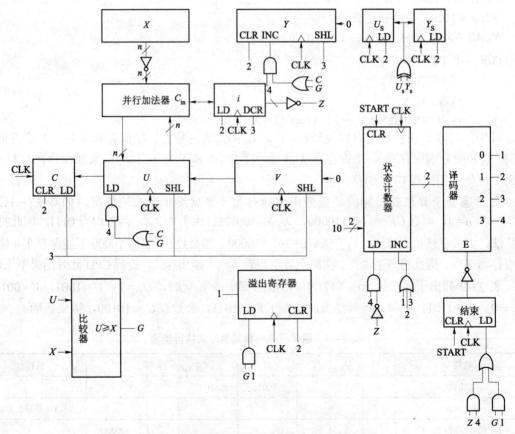

图 3-20   原码移位—相减除法的硬件实现

2）原码恢复余数除法

原码恢复余数除法和原码移位—相减除法有相同的步骤。首先检测溢出，如果没有产生溢出，则设置符号位，并且进入移位—相减循环。但它们处理余数和比较除数大小的方式不同。原码恢复余数除法是先执行减法 $U \leftarrow U - X$，如果发现 $XU \geqslant X$（结果为正），说明能够被减，应该执行减法，并且上商 $Y_0 = 1$；如果发现 $CU < X$（结果为负），说明不够减，不执行减法，此时通过执行加法 $U \leftarrow U + X$，使 U 恢复为原来的值，并且上商 $Y_0 = 0$。

原码恢复余数除法的算法如下：

CU=U+X′+1；

U=U+X，IF C=1 THEN 产生溢出并终止算法；

$Y_s = U_s \oplus X_s$，$U_s = U_s \oplus X_s$，Y=0；

FOR i=1 TO n DO

  {线性左移 CUV；

   线性左移 Y；

   IF C=1 THEN { U=U+X′+1 } ELSE { CU=U+X′+1 }

   IF C=1 THEN { Y_0=1} ELSE { U=U+X }}

与前面的算法相同，被除数初始化时保存在 U_sUV 中，除数保存在 X_sX 中，余数最后保存在 U_sU 中。U、V、X、Y 都是 n 位值，U_s、X_s、Y_s 都是 1 位符号位，C 是 1 位值。

在描述该算法之前，先说明 CU 与 X 的比较是如何实现的。若减法是通过补码加法 $U \leftarrow U + X' + 1$ 来实现，则该操作实际上实现了两个功能，即显式的功能是减法的实现，而隐含的功能是 U 和 X 的比较。如果 $U \geqslant X$，则该操作将 C 置 1；否则将 C 置 0。图 3-21 说明了种种情况：在图 3-21（a）和图 3-21（b）中 C 置 1，表示 $U \geqslant X$；在图 3-21（c）中 C 置 0，表示 $U < X$。

U=1001，X=0101，X'+1=1011

$$\begin{array}{r} U \\ + \ X'+1 \\ \hline CU \end{array} \quad \begin{array}{r} 1001 \\ + \ 1011 \\ \hline 1\ 0100 \end{array}$$

（a）

U=1001，X=1001，X'+1=0111

$$\begin{array}{r} U \\ + \ X'+1 \\ \hline CU \end{array} \quad \begin{array}{r} 1001 \\ + \ 0111 \\ \hline 1\ 0000 \end{array}$$

（b）

U=1001，X=1101，X'+1=0011

$$\begin{array}{r} U \\ + \ X'+1 \\ \hline CU \end{array} \quad \begin{array}{r} 1001 \\ + \ 0011 \\ \hline 0\ 1100 \end{array}$$

（c）

图 3-21 在计算 $CU = U + X' + 1$ 的同时比较 U 和 X

算法开始两条语句比较 U 和 X 的大小。如果 $U \geqslant X$，将产生溢出，此时第一个加法 $U \leftarrow U + X' + 1$ 将 C 置 1。如果 $U < X$，不产生溢出，此时第一个加法将 C 置 0。第二条语句是将 U 恢复为原来的值，即 $U + X' + 1 = U - X + X = U$。如果没有产生溢出，算法将初始化 Y_sY 和 U_s，并进入移位—相减循环。

与原码移位—相减除法类似，该算法的移位—相减循环是从左移 CUV 和 Y 开始的。而下一条语句实现了减法和 CU 与 X 的比较，如果 $CU \geqslant X$，则 $C = 1$。该语句执行减法有两种形式：如果在执行减法之前 $C = 1$，则 CU 一定比 X 大，该算法执行减法 $U \leftarrow U + X' + 1$，并且使 C

仍保持 1 值，表示 $CU \geqslant X$；如果 $C = 0$，则执行减法 $CU \leftarrow U + X' + 1$。该减法仅当 $CU \geqslant X$ 时使 C 置 1。总之，无论执行哪个减法，都有 $U = U - X$，以及当 $CU \geqslant X$ 时 C 置 1；否则置 0。

接下来的语句将根据条件选择执行两个操作中的一个。当 $C = 1$ 时，$CU \geqslant X$，减法有效，不需要恢复余数，只需要在商的相应位上商 1。而当 $C = 0$ 时，$CU < X$，加法将 U 恢复为原来的值。例如，$(-225) \div (+13)$，其执行步骤如表 3-10 所示。首先初始化 $X_SX = 11110$，$n = 4$。第一个算法将 C 置 1，说明将产生溢出。下一步恢复 U 值并终止算法。

表 3-10 原码恢复余数除法算法的执行步骤（有溢出）

功能	i	U_S	C	U	V	Y_S	Y	注释
初始化	1			1110	0001			
$CU = U + X' + 1$			1	0001				
$U = U + X$			1	1110		1		溢出，终止算法

再例如，$(+147) \div (-13)$，其执行步骤由表 3-11 可知，没有溢出产生。算法前几步为检测溢出和初始化 Y_S、U_S 和 Y，然后是 3 步一组的循环，完成一次迭代，每次迭代都执行相似的移位和减法/比较操作。每次迭代的最后一步不是更新商，就是将余数恢复为原来值。最后正确地计算出了 $(+147) \div (-13)$ 的结果，商 (-11) 余 (-4)。

表 3-11 原码恢复余数除法算法的执行步骤（无溢出）

功能	i	U_S	C	U	V	Y_S	Y	注释
初始化	0			1001	0011			
$CU = U + X' + 1$				1100				
$U = U + X$				1001				无溢出
$Y_S = 1$, $U_S = 1$, $Y = 0$		1				1	0000	
shl (CUV), shl (Y)	1		1	0010	0110		0000	
$CU = U + X' + 1$				0101				$C = 1$
$Y_0 = 1$							0001	
shl (CUV), shl (Y)	2		0	1010	1100		0010	
$CU = U + X' + 1$			0	1101				$C = 0$
$U = U + X$				1010				
shl (CUV), shl (Y)	3		1	0101	1000		0100	
$U = U + X' + 1$				1000				$C = 1$
$Y_0 = 1$							0101	
shl (CUV), shl (Y)	4		1	0001	0000		1010	
$U = U + X' + 1$				0100				$C = 1$
$Y_0 = 1$							1011	完成

原码恢复余数除法是一种基于除法基本算法的处理方法，既增加了一些不必要的操作，又使得操作步骤数量不固定，有时需要恢复余数，有时又不用，这给控制时序的安排带来了困难，增加了运算时间。所以，对原码恢复余数除法进行一些修正后，便可得到第三种除法，也就是原码不恢复余数除法。

3）原码不恢复余数除法

原码不恢复余数除法与原码恢复除数除法的步骤相同，首先检测溢出。如果没有溢出，则设置符号位，并且进入移位—相减循环。不同之处在于，对不够减情况的处理方式不同。原码不恢复余数除法也是先执行减法 $U \leftarrow U - X$，如果发现 $CU \geqslant X$（结果为正），执行减法，并且上商 $Y_0 = 1$；如果发现 $CU < X$（结果为负），不执行减法，上商 $Y_0 = 0$，但不执行加法 $U \leftarrow U + X$，也就是不恢复 U 为原来的值，而是改变下一步操作，直接用此负差值左移一位后加除数，求下一位商。这样做是基于恢复余数后左移一位（相当于 $\times 2$）减 X 的操作等价于不恢复余数先左移一位再加 X 的操作，这个描述可以表示为 $2(U_i + X) - X = 2U_i + X$。由此可得出运算规则如下：余数为正，上商 1，余数左移一位，然后减除数；余数为负，上商 0，余数左移一位，然后加除数。这种方法不用恢复余数，所以被称为不恢复余数除法，又叫作加减交替除法。需要注意的是，若最后一步所得余数为负，则应该恢复余数，以保证余数大于等于 0。为了记录余数的正负，同时保证余数左移时不影响符号位，需要为余数寄存器设置两位符号位。

原码不恢复余数算法表示如下：

$U_{S1}U_{S2}U = 00U + 11X' + 1$；

IF　$U_{S1} = 0$　THEN $\{U = U + X$，产生溢出并终止运算$\}$；

$Y_S = U_S \oplus X_S$，　$U_S = U_S \oplus X_S$，　$Y = 0$；

FOR　i=1　TO n DO

　　$\{$线性左移 $U_{S1}U_{S2}UV$；

　　线性左移 Y；

　　IF　$U_{S1} = 0$　THEN $\{U_{S1}U_{S2}U = U_{S1}U_{S2}U + 11X' + 1\}$

　　ELSE $\{U_{S1}U_{S2}U = U_{S1}U_{S2}U + 00X\}$

　　IF　$U_{S1} = 0$　THEN $\{Y_0 = 1\}\}$

表 3-12 列出了该算法执行 $(-147) \div (+13)$ 的步骤，这将有助于更好地理解算法。算法前几步为检测溢出和初始化 Y_S、U_S 和 Y，之后每 3 步为一组循环的一次迭代，不需要恢复余数。

表 3-12　原码不恢复余数除法算法执行步骤

功能	i	U_S	$U_{S1}U_{S2}$	U	V	Y_S	Y	注释
初始化				1001	0011			
$U_{S1}U_{S2}U = 00U + 11X' + 1$			11	1100				$U_{S1} = 1$，无溢出
$Y_S = 1$，$U_S = 1$，$Y = 0$		1				1	0000	
shl($U_{S1}U_{S2}UV$)，shl（Y）	1		11	1000	0110		0000	
$U_{S1}U_{S2}U = U_{S1}U_{S2}U + 00X$			00	0101				$U_{S1} = 1$，加余数
$Y_0 = 1$							0001	$U_{S1} = 0$，上商 1

功能	i	U_S	$U_{S1}U_{S2}$	U	V	Y_S	Y	注释
shl($U_{S1}U_{S2}UV$)，shl(Y)	2		00	1010	1100		0010	
$U_{S1}U_{S2}U = U_{S1}U_{S2}U + 11X' + 1$			11	1101				$U_{S1}=0$，减余数
shl($U_{S1}U_{S2}UV$)，shl(Y)	3		11	1011	1000		0100	
$U_{S1}U_{S2}U = U_{S1}U_{S2}U + 00X$			10	1000				$U_{S1}=1$，加余数
$Y_0 = 1$							0101	$U_{S1}=0$，上商 1
shl($U_{S1}U_{S2}UV$)，shl(Y)	4		01	0001	0000		1010	
$U_{S1}U_{S2}U = U_{S1}U_{S2}U + 11X' + 1$			00	0100				$U_{S1}=0$，减余数
$Y_0 = 1$							1011	$U_{S1}=0$，上商 1

2. 补码除法运算

补码除法是指被除数U_SUV、除数X_SX、商Y_SY、余数U_SU等都用补码表示，连同符号位一起参加运算。补码除法的规则比原码除法的规则要复杂一些。当除数和被除数均用补码表示时，判断是否够减的操作就需要比较它们的绝对值大小，所以，如果两个数同号，就用减法；反之则用加法。对于判断是否够减及确定本次上商 1 还是 0 的规则，还与结果的符号位有关。当商为正数时，商的每一位上的值与原码表示一致；当商为负数时，商的各位应采用补码形式，一般先按各位的反码上商，除完后再在最低位加上 1，最后得到正确的补码值。

表 3-13 给出了补码不恢复余数除法（补码加减交替除法）的运算规则，具体如下。

表 3-13 补码不恢复余数除法规则

U_S 和 X_S	Y_S	第一步操作	U_S 和 X_S	上商	下一步操作
同号	—	$\leftarrow -$	同号（够减）	1	shl（CUV），shl（Y），$U_SU \leftarrow U_SU - X_SX$
			异号（不够减）	0	shl（CUV），shl（Y），$U_SU \leftarrow U_SU + X_SX$
异号	—	$\leftarrow +$	同号（够减）	1	shl（CUV），shl（Y），$U_SU \leftarrow U_SU - X_SX$
			异号（不够减）	0	shl（CUV），shl（Y），$U_SU \leftarrow U_SU + X_SX$

（1）如果U_S与X_S同号，执行$U_SU \leftarrow U_SU - X_SX$；如果$U_S$与$X_S$异号，执行$U_SU \leftarrow U_SU + X_SX$；

（2）如果U_S与X_S同号，上商 1，U_SUV及Y_SY左移一位，$U_SU \leftarrow U_SU - X_SX$；如果$U_S$与$X_S$异号，上商 0，$U_SUV$及$Y_SY$左移一位，$U_SU \leftarrow U_SU + X_SX$。

重复（2）n次，最后将商的末位恒置 1。

补码不恢复余数除法的算法表示如下：

$Y_SY=0$；

IF $U_S=X_S$ THEN { $U_SU \leftarrow U_SU - X_SX$，

　　　　　　　　　IF $U_S=X_S$ THEN {产生溢出，终止算法}}

ELSE { $U_SU \rightarrow U_SU+X_SX$ ， $Y_0=1$

IF $U_S \neq X_S$ THEN {产生溢出，终止算法}};

FOR i = 1 TO n DO

{线性左移 U_SUV ；

线性左移 Y_SY ；

IF $U_S=X_S$ THEN { $U_SU \leftarrow U_SU - X_SX$ }

ELSE { $U_SU \leftarrow U_SU + X_SX$ }

IF $U_S=X_S$ THEN { $Y_0 = 1$ }

}

和前面算法相同,被除数初始化时保存在 U_SUV 中,除数保存在 X_SX 中,商保存在 Y_SY 中,余数最后保存在 U_SU 中。U、V、X、Y 都是 n 位的值, U_S 和 X_S 都是 2 位符号位, Y_S 是 1 位符号位。

算法的第一步设置商的初值;第二步求商的符号位,同时判断溢出。当被除数与除数同号,执行减法,若余数与被除数同号,说明产生溢出,减法完成后, U_S 保存的是余数的符号位,被除数的符号位将被取代,所以只能将余数的符号 U_S 与除数的符号 X_S（除数的符号不会在运算中改变）进行比较,同号则说明溢出。同理,当被除数与除数异号时,做加法操作,若余数与被除数同号（余数与除数异号）,说明溢出。然后是 3 步一组循环的一次迭代,共进行 n 次。为避免数值左移时影响到符号位, U_S 和 X_S 都采用两个符号位,其中最高符号位保证总能代表数据的正负。

表 3-14 列出了补码不恢复余数除法规则进行 $(-147) \div (+13)$ 的步骤。

表 3-14 补码不恢复余数除法算法的执行步骤

功能	i	U_SU	V	Y_SY	注释
初始化		110110	1101	00000	
$U_SU \leftarrow U_SU + X_SX$		000011			$U_S \neq X_S$，加操作
$Y_0 = 1$				00001	$U_S = X_S$，无溢出
shl(U_SUV)，shl(Y)	1	000111	1010	00010	
$U_SU \leftarrow U_SU - X'_SX' + 1$		111010			$U_S = X_S$，减操作
shl(C_2C_iUV)，shl(Y)	2	110101	0100	00100	
$U_SU \leftarrow U_SU + X_SX$		000010			$U_S \neq X_S$，加操作
$Y_0 = 1$				00101	$U_S = X_S$，上商 1
shl(U_SUV)，shl(Y)	3	000100	1000	01010	
$U_SU \leftarrow U_SU - X'_SX' + 1$		110111			$U_S = X_S$，减操作
shl(U_SUV)，shl(Y)	4	101111	0000	10100	
$U = U + X' + 1$		111100			$U_S \neq X_S$，加操作
$Y_0 = 1$				10101	$U_S = X_S$，上商 1，完成

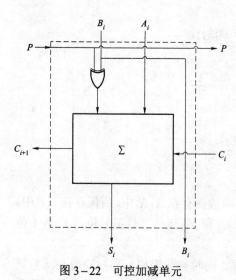

图 3-22　可控加减单元

3. 阵列除法器

阵列除法器是效仿阵列乘法器结构的思想,让各次加减与移位操作以阵列形式在一拍内完成,从而提高除法运算速度。

1) 可控加减单元 CAS

图 3-22 所示为第 i 位可控加减单元的逻辑框图,它包含一个全加器和一个控制加减的异或门;本位输入 A_i 及 B_i,低位进位(借位)信号 C_i,加减控制命令 P;输出本位和(差)S_i 及进位信号 C_{i+1};除数 B_i 要供给各级加减使用,所以又输往下一级。

当 $P=0$,Σ 是加法单元,实现 $A+B$。

当 $P=1$,Σ 实现 $A+B'$,CAS 作减法单元。

2) 阵列除法芯片

图 3-23 所示为一种原码不恢复余数阵列除法器 CAS 的单元构成。被除数尾数为 6 位数,除数尾数为 3 位,产生 3 位有效商。

被除数 $X = X_1X_2X_3X_4X_5X_6$

除数 $Y = Y_1Y_2Y_3$

商　$Q = Q_1Q_2Q_3$

余数 $R = r_3r_4r_5$

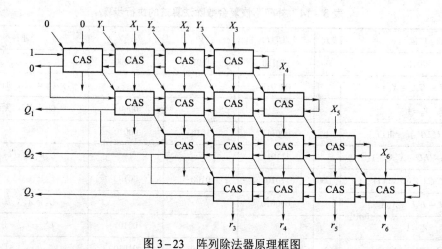

图 3-23　阵列除法器原理框图

其中,芯片内有 4 级 CAS。每一级由控制信号 P_i 选择加或减,P_i 送至这一级所有的 CAS 单元,而进位信号(借位信号)则由初位至高位逐级传递。每一级的最后进位值即为相应的商值,它又作为下一级的控制信号 P。

原码除法先取绝对值相除,X_0 与 Y_0 同号,均为 0,第一级应执行 $0X_1X_2X_3 - 0Y_1Y_2Y_3$,所以该级的控制电位 $P_1 = 1$,并将这个 1 作为第一级末位的初始进位输入。因为 $|X| < |Y|$,所以相减后符号位的进位输出为 0,即商符为 0(若为异号相除,则以后再加负号)。

第二级的 $P_2 = 0$，进位加法操作，并补充一位被除数 X_4。以后的各级操作均与此相似。假设第二级够减，在高位将有进位输出，相应的 $Q_i = 1$；这个 1 又作为下一级的控制信号 P。若第二级不够减，则高位无进位输出，相应的 $Q_i = 0$，下一级将进行减法操作。

3.2　浮　点　运　算

浮点数比定点数表示的范围大，有效精度高，更适合于科学和工程计算的需要。但它的处理比较复杂，硬件代价高，运算速度也较慢。浮点数通常由阶码和尾数两部分组成，而且阶码是定点整数形式，尾数是定点小数形式。因此，浮点运算实质上包含两组定点运算，即阶码运算和尾数运算，这两部分均有各自的作用。此外，浮点数有规格化浮点数和非规格化浮点数两种，相对而言，格式化浮点数的有效精度较高，使用较多。

3.2.1　浮点数加减运算

浮点数的加减运算与定点数的加减运算相似，但有几点不同，其运算的规则如下。

1. 特殊值处理

由于浮点数有几个特殊值，因此在其加减法算法中必须明确检测操作数是否为 0、$\pm\infty$ 或 NaN 以及结果是否为 0 或 $\pm\infty$。

2. 对阶

由于操作数的阶码可能不等，即两数的小数点位置可能没有对齐，因此在算法中必须进行尾数的对齐操作。例如，在 $(+0.1011\times2^3) - (+0.1100\times2^2)$ 运算中，两个尾数分别存为 01011 和 01100，这两个尾数直接相减不能得到正确结果。这里，减数的阶比被减数的阶小 1，因此其尾数必须右移一位，阶码加 1，这个过程称为对阶。对阶的原则是小阶向大阶看齐，因为小阶码增大数值时，尾数部分右移舍去的是尾数的低位部分，只影响精度；若让大阶向小阶看齐，则尾数部分相应左移，使大阶数的尾数部分超出表示的范围，从而发生破坏符号位即尾数高位丢失的错误。因此，一般的对阶过程，都是采用小阶向大阶看齐的办法。此外，由于考虑的是带符号数运算，并且尾数采用补码表示，在小阶尾数右移时要连同符号位一起右移，即按补码的移位规则进行。本例 $(+0.1011\times2^3) - (+0.1100\times2^2)$ 运算中的对阶是将减数的表示形式由 01100×2^2 转换为 00110×2^3。只有当操作数的阶值相等时，才能执行有效值的相减操作。

3. 尾数加减和尾数规格化

尾数加减后，若结果不是规格化浮点数，则必须将尾数移位，使之成为规格化数，并相应调整阶码，这一过程称为尾数规格化。对正数而言，其浮点规格化的形式应为 $00.1\times\cdots\times$；对负数而言，若用补码表示的形式应为 $11.0\times\cdots\times$，即符号位应统一，且尾数第一位相反。需要规格化的情况有以下两种。

（1）右规。例如，运算结果向符号位产生进位（尾数加减运算有溢出），则应将尾数右移一位，同时阶码加 1。要注意的是，尾数右移时会丢失一些有效数据，可按计算机选定的舍入方法操作。

（2）左规。例如，运算结果符号与尾数第一位相同，则需要将尾数左移一位，一直移动到尾数第一位与符号位不同为止，同时每左移一位阶码都要减1。

4. 溢出处理

浮点数的加减法也需要判断溢出，但它的溢出不是指尾数加减时溢出，而是指阶码的溢出。如阶码有 m 位（另有符号位），则表示范围 $-2^m \leqslant E \leqslant 2^m - 1$，若尾数规格化时使 $E > 2^m - 1$，则上溢，用 ∞ 表示；若使 $E < -2^m$，则下溢，用 0 表示。这种对阶/尾数相加减和尾数规格化的过程能处理大部分浮点数（规格化浮点数）的加减法，而当操作数为 0、$\pm\infty$ 或 NaN 时，浮点数算法必须对其进行简单处理。

表 3-15 列出了对不同的操作数 X 和 Y 执行操作 $U \leftarrow X \pm Y$ 的结果。当 X 与 Y 相加时，AS $= 0$；反之 AS $= 1$。

表 3-15 对特殊形式浮点数执行加减操作的结果

X ＼ Y	0	$\pm\infty$	NaN	规格化浮点数
0	X	$(\text{AS} \oplus Y_S)Y$	Y	$(\text{AS} \oplus Y_S)Y$
$\pm\infty$	X	X	Y	X
NaN	X	X	X	X
规格化浮点数	X	$(\text{AS} \oplus Y_S)Y$	Y	计算结果

特殊形式浮点数执行加减操作规则如下：

（1）IF Y $= 0$，THEN U $\rightarrow$ X $\pm 0 =$ X，即 U $\leftarrow$ X，ELSE。

（2）IF X $= 0$ 且 Y $\neq$ NaN，THEN U $\leftarrow 0 \pm$ Y。IF AS $= 0$ THEN U $\leftarrow$ Y，否则 U $\leftarrow -$Y，ELSE。

（3）IF X $=$ NaN，THEN U $\leftarrow$ X($=$ NaN)，ELSE。

（4）IF Y $=$ NaN，THEN U $\leftarrow$ Y($=$ NaN)，ELSE。

（5）IF X $= \pm\infty$，THEN U $\leftarrow$ X，ELSE。

（6）IF Y $= \pm\infty$，THEN 当 AS $= 0$ 时 U $\leftarrow$ Y；否则 U $\leftarrow -$Y，ELSE。

（7）用常规的加减法步骤计算 U。

注意：与 ∞ 不同，NaN 没有符号，因为 NaN 不存在正负，这就是为什么第（2）点里要求 Y $\neq$ NaN。同样要注意的是，当一个操作数为 $\pm\infty$，而另一个操作数为 NaN 时，结果为 NaN，因为在浮点数操作中，NaN 比 $\pm\infty$ 的优先级要高。

实现浮点数加减的算法如下：

$(I_X N_Y' + N_X + Z_X)1:\ U \leftarrow X,\ \text{FINISH} \leftarrow 1$

$(N_X' Z_X Z_Y' + I_X' I_Y N_X')1:\ U \leftarrow (Y_S \oplus \text{AS})Y_F Y_{SE} Y_E,\ \text{FINISH} \leftarrow 1$

$(I_X N_X + N_X' N_Y)1:\ U \leftarrow Y,\ \text{FINISH} \leftarrow 1$

$E_{XY}2:\ \text{shr}(Y_S Y_F),\ Y_{SE} Y_E \leftarrow Y_{SE} Y_E + 1,\ \text{GOTO } 2$

$E_{YX}2:\ \text{shr}(X_S X_F),\ X_{SE} X_E \leftarrow X_{SE} X_E + 1,\ \text{GOTO } 2$

$\text{AS}'3:\ U_{S1} U_S U_F \leftarrow X_S X_S X_F + Y_S Y_S Y_F$

AS'3: $U_{S1}U_SU_F \leftarrow X_SX_SX_F + Y'_SY'_SY_F +1$

3: $U_{SE}U_E \leftarrow X_{SE}X_E$, $C_E \leftarrow 0$

$(U_{S1} \oplus U_S)4$: $\mathrm{shr}(U_{S1}U_SU_F)$, $C_EU_{SE}U_E \leftarrow U_{SE}U_E +1$

$Z'_UC'_E(U_S \oplus U_{F(n)})'4$: $\mathrm{shl}(U_F)$, $C_EU_{SE}U_E \leftarrow U_{SE}U_E -1$, GOTO 4

$C_EU'_{SE}5$: $U \leftarrow U_S\infty$,

$Z_U + C_EU_{SE}5$: $U \leftarrow 0$,

5: FINISH $\leftarrow 1$

其中每个值均有两个寄存器：一个 $n+1$ 位的位数寄存器（1 位符号位 U_S 和 n 位有效值 U_F，补码表示）；一个 $m+1$ 位阶码寄存器（1 位阶符 U_{SE} 和 m 位的阶值 U_E，移码表示）。与补码加减法算法相同，AS = 0，表示加法，AS = 1，表示减法。同时，当 REG（U、X 或 Y）= NaN 时，$N_{REG} = 1$；当 REG = 0 时，$Z_{REG} = 1$；当 REG = $\pm\infty$ 时，$I_{REG} = 1$。当 $X_E > Y_E$ 时，$E_{XY} = 1$；当 $Y_E > X_E$ 时，$E_{YX} = 1$。

状态 1 执行的操作包含在表 3 – 15 中。当 X 或 Y 为 0、$\pm\infty$ 或 NaN 时，将得出正确结果并终止算法（通过 FINISH 置 1 以终止算法）。

状态 2 执行对阶的操作。右移阶码小的位数，同时让其阶码加 1，直到两个操作数的阶值相等为止。

状态 3 执行位数加减操作。这时，算法分为两种情况考虑：当 AS = 0 时，有效值相加；当 AS = 1 时，有效值相减。

状态 4 进行尾数规格化操作。如果尾数加减法溢出，使 $U_{S1} \oplus U_S = 1$，即结果形式为 $01.\times\times\times\times$ 或 $10.\times\times\times\times$，则必须右规，即将尾数右移一位，并且阶码加 1，使其规格化。如果尾数加减法结果的形式为 $00.0\cdots0\times\times\times\times$ 或者 $11.1\cdots1\times\times\times\times$，则必须左规，即将尾数左移，一直到有效值的一位与符号位不同为止，并且每左移一位，阶码同时减 1。如果尾数规格化法使阶码溢出（阶码采用移码表示），则下溢时最终结果被置 0；上溢时最终结果被置为 $\pm\infty$；否则将得到正确结果。

表 3 – 16 给出了操作 $(+0.111\times2^3) + (+0.110\times2^2)$ 的执行步骤，AS = 0。状态 1 检测操作数是否为特殊值。由于 X 和 Y 均为规格化浮点数，因此状态 1 不执行任何操作。接着进入状态 2。由于 $X_E > Y_E$，因此 $E_{XY} = 1$，此时将 Y 的尾数右移一位，同时将 Y 的阶码加 1。然后又回到状态 2，重复上述操作直到两个阶码相等为止。当 $X_E = Y_E$ 时，E_{XY} 和 E_{YX} 均为 0，此时状态 2 不再执行任何操作，接着进入状态 3。由于 AS = 0，因此在状态 3 将执行相加操作，并且设置结果的阶码，同时将 C_E 初始化为 0。状态 4 规格化尾数。需要注意的是，在规格化处理中可能产生溢出。进入状态 5 后，仅需简单地将 FINISH 置 1 并终止算法即可。

表 3 – 16　执行 $(X = +0.111 \times 2^3) + (Y = +0.110 \times 2^2)$ 的执行轨迹

条件	微操作	U_{S1}	U_SU_F	$U_{SE}U_E$	Y_SY_F	$Y_{SE}Y_E$	C_E	FINISH
1	不操作				01110	0010	.	
$E_{XY}2$	$\mathrm{shr}Y_SY_F$, $Y_{SE}Y_E \leftarrow Y_{SE}Y_E +1$, GOTO 2				00111	0011		
AS', 3	$U_{S1}U_SU_F \leftarrow X_SX_SX_F + Y_SY_SY_F$ $U_{SE}U_E \leftarrow X_{SE}X_E$, $C_E \leftarrow 0$	0	10100	0011			0	
$(U_{S1} \oplus U_S)4$	$\mathrm{shr}U_{S1}U_SU_F$, $C_EU_{SE}U_E \leftarrow U_{SE}U_E +1$	0	01010	0100			0	
5	FINISH$\leftarrow 1$							1

表 3-17 给出了$(+0.1101 \times 2^3) + (-0.1110 \times 2^2)$的执行步骤。与前一个例子相同，状态 1 检查特殊值；状态 2 执行对阶操作，注意此时 Y 的尾数右移；状态 3 执行尾数相加操作并设置结果阶码。状态 4 将结果规格化。

表 3-17　执行($X = +0.1101 \times 2^3$) + ($Y = -0.1110 \times 2^2$)的 RTL 代码轨迹

条件	微操作	U_{S1}	$U_S U_F$	$U_{SE} U_E$	$Y_S Y_F$	$Y_{SE} Y_E$	C_E	FINISH
1	无操作	—	—	—	10010	0010	—	—
E_{XY} 2	$\mathrm{shr}(Y_S Y_F)$, $Y_{SE} Y_E \leftarrow Y_{SE} Y_E + 1$, GOTO 2	—	—	—	11001	0011	—	—
2	无操作	—	—	—	—	—	—	—
AS3, 3	$U_{S1} U_S U_F \leftarrow X_S X_S X_F + Y_S Y_S Y_F$ $U_{SE} U_E \leftarrow X_{SE} X_E$, $C_E \leftarrow 0$	0	00110	0011	—	—	0	—
$Z'_U\ C'_E$ $(U_S \oplus U_{F(n)})'4$	$\mathrm{shl}(U_F)$, $C_E U_{SE} U_E \leftarrow U_{SE} U_E - 1$, GOTO 4	—	01100	0010	—	—	0	—
4	无操作	—	—	—	—	—	—	—
5	FINISH←1	—	—	—	—	—	—	1

对于本例，尾数的形式是 0.0×××，尾数的符号位与有效值相同($U_S \oplus U_{F(n)} = 0$)，因此需要左规，即尾数左移一位，同时阶码减 1。当算法回到状态 4 时，尾数已经规格化，并且阶码没有产生下溢，因此算法完成。显然，算法计算正确，$(+0.1101 \times 2^3) + (-0.1110 \times 2^2) = (+0.1100 \times 2^2)$，即 $6.5 - 3.5 = 3$。

3.2.2　浮点数乘除运算

浮点数乘除法运算较容易理解，乘法主要通过阶码相加和尾数相乘来完成，而除法则主要通过阶码相减和尾数相除来实现。尽管阶码和尾数均进行定点数运算，但两者会相互影响。

1. 浮点数乘法运算

若两规格化浮点数为 $X = X_S X_F \times 2^{\wedge}(X_{SE} X_E)$，$Y = Y_S Y_F \times 2^{\wedge}(Y_{SE} Y_E)$，则 $X \times Y = (X_S X_F \times Y_S Y_F) \times 2^{\wedge}(X_{SE} X_E + Y_{SE} Y_E)$。

浮点数乘法首先检测操作数是否为特殊值，接着通过尾数相乘和阶码相加来实现乘法，同时检查是否产生溢出。

与浮点数的加减法相同，浮点数乘法在状态 1 检测操作数是否为特殊值并进行相应处理。如果至少有一个操作数为 0，则结果为 0；若两个操作数均不为 0 且至少有一个操作数为 NaN，则结果为 NaN；若两个操作数均不为 0 和 NaN 且至少有一个操作数为 $\pm\infty$，则结果为 ∞，并设置正确的符号位。不论发生以上哪种情况，状态 1 在进行特殊值处理后都将终止算法。若操作数不为 0、NaN 或 $\pm\infty$，则状态 1 将设置结果的阶码。

乘积的阶码为两个操作数的阶码之和。因为阶码采用移码表示，移码加法可以采用补码加法进行运算，但要注意每个操作数的阶码中都包含了偏移量，简单地加阶码将包含偏移量两次，因此必须将阶码之和减去一个偏移量才能得到乘积的正确阶码。例如，考虑乘法 $(0.1101 \times 2^3) \times (0.1011 \times 2^1)$，如果偏移量为 8，则两个阶码的移码分别为 11(11 = 3 + 8)和

$9(9=1+8)$，两者相加得 20，该移码对应于 $2^{12}(12=20-8)$，这个结果显然是错误的。产生错误的原因是偏移量被加了两次，一次在 11 中，另一次在 9 中，因此需要从 20 中减去多余的偏移量 8 得阶码 12，它对应于 $2^4(4=12-8)$，这才是正确的阶码。

完成这一步后，算法就检查阶码是否产生上溢和下溢。若产生上溢，则根据状态 1 中得出的结果符号将结果设置为 $\pm\infty$；若产生下溢，则将结果置为 0。不论是产生上溢还是下溢，此时都将终止算法。

接着，算法执行尾数相乘操作。这一步类似于定点小数的补码乘法，可以采用 Booth 算法。在 Booth 算法中，首先检查此时是否为 Booth 乘法的唯一溢出情况。当两个尾数都为 $[-1]_补$（编码为 $1.00\cdots0$）时，尾数相乘的积为 $01.0\cdots0$，这时定点小数乘法产生了溢出，但不是浮点溢出，应将结果右移一位得 $0.10\cdots0$，同时阶码加 1。在算法中，若检到两个尾数都为 $[-1]_补$，则直接置结果；否则才真正执行 Booth 乘法。

最后，算法将执行规格化操作和舍入操作。由于参加运算的数均为规格化浮点数，因此尾数乘积的绝对值必然大于或等于 1/4，当尾数乘积的绝对值大于或等于 1/4，同时小于 1/2 时（编码为 $0.01\times\cdots\times$ 或 $1.10\times\cdots\times$ 形式），需要左规 1 位（浮点数乘法的左规最多只需 1 位）。由于这一步可能产生溢出，所以必须重新检查是否溢出。

2. 浮点数除法运算

对于浮点数除法，若 $X=X_SX_F\times2^{\wedge}(X_{SE}X_E)$，$Y=Y_SY_F\times2^{\wedge}(Y_{SE}Y_E)$，则 $X\div Y=(X_SX_F\div Y_SY_F)\times2^{\wedge}(X_{SE}X_E-Y_{SE}Y_E)$，即尾数相除，阶码相减。具体运算步骤详述如下。

（1）先检测操作数是否为特殊值。与浮点数乘法相同，浮点数除法首先检测操作数是否为特殊值并进行相应处理。若被除数为 0 而除数不为 0，则结果为 0；若除数为 0，则结果为 ∞；若两个操作数均不为 0 且至少有一个操作数为 NaN，则结果为 NaN；若两个操作数均不为 0 和 NaN 且被除数为 ∞，则结果为 ∞；若两个操作数均不为 0 和 NaN 且除数为 ∞，则结果为 0，并设置正确的符号位。无论发生以上哪种情况，算法在进行特殊值处理后都将终止。若操作数不为 0、NaN 和 $\pm\infty$，则进入下一步。

（2）尾数调整。对于尾数来说，被除数的绝对值大于等于除数的绝对值（$|X_SX_F|\geqslant|Y_SY_F|$），这在定点除法运算中是不允许的，但是在浮点运算中则是允许的。此时需要调整尾数，即 X_SX_F 算术右移一位，同时阶码 $X_{SE}X_E$ 加 1。尾数调整就是要使被除数尾数的绝对值小于除数尾数的绝对值。

（3）求阶差并判断溢出。若阶码用移码表示，则 $X_{SE}X_E$ 与 $Y_{SE}Y_E$ 相减后不需修正，由于偏置常数在求阶差的过程中丢失了，因此需加上一个偏移量。异号阶码相减有可能发生溢出，因此需要检查溢出情况。

（4）尾数相除，得规则化商。尾数相除用定点小数除法进行。若设置了专门的阶码运算部件和尾数运算部件，则阶码运算与尾数运算可以同时进行；否则需分步执行。可以证明，尾数相除正好得规则化商，因此，按上述操作产生的商不需要进行规格化处理。

第4章

运算器

运算器是计算机中进行算术运算和逻辑运算的主要部件。运算器的逻辑结构取决于计算机指令系统、数据表示方法、运算方法和选用电路系统等因素。

4.1 算术逻辑单元 ALU

加法在算术运算中具有举足轻重的作用；加法器更是整个运算器的基础，其速度在很大程度上决定了一个数字算术运算处理器的速度。高性能加法器不仅对于加法很重要，对于减法、乘法和除法也都是很有必要的。二进制加法器有串行加法器和并行加法器两种，其中并行加法器又存在进位信号的传递问题。本节主要介绍全加器的组成结构及其工作原理，随后将讨论并行加法器的主要问题，即进位传递及其加速。

4.2 全 加 器

一位全加器有 3 个输入量：两个操作数 A_i 和 B_i、低位的进位 C_{i-1}；两个输出，即运算后的本位和 S_i 及向高位的进位 C_i。如果只考虑两个操作数 A_i 和 B_i 相加，这样的加法器就称为半加器。

借助数字逻辑相关知识，用真值表描述一位求和逻辑，然后用卡诺图化简，即可得到由门电路构成的算术全加器。如果用异或逻辑来实现半加，那么由两次半加就可以实现一位全加，由此得到的全加器其逻辑结构非常简单，这样有利于快速进位传递。图 4-1 所示为采用半加器构成的全加器。

其中，图 4-1（a）的全加器为采用原变量输入，在这里本位和 S_i 及向高位的进位 C_i 分别为

$$S_i = (A_i \oplus B_i) \oplus C_{i-1} \qquad\qquad (4-1)$$

$$C_i = A_i B_i + (A_i \oplus B_i) C_{i-1} \tag{4-2}$$

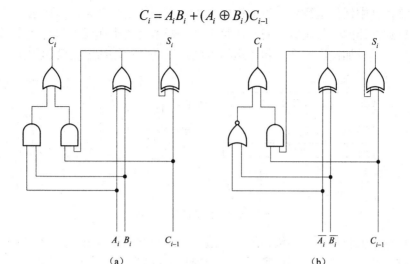

图 4-1 采用半加器构成的全加器

由式（4-1）可以看出，整个运算为两次半加，第一次半加为本位的两个输入，第二次半加则加入低位进位；如果 3 个输入有奇数个 1，则本位和为 1。由式（4-2）可知，产生进位的条件有两个：当本位的两个输入 A_i 和 B_i 均为 1 时，不管低位有无进位 C_{i-1}，都会产生进位；若 C_{i-1} 为 1，则只要 A_i 和 B_i 中有一个为 1 就会产生进位。

图 4-1（b）所示为采用反变量输入的全加器，本位和 S_i 以及向高位的进位 C_i 分别为

$$S_i = (\overline{A}_i \oplus \overline{B}_i) \oplus C_{i-1} \tag{4-3}$$

$$C_i = \overline{\overline{A}_i + \overline{B}_i} + (\overline{A}_i \oplus \overline{B}_i) C_{i-1} \tag{4-4}$$

由上可知，对于一位全加器，无论是采用原变量还是反变量，输入实质上并无差异。这样考虑的出发点在于，构成 n 位加法器时，低位来的进位与高一位全加器之间极性的配合。在构成完整 ALU 的同时，还得考虑输入的操作数与全加器输入之间极性的配合，这样做的目的是使进位传递的延时尽可能小。

4.2.1 串行加法器和并行加法器

加法器主要有两种，即串行加法器和并行加法器。

1. 串行加法器

串行加法器的主要部件只有一个全加器（FA），移位寄存器将操作数从低位到高位串行送入 FA 相加。如果操作数有 n 位，则需要 n 个相加步骤。加法器每产生一位和，都将其串行送入结果寄存器中。进位信号用一位触发器保存，以便参与下一位的运算。

串行加法器的结构如图 4-2 所示，其运算速度较慢，因此除了应用在某些低速的专用运算器外，其他场合很少采用。

2. 并行加法器

并行加法器由多个全加器组成，由机器的字长决定其位数的多少。并行加法器中数据的

各位同时运算，其中低位运算所产生的进位会影响高位的运算结果，所以进位信号的传递时间决定了并行加法器的最长运算时间，而每个全加器本身的求和延迟只是次要因素。由上可以明显地看出，尽量加快进位产生和传递的速度是提高并行加法器速度的关键。

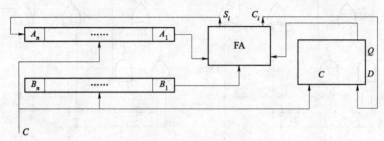

图 4-2 串行加法器的结构

因为进位是由低位向高位逐级传递的，进位的逻辑结构形似链条，所以又将进位传递逻辑称为进位链。并行加法器的结构可分为全加器与进位链两部分。

设操作数 $A = A_n \cdots A_2 A_1$，$B = B_n \cdots B_2 B_1$，则进位信号的基本逻辑式为

$$C_i = A_i B_i + (A_i \oplus B_i) C_{i-1}$$
$$= A_i B_i + (A_i + B_i) C_{i-1}$$

写成通式，即

$$C_i = G_i + P_i C_{i-1}$$

式中 $G_i = A_i B_i$，称为第 i 位的进位产生函数，它表明若本位的两个输入量均为 1，则必定产生进位，其不受进位传递影响。P_i 称为进位传递函数，而 $P_i C_{i-1}$ 称为传递进位或条件进位，其表明如果本位的两个输入中至少有一个为 1 时，那么低位有进位传来时本位将产生进位；等同于，当 $P_i = 1$ 时，低位来的进位 C_{i-1} 将通过本位传递向高位。上式表示进位由本地进位和传递进位两部分构成，它是构成各种进位链结构的基本逻辑表达式。

（1）串行进位。串行进位就是逐级形成各位进位，每一级的进位直接依赖于前一级的进位，又称为行波进位。设第一位为最低位，第 n 位为最高位，可得 n 位并行加法器各进位表达式为

$$\begin{cases} C_1 = G_1 + P_1 C_0 = A_1 B_1 + (A_1 \oplus B_1) C_0 \\ C_2 = C_2 + P_2 C_1 = A_2 B_2 + (A_2 \oplus B_2) C_1 \\ \quad\vdots \\ C_n = G_n + P_n C_{n-1} = A_n B_n + (A_n \oplus B_n) C_{n-1} \end{cases} \qquad (4-5)$$

采用串行进位的并行加法器如图 4-3 所示。在 n 位全加器之间，进位信号的传递采用串行方式。这种结构的优点是所用元件较少，缺点是进位传递时间较长。由图 4-3 可知，若各

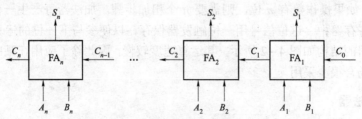

图 4-3 采用串行进位的并行加法器

位全加器的两个输入中都只有一个 1, 初始进位 C_0 为 1 时, 进位信号须逐级传递, 这样就使得加法器的运算时间最长。

（2）并行进位。上述的串行进位严重制约了整个加法器的运算速度。因此, 多采用并行进位结构来提高运算速度, 即并行地形成各级进位。由式（4-5）逐项替代, 并行进位逻辑表达式为

$$\begin{cases} C_1 = G_1 + P_1C_0 \\ C_2 = G_2 + P_2C_1 = G_2 + P_2G_1 + P_2P_1C_0 \\ C_3 = G_3 + P_3C_2 = G_3 + P_3G_2 + P_3P_2G_1 + P_3P_2P_1C_0 \\ \quad\vdots \\ C_n = G_n + P_nC_{n-1} = G_n + P_nG_{n-1} + \cdots + P_nP_{n-1}\cdots P_1C_0 \end{cases} \quad (4-6)$$

对比式（4-5）和式（4-6）可知, 串行进位中, 各进位信号依赖于前一级; 而在并行进位中, 各进位独自形成自己的进位信号。当加法运算的 A_i、B_i 和 C_0 稳定后, 各位可同时形成自己的 G_i 与 P_i, 从而同时形成各自的进位信号 C_i, 这样就能够大大提高整体的运算速度, 如图 4-4 所示。

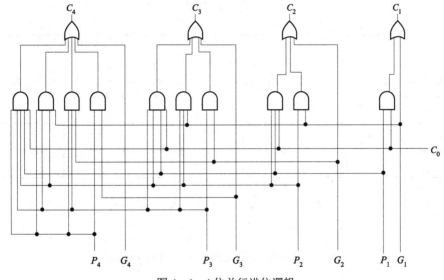

图 4-4　4 位并行进位逻辑

并行进位高位的进位形成逻辑中输入变量过多, 在实现时存在一定困难。所以, 位数较多的加法器常采用分级、分组的进位链结构, 也就是将所有参与运算的位适当地分组, 组内并行、组间串行或并行。典型的结构是 4 位一组, 进位机构连同 4 位全加器一起均集成在一块芯片内; 如果组间也采用并行, 则也可将组间并行进位链集成在专用芯片中; 若加法器位数较多, 也可以分级构成并行进位逻辑。

（3）组内并行、组间串行的进位链。这里以 16 位加法器为例, 将 16 个位分为 4 组, 每组 4 位, 各分组内采用并行进位, 分组间采用串行进位, 如图 4-5 所示。

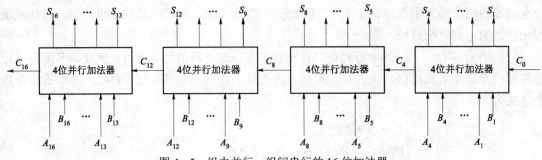

图 4-5 组内并行、组间串行的 16 位加法器

这种进位链的优点是速度较串行进位快；缺点是由于组间串行传送，当位数较多时，分组也会随之增多，这会带来较大延时。

（4）组内并行、组间并行的进位链。仍然使用 16 位加法器为例，组内并行、组间并行结构可将进位链分为两级：第一级为分组内的并行进位链；第二级为分组间的并行进位链，如图 4-6 所示。

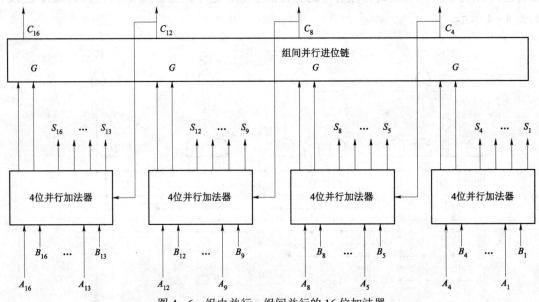

图 4-6 组内并行、组间并行的 16 位加法器

下面分别对这两级并行进位链进行详细说明。

① 第一级：小组内并行进位链。

第一分组的进位逻辑为

$$\begin{cases} C_1 = G_1 + P_1C_0 \\ C_2 = G_2 + P_2G_1 + P_2P_1C_0 \\ C_3 = G_3 + P_3G_2 + P_3P_2G_1 + P_3P_2P_1C_0 \\ C_4 = G_4 + P_4G_3 + P_4P_3G_2 + P_4P_3P_2G_1 + P_4P_3P_2P_1C_0 \end{cases}$$

第二分组的进位逻辑为

$$\begin{cases} C_5 = G_5 + P_5C_1 \\ C_6 = G_6 + P_6G_5 + P_6P_5C_1 \\ C_7 = G_7 + P_7G_6 + P_7P_6G_5 + P_7P_6P_5C_1 \\ C_8 = G_8 + P_8G_7 + P_8P_7G_6 + P_8P_7P_6G_5 + P_8P_7P_6P_5C_1 \end{cases}$$

其中，C_1 是第一组产生的组间进位，将其作为第二组的初始进位。其余各组可以依此类推。

② 第二级：分组间并行进位链。

分组间的并行进位链表达式为

$$\begin{cases} C_1 = G_1 + P_1C_0 \\ C_2 = G_2 + P_2G_1 + P_2P_1C_0 \\ C_3 = G_3 + P_3G_2 + P_3P_2G_1 + P_3P_2P_1C_0 \\ \cdots \end{cases}$$

式中　C_i——组间并行进位链中由第一分组产生的进位；

　　　G_1——第一分组的进位产生函数；

　　　P_1——第一分组的进位传递函数。

$$G_1 = G_4 + P_4G_3 + P_4P_3G_2 + P_4P_3P_2G_1$$

$$P_1 = P_4P_3P_2P_1$$

其余部分依此类推。不难看出，两级并行进位链的逻辑形态完全相同。

4.2.2　实例：SN74181 和 SN74182 芯片

SN74181 将 4 位全加器、组内并行进位链及输入选择门集成于一块芯片，构成一个 4 位片，即一片芯片能实现 4 位二进制数的多功能算术逻辑运算。SN74182 则是组间并行进位链的专用芯片。用数片 SN74181 和 SN74182 可构成多位 ALU 部件，从而成为算术运算部件的核心。

1. 一位 ALU 单元

一位 ALU 基本单元如图 4-7 所示，它可分成以下 3 个部分。

（1）全加器。由两个半加器构成一位全加器。

（2）选择控制门。用来控制选择算术运算和逻辑运算的进行。当 $M=0$ 时，开门接收低位来的进位信号 C_{i-1}，执行算术运算；当 $M=1$ 时，关门不接收 C_{i-1}，执行与进位无关的逻辑运算。

（3）输入选择逻辑。由与或非门构成的选择逻辑通过 4 个控制信号 S_3、S_2、S_1、S_0 对输入数据 $\overline{A_i}$、$\overline{B_i}$

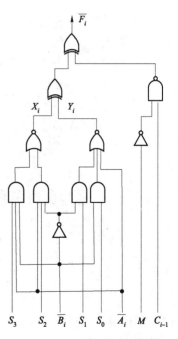

图 4-7　一位 ALU 单元

（或 A_i、B_i）做不同的逻辑组合。其中需要注意，输入选择逻辑是着眼于构造并行进位链的需要，让 X_i 输出中包含进位传递函数 $P_i = A_i + B_i$，Y_i 输出中包含进位产生函数 $G_i = A_i B_i$。S_3 与 S_2 控制选择左边的一个与或非门的输出 X_i，S_1 与 S_0 则控制选择右边的一个与或非门的输出 Y_i，如表 4-1 所示。只要选择不同的控制信号 $S_3 S_2 S_1 S_0$，就可获得不同的输出 $\overline{F_i}$，实现不同运算功能。

表 4-1 S_i 与 $X_i Y_i$ 的逻辑关系

S_1 S_2	X_i	Y_i
0 0	1	A_i
0 1	$\overline{A_i + \overline{B_i}}$	$A_i B_i$
1 0	$A_i + B_i$	$A_i \overline{B_i}$
1 1	A_i	0

2. 4 位片 SN74181

图 4-8 所示为 4 位 ALU 芯片 SN74181 的逻辑电路。它可以划分为以下 3 组逻辑组成。

（1）4 位 ALU。4 位全加器位于图 4-8 的上半部，每一位的逻辑构成均与一位 ALU 单元相同。4 个位的控制门共用，控制门 M 位于图的右下角，控制选择算术运算或逻辑运算。4 位输入选择门均位于图的下半部，可以选择不同的运算功能。

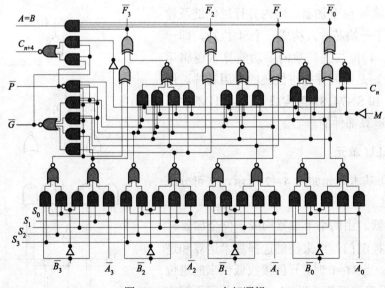

图 4-8 SN74181 内部逻辑

（2）组内并行进位链。在芯片内 4 位为一小组，组内采用并行进位结构。初始进位输入为 C_n，分组进位信号为 C_{n+4}，$\overline{G}$ 和 $\overline{P}$ 分别为小组进位产生函数和进位传递函数。利用 C_{n+4}

可构成组间串行进位；也可以利用 $\overline{G}$ 和 $\overline{P}$ 将进位送往 SN74182 构成组间并行进位。逻辑表达式为

$$\begin{cases} C_{n+1} = G_0 + P_0 C_n \\ C_{n+2} = G_1 + P_1 G_0 + P_1 P_0 C_n \\ C_{n+3} = G_2 + P_2 G_1 + P_2 P_1 G_0 + P_2 P_1 P_0 C_n \\ C_{n+4} = G + P G_n = \overline{\overline{GP} + \overline{GC_n}} \end{cases}$$

其中，

$$G = G_3 + P_3 G_2 + P_3 P_2 G_1 + P_3 P_2 P_1 G_0$$

$$P = P_3 P_2 P_1 P_0$$

相应的逻辑电路位于图 4-8 的右上部。

（3）符合比较"$A=B$"。SN74181 可执行异或运算，输出 $A \oplus B$ 或 $\overline{A \oplus B}$，通过输出门"$A=B$"可获得比较结果。该输出门位于图 4-8 的最上端。

SN74181 的外部引脚框图如图 4-9 所示。由图可知，SN74181 在使用中存在两种极性关系。

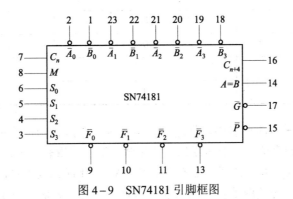

图 4-9 SN74181 引脚框图

① 输入反变量、输出反变量（操作数）。

输入：$\overline{A_3} \sim \overline{A_0}$、$\overline{B_3} \sim \overline{B_0}$、$C_n$，控制信号：$M$、$S_3$、$S_2$、$S_1$、$S_0$。

输出：$\overline{F_3} \sim \overline{F_0}$、$C_{n+4}$、$\overline{G}$、$\overline{P}$、$A=B$。

② 输入原变量、输出原变量（操作数）。

输入：$A_3 \sim A_0$、$B_3 \sim B_0$、$\overline{C_n}$，控制信号：M、S_3、S_2、S_1、S_0。

输出：$F_3 \sim F_0$、$\overline{C_{n+4}}$、G、P、$A=B$。

表 4-2 概括了 SN74181 可以实现的各种算术运算与逻辑运算功能，及其对应的控制信号状态。一旦确定 ALU 所需执行的运算功能，就可根据表 4-2 选择控制信号的相应组合。从运算器与控制器的界面来看，由 SN74181 构成的 ALU 属于运算器范畴，而 M、$S_3 \sim S_0$ 等则由控制器产生。

表 4-2 SN74181 功能表

工作方式选择 S_3 S_2 S_1 S_0	逻辑运算 $M=1$	算术运算 $M=0$
0 0 0 0	$\overline{A}$	A 减 1
0 0 0 1	$\overline{AB}$	AB 减 1
0 0 1 0	$\overline{A}+B$	$\overline{A}\,\overline{B}_i$ 减 1
0 0 1 1	逻辑 1	全 1
0 1 0 0	$\overline{A+\overline{B}}$	A 加（$A+\overline{B}$）
0 1 0 1	$\overline{B}$	AB 加（$A+\overline{B}$）
0 1 1 0	$\overline{A\oplus B}$	A 加 $\overline{B}$
0 1 1 1	$A+\overline{B}$	$A+\overline{B}$
1 0 0 0	$\overline{A}B$	A 加（$A+B$）
1 0 0 1	$A\oplus B$	A 加 B
1 0 1 0	B	$A\overline{B}$ 加（$A+B$）
1 0 1 1	$A+B$	$A+B$
1 1 0 0	逻辑 0	0
1 1 0 1	$A\overline{B}$	$AB+A$
1 1 1 0	AB	$A\overline{B}$ 加 A
1 1 1 1	A	A 加 1

从设计方法来看，有两种思路可供选择。第一种思路是先确定要实现的运算功能，由常规的逻辑设计方法，即真值表、卡诺图化简等步骤，得到逻辑表达式，最后得出逻辑电路图。由于输入变量多（除 A_i、B_i、C_n 外，还有 M、$S_3\sim S_0$），化简比较困难，因此，SN74181 的设计选择了另一种思路：先选取恰当的输入选择组合，即 X_i、Y_i 对 $S_3\sim S_0$ 的逻辑关系，再导出可能实现的 16 种算术运算与 16 种逻辑运算功能。这些运算中包含了基本的运算功能，如 A 加 B、A 减 B（利用 A 加 $\overline{B}$）、A 加 1（$M=0$、$S_3\sim S_0=1111$、$C_n=1$）、A 减 1、逻辑与 AB、逻辑或 $A+B$、求反 $\overline{A}$ 或 $\overline{B}$、异或 $A\oplus B$、传送 A，即输出 A，$S_3\sim S_0=1111$，传送 B（$M=1$，$S_3\sim S_0=1010$），输出 0，输出 1 等。

3. 多位 ALU 部件

更多位数的 ALU 部件可以由若干片 SN74181 方便地构成。芯片内已实现组内并行进位链，如果采取组间串行进位结构，那么只需将几片 SN74181 简单地串行连接即可，即将各片的进位输出 C_{n+4} 送往高位芯片的进位输入端 C_n。

若采用组间并行进位结构，则需要增加并行进位链芯片 SN74182。图 4-10 提供了一个 16 位 ALU 连接实例。SN74181 输出的小组进位产生函数 $\overline{G}$ 与进位传递函数 $\overline{P}$ 可作为并行进位链 SN74182 的输入，而 SN74182 则向各 SN74181 提供分组间的进位信号。SN74182 的输出还可支持更高一级的并行进位链，因此可构造更长位数的 ALU。

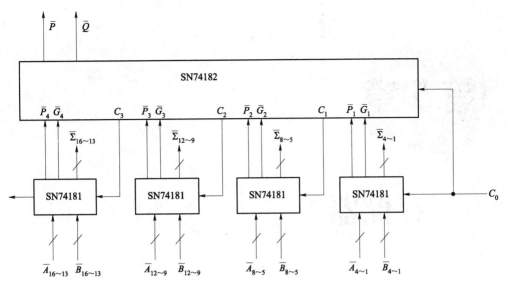

图 4-10　16位组间并行进位 ALU

第 5 章

存储器

存储器是计算机系统中存放各种信息的部件，在计算机系统中有广泛的应用。本章主要介绍为计算机的中央处理单元提供指令和数据存放功能的主存储器、高速缓冲存储器、外部存储器以及利用磁盘来扩展主存储器的虚拟存储器。由于采用的存储介质和技术的不同，这几种存储器在访问速度、存储容量以及硬件成本上各不相同，而这 3 个指标也就成为设计存储系统需要考虑的重要因素。

5.1　存储器概述

计算机中的信息种类复杂，存储要求各不相同，为实现对这些信息分类保存，计算机设计人员利用不同存储介质的特性，开发了多种存储技术，这些不同的介质和相应的技术相结合便产生了不同类型的存储器。相对地，不同的存储器在其重要指标上（访问速度、存储容量、硬件成本等方面）各有侧重、均不相同。为达到在速度、容量和成本上的均衡，设计人员需要选择合适的存储器，以达到存储系统的设计要求。

5.1.1　存储器特性

不同存储器在存储介质、存储技术、组织结构、设计用途以及安装位置方面均不相同，因此具备不同的特性。表 5-1 列出了存储器的主要特性。

表 5-1　存储器的主要特性

特　性	描　　　述
安装位置	内部（如寄存器、高速缓存、主存）、外部（如光盘、磁盘、磁带）
存储容量	字数、字节数
传输单元	字、块

续表

特　性	描　述
访问方式	顺序存取、直接存取、随机存取、关联存取
访问性能	访问延迟、访问周期、数据传输率
介质类型	半导体、磁介质、光介质、磁—光介质
技术类型	动态、静态
保存类型	易失/非易失、可擦除/不可擦除
组织结构	存储模块

1. 安装位置

存储器的安装位置是指存储器的物理部分安装的位置，通常是相对于计算机而言，主要安装于计算机的内部或外部。

内部存储器通常指主存储器，但实际上还包括其他形式。CPU 执行指令时需要局部存储器保存临时数据，这样的存储器以寄存器的形式出现。同时，CPU 的控制器部分也需要自己的内部存储器，这种存储器通常以专用寄存器的形式存在，它们是不可见的。高速缓冲存储器是内部存储器的另一种形式，配置这种存储器的目的是为了提高 CPU 访问主存储器的速度。

外部存储器由计算机系统外围存储设备组成，如磁盘、磁带等。在计算机系统中，外部存储器也被看作一种输入/输出设备，CPU 通过 I/O 控制器访问它们。

2. 存储容量和传输单元

存储容量（Capacity）是存储器的一个重要性能指标。对于内部存储器，其存储容量通常为字节（Byte，B）（1 B＝8 bit）或字。常见的字长有 8 bit、16 bit、32 bit 或 64 bit。外部存储器的存储容量通常也用字节来表示。

与存储容量紧密联系的一个特性是传输单元（Unit of Transfer）。对于内部存储器，其传输单元等同于与存储器模块相连的数据线位数，它可能等于字长，或者更大，如 64 bit、128 bit 或 256 bit 等。

（1）字。字是存储器的"自然"存储单元。通常情况下，字长与一个整数的数据位数以及指令长度相等，但也有很多例外。

（2）可寻址单元。可寻址单元是指存储器中可以按地址访问的单元。地址的位长 M 和可寻址的单元数 N 之间的关系为 $2^M＝N$。

（3）传输单元。传输单元是对存储器的一次读写操作中允许的最小数据传输单位。传输单元不必等于一个字或一个可寻址单元，如磁盘数据传送单位通常为磁盘的一个扇区大小（512 B）。

3. 访问方式

数据单元的访问方式（Method of Accessing）是不同类型存储器之间的另一个区别，访问

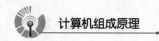

方式包括以下 4 类。

（1）顺序存取。存储器组织成许多数据单元，称为记录，它们以特定的线性序列方式存取。存储器的地址信息用于标识记录和提供索引。这种存储器采用共享读写机构，访问一个记录时，需要从当前的存储位置开始移动，顺序经过许多中间记录，到达所要访问记录的位置，然后执行读写操作。因此，访问不同记录的时间长短取决于记录的位置。例如，磁带机采用的就是顺序存取方式，它的优点是存储容量大，常常应用于数据备份。

（2）直接存取。与顺序存取一样，直接存取也采用了共享读写机构。所不同的是，单个块或记录有一个唯一地址，这是基于物理存储位置的唯一地址。通过采用直接寻址到达所需的块，再在块中顺序搜索、计数或等待，最终到达所要求的位置。由此可知，存取不同记录所需的时间同样取决于读写机构的当前位置和目标位置的物理距离，所以存取时间的差异很大，如磁盘机就采用直接存取方式。

（3）随机存取。随机存取是指存储器中每一个可寻址的存储单元都有唯一的硬件支持的寻址机制。存取指定存储单元的时间是固定的，与先前的存取操作序列无关。随机存储器的任何存储位置都可以随机选择、直接寻址和存取。随机存取方式主要应用于主存和某些高速缓存系统。

（4）关联存取。关联存取是一种不根据地址而是根据存储内容来进行检索和存取的存取方式。它允许对一个字中的某些指定位进行检查比较，查看是否与特定的样式相匹配。与普通的随机存取存储器相同，每个存储位置均有自己的寻址机制，并且访问时间是固定的，不依赖于存储位置或先前的存取序列。高速缓存通常采用关联存取的方式。

4. 访问速度

存储器最重要的两个特性是容量和速度。存储容量通常以字节数来衡量。速度的衡量相对复杂一些，通常使用的衡量参数有以下 3 个。

（1）访问延迟。访问延迟是指存储器执行一次读或写操作所使用的时间。这个时间从发出数据读写请求开始，到数据从存储器读出或写入为止。随机存储器的访问延迟是固定的，而非随机存取存储器访问延迟与访问地址有关。

（2）访问周期时间。在随机存取存储器中，一个完整的存取周期所使用的时间，包括存取时间与间隔时间（周期结束和下一周期开始之间的时间间隙）。间隔时间的主要作用是保证上次访问引起的瞬态信号消失或数据被破坏性读出后的刷新。决定访问周期时间的主要因素是系统总线，而不是 CPU。

（3）数据传输率。这是单位时间内数据传入或传出存储器的速率，常用单位为 B/s。

5. 存储介质和存储技术

存储介质是指计算机存储器中用于存储某种不连续物理量的媒体。目前存储器常用的介质类型有半导体、磁表面、光学存储介质。

不同介质特性基本都存在相关存储技术。存储技术类型是描述利用存储介质的物理材料构建存储位的方法。例如，在半导体作为存储介质的随机存取存储器中利用电特性来保存信息，在磁表面存储介质中利用磁极特性来保存数据。

6. 保存类型

存储器的保存类型主要分为易失性和非易失性。易失性存储器，断开电源后，保存的信息会被丢失；非易失性存储器，信息的保存不需要持续电源维持，数据会一直保留直到下一次被改变。

7. 组织结构

组织是指如何排列基本的存储位来构成字。随机存取存储单元的组织是一个关键的设计问题。

对用户而言，自然希望存储器速度快、容量大、成本低，实际中这些要求无法同时满足，只能根据需求有所侧重。因此，设计人员就要用层次化存储系统的方法来组合现有的存储器，构成满足要求的存储系统。

5.1.2 存储层次

在实际中，出于各种方面的均衡考虑，常常采用层次式的存储来构建存储系统。例如，为中央处理器（CPU）构建存储系统来为其提供指令和数据存放功能，这里首先考虑到的是满足 CPU 的高速数据需求，按照距离 CPU 由近及远地依次使用高速缓存、主存储器和模拟存储器，这几个存储器类型的特点依次为速度由快到慢、容量由小到大、成本由高到低，这样的配置是在访问速度、存储容量和硬件成本等因素之间进行权衡考虑的结果。图 5-1 就是一种典型的存储器层次结构。

图 5-1　一种层次化存储系统设计

实际上，高速缓冲存储器、主存储器和虚拟存储器通常不是由单一的存储器组成的，它们是多种不同的存储器构成的计算机存储器层次结构。

主存储器，即通常提到的计算机物理内存，常由动态随机存储芯片（DRAM）组成。早期的计算机是由主存储器直接为微处理器提供指令和数据。随着微处理器速度的不断加快（频率不断提高），当微处理器和物理内存的时钟周期差异达到几倍甚至几十倍以上时，微处理器绝大部分工作周期都在等待指令和数据，这时物理内存逐渐成为系统性能的瓶颈。这就成为高速缓冲存储器（Cache）出现的基本动机。

高速缓冲存储器由静态 RAM（SRAM）构成，工作速率比 DRAM 速度快很多，当然也比 DRAM 更昂贵。使用成本高昂的 SRAM 来构建主存储器显然不现实，但是小容量地使用在微处理器和主存储器之间，作为一个缓冲过渡，用来存储反复调用的临时数据和从主存储器预读取的准备数据还是可以的。预读取技术，即 Cache 控制器在 CPU 需要后续指令或数据之前，就把相应的指令和数据从物理内存中读取到 Cache 中来。

存储层次中 CPU 的远端是虚拟内存。以目前常见的 64 bit 地址的处理器为例，它的地址通常是 48 bit，而在计算机系统中安装 256 TB 物理内存是很少见的，也是不现实的。因为 CPU 可访问的内存空间远远大于实际安装的物理内存容量，所以解决这个问题就可以用虚拟存储

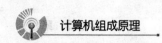

器来解决。虚拟存储器用于物理内存和某个存储介质之间交换数据，这种介质通常为磁盘。

虚拟存储器管理器会在磁盘上开辟一个专门的存储空间用来保存物理内存中暂时不会被CPU 使用的指令和数据，当需要使用这些指令和数据时，又会把它们转移到物理内存中。从逻辑上，以微处理器角度看，它拥有了更大的内存，这种层次结构在一定程度上弥补了物理内存容量的不足。

5.2 主存储器

5.2.1 半导体存储器

存储器的特性并不是可以自由组合的，它更多地受限于存储介质的物理特性和存储技术。计算机系统内部使用的主存储器是直接为 CPU 运行程序服务的，首先要考虑其性能方面。采用与 CPU 同样的集成电路技术有利于内部存储器，尤其是高速缓冲存储器，与 CPU 进行集成。

半导体存储器的形式通常为集成电路芯片。按照保存类型又分为两种，即只读存储器（Read Only Memory，ROM）和随机访问存储器（Random Access Memory，RAM）。ROM 保存的数据只能读，不能写（添加、修改、删除）。这些 ROM 芯片事先通过特殊的外部编程设备输入数据，完成后数据通常不能修改，也不用修改，此外 ROM 芯片中的数据始终被有效保存，断电后也不会丢失，属于非易失性存储器，常常用来保存不需要修改的固定数据。RAM既能读又能写，常用来存储可以改变、需要改变的数据。RAM 芯片中数据的保存需要为其持续供电，一旦掉电，数据将会丢失，是易失性存储器。

1. ROM 芯片

按照保存技术和可编程方式的不同，ROM 芯片主要有以下几种类型。

（1）掩膜式 ROM（简称 ROM）。ROM 里制作芯片的掩膜与数据采用物理连线方法在一起设计，芯片制作时就将数据编写进去。这些芯片一旦生产完毕，数据就不能再更改了。

（2）可编程 ROM（Programmable ROM，PROM）。与 ROM 不同，PROM 没有采用硬连线，而使用一系列像熔丝一样的、可熔断的内部连接，可由用户使用标准的 PROM 编程器进行编程。实质上就是烧断适当的熔丝，使得存储器形成特定的值。这些熔丝一旦烧断就不可恢复，因此 PROM 的编程只能进行一次。

（3）可擦除 PROM（Erasable PROM，EPROM）。EPROM 能够像 PROM 一样编程，但它的数据是可以擦除的，即芯片可以重复编程，芯片背面上有一个清除窗口，利用紫外线照射，可以擦除芯片数据。

（4）电可擦除可编程 ROM（Electrically Erasable Programmable POM，EEPROM，E^2PROM）。与 EPROM 相比，两者擦除机制不同，EEPROM 是用电擦除，而不是紫外线，而且擦除时间相对较短。EEPROM 可以修改个别单元而保持其他单元不变。EEPROM 常被用于存储计算机的基本输入/输出系统（Basic Input/Output System，BIOS），这些内容通常不被修改，或是修改频率极低。

Flash EEPROM（闪存）是 EEPROM 的一个特殊类型，它可用电擦除数据块，而不是单个存储单元。因此，特别适合需要写数据块的应用，多用于生产 U 盘和固态硬盘。这些应用极大地方便了用户的工作和生活，但是常常被忽略的是，由于物理特性的限制，Flash EEPROM 的擦写次数是有限的。

几乎所有 ROM 外部配置都是一样的。若一个芯片有 2^n 个字，每个字有 m 位，那么它就有 n 个地址 $A_{n-1} \sim A_0$、m 个双向数据 $D_{m-1} \sim D_0$ 以及输入使能端（CE）和输出使能端（OE）。此外，所有可编程 ROM 都有一个编程控制输入端（VPP），用来控制向芯片输入数据。

2. RAM 芯片

按照保存数据的技术不同，RAM 主要分成以下两种。

（1）动态 RAM（Dynamic RAM，DRAM），芯片使用电容阵列对数据进行存储，并配备相应的控制开关。芯片使用控制开关，控制相应位的电容充电，达到保存数据的目的。众所周知，电容中的电荷是会慢慢"跑"掉的，这会使数据丢失。因此，为了使芯片保存数据，则需要一个刷新电路周期性地读取 DRAM 中的内容，并将数据重新写入原来的单元，以达到保存数据的目的，一旦计算机断电，刷新电路将会停止工作，数据丢失。DRAM 的优点是成本较低，因此常被用于构造计算机的 RAM。

（2）静态 RAM（Static RAM，SRAM），不需要刷新电路就能保存内部存储的数据，也不需要刷新。SRAM 的优点是性能高、功耗小；缺点是集成度低（相同体积下容量比 DRAM 小）、成本高。SRAM 常被应用于计算机中的高速缓冲存储器。

类似于 ROM 芯片，两种 RAM 的外部配置相同。一个 $2^n \times m$ 的芯片有 n 个地址输入、m 个双向数据、一个芯片使能端（CE 或者 $\overline{CE}$）、一个读使能端（RD 或 $\overline{RD}$）、写使能端（WR 或 $\overline{WR}$）（也有可能读写信号会组合成一个信号 $R/\overline{W}$，1 表示读操作，0 表示写操作）。

5.2.2　随机访问存储器的存储位

DRAM 和 SRAM 是计算机内部存储器的主要构件，本节将介绍它们内部的存储位结构。

1. 动态 RAM

动态 RAM（Dynamic RAM，DRAM）利用电容充放电来保存数据，存储位元中的电容存在有、无电荷两种状态，分别用于表示二进制的 1 或 0。因为电容器有漏电的物理特性，所以 DRAM 需要刷新电路来周期性地充电刷新以维持数据。

图 5-2 所示为存储 1 位信息的单个位元的典型 DRAM 结构。若要读出或写入该位元的值时，地址线将施加激励电压，让晶体管像开关一样工作。如果地址线上有电压，晶体管导通；反之，晶体管断路（无电流通过）。

对于写操作，如要在某位上写入值，则需要将电压信号施加到该位的位线上（高电压代表 1，低电压代表 0），随后再有一个电压施加到地址线，使得晶体管导通、电容充电。

对于读操作，当地址线被选中时（高电压 1），晶体管

图 5-2　DRAM 的存储位元结构

导通，存储在电容上的电荷沿位线送出。随着电容上的电荷被放出，存储位元的数据读出，同时也破坏了原有的数据，为此还得将原有的信息重新"写"回去，至此才算完成本次读操作。

DRAM 本质上属于模拟设备，因为电容能存储的电荷值会在一定范围内波动，因此必须使用一个读出放大器把读出的电容电压与特定参考值相比较，以此判断该电荷值代表的是 1还是 0。

2. 静态 RAM

静态 RAM（Static RAM，SRAM）的结构比 DRAM 结构要复杂，是一个数字设备，记忆单元使用双稳态触发器来记忆信息。只要不断电，SRAM 中存储的数据将一直保持。

从图 5-3 中可以看出，VT_1～VT_6 构成了一个记忆单元的主体，能够存放一个二进制位的信息。其中 VT_1 和 VT_2 构成了基本触发器，VT_3 和 VT_4 作为 VT_1 和 VT_2 的负载，它们构成了一个存储信息的双稳态触发器电路。VT_5 和 VT_6 构成门控电路，受行地址选择信号控制。VT_7 和 VT_8 受列地址选择信号控制，它们是芯片内同一列的各个基本单元所共有的，不包含在基本存储单元内。

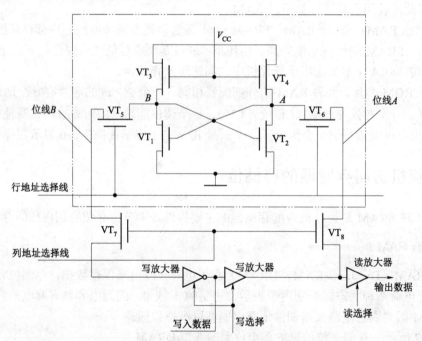

图 5-3　SRAM 的基本单元电路

由图 5-3 可以分析，该电路有两种稳定状态：VT_1 截止，VT_2 导通，则 $A=0$，$B=1$；反之，VT_1 导通，VT_2 截止，则 $A=1$，$B=0$。电路工作时 A 和 B 永远为互反状态。这里 1 表示高电平，0 表示低电平，之后内容也如此表示。

读操作：当选中该存储单元时，即行、列地址线中均为有效信号 1，即 VT_5、VT_6、VT_7、VT_8 均导通，则 A 中的 1 信号通过 VT_6、VT_8 被送到读放大器，在读选择信号的共同作用下，A 的数据被送到数据输出线，然后读出，B 信号被写放大器截止。

写操作：进行写操作时，先将需要写入的信号送到写入数据线等待，当选中该存储单元时，同理，行、列地址线中均为有效信号 1，即 VT_5、VT_6、VT_7、VT_8 均导通。当写选择信号有效时，写入的信号进入两个写放大器，分别输出相反的电平。如需要写入"1"，则高电平通过 VT_8、VT_6 送入 A，则 B 为"0"；反之，高电平通过 VT_7、VT_5 送入 B，B 使 VT_2 导通，则 A 为"0"。

由于 V_{CC} 的持续供电，在不执行读出和写入操作时，电路中的双稳态触发器的状态将会始终保持，即使信息读出后，它仍然保持原状态，不需要再生。但是当电源被切断后，原来保存的数据将丢失，因此它也属于易失性半导体存储器。

3. DRAM 与 SRAM 的对比

SRAM 与 DRAM 都是易失性的，两者都要求电源持续供电才能保存位值。DRAM 更趋向于满足大容量存储器的需求，相对来说其位元更小，而且电路更简单，因此，DRAM 芯片的集成密度要高（单位面积上的位元更多），而且价格更便宜。当然，DRAM 要求有支持刷新的电路，这会增加一些成本，但相对于较大容量的存储器，所节省的累计成本足以补偿刷新电路的固定成本，广泛应用于主存储器。相对地，SRAM 通常要比 DRAM 快，多用于高速缓冲存储器。

5.2.3　存储器芯片的内部组成

ROM 和 RAM 芯片的内部组成相似。以一个 8×2 的 ROM 芯片为例，如图 $5-4$ 所示。这个芯片有 3 条地址输入和两条数据输出，以及 16 个存储位元排列成 8 个存储字（行），每个存储字为 2 位（列）。

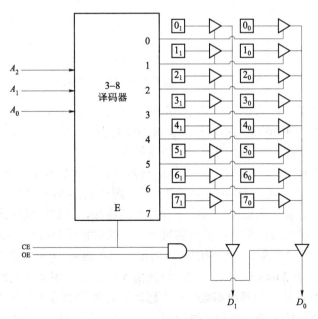

图 $5-4$　8×2 ROM 芯片的内部线性组成

3 位地址通过译码器译码，选择 8 个字中的 1 个。若译码器使能端 CE = 0，译码器无输出，不选择任何单元。CE = 1 时，译码器工作，将 3 位地址反映在相应的输出端，实现存储字的选择，将该存储字保存的数据传送到输出缓冲器。OE = 1 时，缓冲器有效，数据输出到 D_1D_0；否则，输出为高阻态。

随着存储器字数的增加，这种组成方式中地址译码器的规模会呈指数级增长，几乎不可实现。在实际应用中的存储器芯片使用了多维译码。简单地说，就是将 8×2 理解为 $2^3 \times 2$，然后变换为 $(2^2 \times 2^1) \times 2$ 来考虑，如图 5-5 所示，该组成方式有 4 行，每行 4 位，代表两个字。两个高地址位选择 4 行中的一行（两个字，两组 D_1D_0），一个低地址位则选择此行两个字中的一个。译码芯片使能端 CE 和输出使能端 OE 的作用同上。

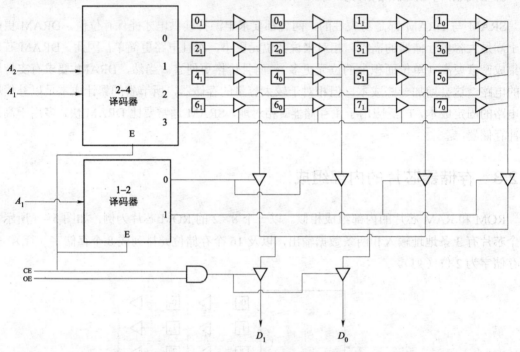

图 5-5　8×2 ROM 芯片的内部二维组成

这种节省在大容量的存储器芯片中更加重要。假设一个 $4\,096 \times 1$ 的芯片，如果用一维译码方式将需要一个 12-4096 译码器；如果使用 64×64 的二维译码方式，则只需两个 6-64 译码器，两个译码器加起来的大小约为大译码器的 3%。

RAM 芯片的内部组成与 ROM 芯片类似，只是在技术上更复杂。图 5-6 所示为一个采用了二维组成方式的 $4M \times 4$ 位 DRAM 的典型结构。逻辑上，$4M \times 4$ 位可由 4 个 $2^{11} \times 2^{11}$ 的方阵组成。存储阵列各存储单元由行控制线和列控制线连接，行控制线连接到相应行的每个位元的选择端口，而列控制线连接到相应列的每个位元的数据读写端口。

行、列控制线均为 2 048 条，相应的行、列地址则各需要 11 位，即 11-2 048 译码。

11 位列地址可选中 2 048 列中的一列，每列由 4 位组成。用 4 条数据线向数据缓冲区传输 4 位数，写操作时，位驱动器根据数据输入缓冲对相应的数据线置 1 或 0；读操作时，每条位线的值进入读出放大器，然后经过数据线传递到输出数据缓冲器中保存。

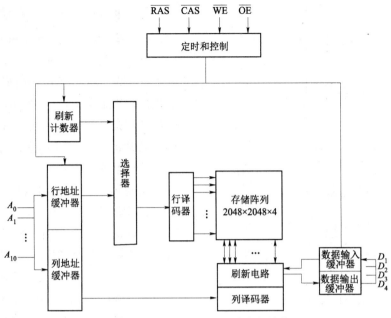

图 5-6　4M×4 DRAM 芯片内部结构

需要注意的是，由于采用了地址线复用技术，这块 DRAM 芯片的地址线只有 11 条（$A_0 \sim A_{10}$），也就是说，这 11 条地址线分两个动作分别传输行地址和列地址，分别保存到相应的地址缓冲器中。前后两次发送的 11 位行、列地址信号组合起来就能够定位存储阵列中的一个特定单元。同时发送的还有行地址选通信号（$\overline{RAS}$）、列地址选通信号（$\overline{CAS}$）、写允许（$\overline{WE}$）和输出允许（$\overline{OE}$）。

图 5-6 中还有刷新电路。常见的一种简单刷新操作是利用刷新计数器依次产生从 0 到最大行地址的值，把所有数据都依次读出并写回，刷新计数器的值在 $\overline{RAS}$ 信号的配合下，被当作行地址传送到行译码器，使得对应行的数据被读出，但并不再经过列地址选择输出，然后刷新电路写回对应行的数据，从而实现数据刷新。

5.2.4　存储器芯片的组合

大多数存储器系统不会仅仅使用一块存储器芯片构建，而是使用多个芯片来组合扩展。下面是组合存储器芯片来形成存储器系统的一些方法。

常见的扩展方案有位扩展和字扩展两种。

位扩展是利用多个存储器芯片来构造，让存储器每单元能够存储更多的位。这种扩展是通过连接芯片相应的地址和控制信号，数据引脚连接到数据总线的不同位。例如，两个 8×2 的芯片可以组合构成一个 8×4 的存储器，如图 5-7 所示。两个芯片地址信号同为 3 位，共用相同的地址信号、芯片使能信号和输出允许信号。两个芯片的数据引脚分别连接到数据总线的第 3、2 位和第 1、0 位。在 CPU 看来，它们组合起来的行为就像一个单一的 8×4 芯片。这种方式扩展了存储字的位宽。

芯片组合除了用位扩展来构造更宽的字以外，还可以组合构造出更多的字，这就是字扩

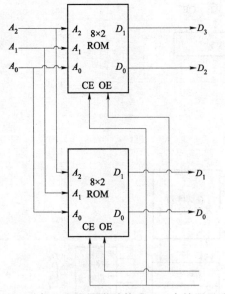

图 5-7　两个 8×2 ROM 芯片构成 8×4 存储器子系统

展。同样用两个 8×2 芯片组合为例，还可以组合成一个 16×2 的存储子系统，如图 5-8（a）所示。利用芯片的使能端 CE 作为高位地址 A_3，两个芯片分别存储高地址和低地址的数据，从而实现 8×2 变 16×2。这种配置称为高位交叉（High-Order Interleaving），同一芯片的所有存储单元在存储器系统内的地址都是连续的。

相对地，同样使用两片 8×2 组合成 16×2，还可以采用低位交叉（Low-Order Interleaving）方式，如图 5-8（b）所示。这种方式是将两个芯片的使能端 CE 作为地址低位 A_0，芯片上的地址对应移位至 A_1、A_2、A_3，当 CE（A_0）＝0 时，对应地址值分别为 0、2、4、6、8、10、12、14；当 CE

（A_0）＝1 时，对应地址值则为 1、3、5、7、9、11、13、15，无论 CE 为何值，对应的地址均匀分布在两个芯片中。从 CPU 的角度来看，两种交叉方式在功能上是相同的，但实际应用中低位交叉能为流水式存储器访问提供支持，因此低位交叉在速度上更具优势。

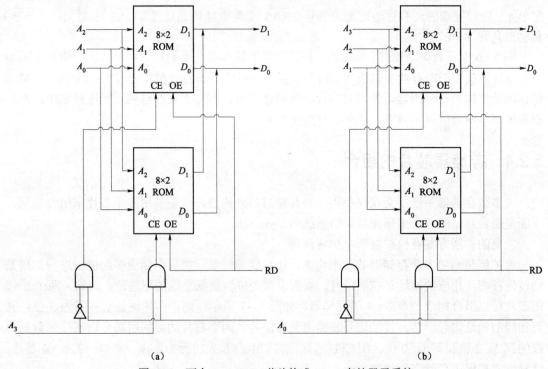

（a）　　　　　　　　　　　　　　　（b）

图 5-8　两个 8×2 ROM 芯片构成 16×2 存储器子系统
（a）高位交叉；（b）低位交叉

芯片使能信号 CE 可利用未使用的地址位来共同构成。在图 5-9 中，一个 6 位地址线的系统使用一个 8×4 的存储器，那么仅有 3 个地址位 A_2、A_1、A_0 可以被存储芯片利用起来，而 A_5、A_4、A_3 在芯片有效时必须是 000，这时就可以充分利用空闲的地址位作为芯片的使能信号，而不单独提供使能信号。

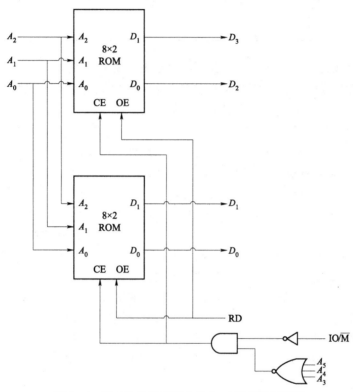

图 5-9　在 6 位地址系统中的 8×4 存储器子系统

实际使用中，通常同时采用位扩展和字扩展来组合多块存储器芯片，以满足存储器系统的存储容量要求。

5.2.5　多字节数据的存储

大多数 CPU 给 8 位的存储器单元分配地址（按字节寻址），而许多数据格式，不管是整型数值、浮点型数值还是字符串，都要使用多个字节来表示一个值，这些值就必须存储在多个存储单元中。因此，每个 CPU 必须定义数据在这些存储单元中的顺序。

常用的多字节数据排列顺序有两种，即大端和小端。在大端序中，一个数值的最高字节存储在单元 X 中，次高字节存储在单元 $X+1$ 中，以此类推。在小端序中，顺序正好相反。最低字节存储在单元 X 中，次低字节存储在单元 $X+1$ 中。

例如，十六进制值 01020304H 从单元 100 开始存储，大端序和小端序的存储结果如表 5-2 所示。

表 5-2　大端序和小端序存储结果

存储器地址	大端序	小端序
100	01H	04H
101	02H	03H
102	03H	02H
103	04H	01H

对于字节和字而言，在同一种端序结构的 CPU 和计算机系统中，无论使用哪一种端序结构都不会影响性能。而具有不同端序格式的 CPU 之间传输数据则存在问题。这个问题可以用程序将两种数据文件进行格式转换来解决，而某些处理器本身就具有特殊的指令来完成这种转换。

对齐是多字节存储中存在的另一个问题。现代微处理器在某一时刻可以读出多个字节的数据。例如，Motorola 68040 微处理器能同时读入 4 B 的数据，但这 4 B 必须在连续的单元中，而且数据地址除了最低两位外，其余的地址位必须相同。也就是说，该 CPU 可以同时读单元 100、101、102 和 103，但不能同时读单元 101、102、103 和 104。必须读取 101、102、103 和 104，那么就需要两个读操作，分别读取 100、101、102、103 和 104、105、106、107，然后拼凑成 101、102、103 和 104。可以看出，两次读操作中读出的 100、105、106 和 107 都是不需要的。简单地说，对齐就是使存储多字节值的起始单元刚好是某个多字节读取模块的开始单元。在此示例中，若多字节值开始存储的单元的地址要能被 4 整除（100 或 104），这样就能够保证一个 4 B 值可在一个读操作中被全部访问到。

非对齐的 CPU 不用为了对齐而空置某些单元，因而具有更紧凑的程序。然而，对齐的 CPU 在读取指令和数据时，需要的读操作更少，所以具有更好的性能。

5.2.6　纠错

半导体存储器也会出现差错，差错通常分为两类，即硬故障和软差错。硬故障（Hard Failure）是指物理器件出现的永久性故障，故障的存储单元不能可靠地存储数据，表现为固定的"1"或"0"，或是 0 和 1 之间不稳定跳变。硬故障出现的原因主要有恶劣的环境、缺陷的制造和物理结构旧损。软差错（Soft Error）则是随机的、非破坏性的，它仅指某个或某些存储单元的数据错误，但存储器的物理构件并没有损坏。软差错的成因主要有电源问题或 α 粒子。显然，不论是硬故障还是软差错，都是设计人员和用户不愿意看到，但又是不可避免的。因此，现代存储器系统大多都包含了查错和纠错的逻辑。

图 5-10 给出了一般情况下的处理过程。对数据加入校验码是最为常见的一种处理方式。校验码是对数据进行某种计算（用函数 f 表示）后得到的一组数据，在数据读出时用于差错甚至是纠错。在存储时，校验码和数据将一同被保存到存储器中。如需存储的数据字长是 M 位，校验码字长是 K 位，则实际存储的字长是 $M+K$ 位。

在数据读出时，M 位的数据根据函数 f 计算得到一组新的 K 位校验码，然后与取出的校验码相比较，得到以下 3 种结果。

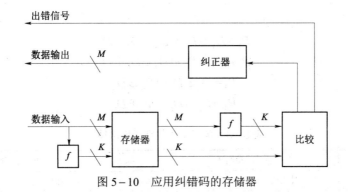

图 5-10 应用纠错码的存储器

（1）K 位的新、老校验码相同，表明没有检测到差错。取出的数据正常送出。

（2）K 位的新、老校验码不同，表明检测到差错，差错可纠正。数据位和纠错位送入纠正器，重新产生一组正确的 M 位数据，发送出去。

（3）检测到差错，且差错无法纠正，报告这种情况。

汉明码（Hamming Code）是最简单的纠错码，它是由贝尔实验室的理查德·卫斯理·汉明于 1950 年发表的。图 5-11 为采用维恩图来说明汉明码在 4 位字（$M=4$）中的使用。3 个相交的圆分割成 7 部分（见图 5-11（a）），将数据的 4 位分配给内部的 4 部分（D_1、D_2、D_3、D_4），其余的部分填入奇偶校验位（P_1、P_2、P_3）。选择适当的校验位，使得每个圆中 1 的总数是偶数（见图 5-11（b））。换一种理解方式，如果原有数据位中有偶数个 1，校验位置 0，使圆中 1 的数量保持偶数；如果有奇数个 1，校验位置 1，使圆中 1 的数量变成偶数。一旦数据中有一位出错（见图 5-11（c）），则会马上被发现。通过对出错校验位的判断，很快就可以确定具体出错的数据位，改变此位就可以纠正错误。

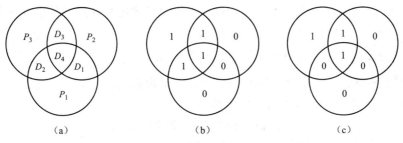

图 5-11 汉明纠错码

设数据字长位数为 M，校验码位数为 K，则存在以下关系，即

$$2^K - 1 \geqslant M + K$$

K 位的校验码可以取值 $0 \sim 2^K - 1$，0 表示没有检测到差错，剩余 $2^K - 1$ 个值可以用来指明第几位出错位，也就是说，$2^K - 1 \geqslant M$。当然，差错也有可能发生在 K 个校验位中，因此才有 $2^K - 1 \geqslant M + K$。

表 5-3 所列的前 3 列给出了单纠错汉明码数据字长与所需校验码位数的对应关系。

下面以 8 位数据和相应产生的 4 位校验码为例，来说明单纠错的特征。

数据位和校验位形成一个 12 位的字，排列如表 5-4 所示。各位的位置编号从 1 到 12，位置号为 2 的幂次方的位置被定为校验位（如 1、2、4、8）。校验位可用异或操作（符号为 ⊕）

计算如下：

$$P_1 = D_1 \oplus D_2 \oplus D_4 \oplus D_5 \oplus D_7$$
$$P_2 = D_1 \oplus D_3 \oplus D_4 \oplus D_6 \oplus D_7$$
$$P_3 = D_2 \oplus D_3 \oplus D_4 \oplus D_8$$
$$P_4 = D_5 \oplus D_6 \oplus D_7 \oplus D_8$$

表 5-3　带纠错码的字长增加情况

数据位	单纠错		单纠错/双检错	
	校验位	增加的百分率	校验位	增加的百分率
8	4	50	5	62.5
16	5	31.25	6	37.5
32	6	18.75	7	21.875
64	7	10.94	8	12.5
128	8	6.25	9	7.03
256	9	3.52	10	3.91

表 5-4　数据位和校验位的安排

位的位置	12	11	10	9	8	7	6	5	4	3	2	1
位置编号	1100	1011	1010	1001	1000	0111	0110	0101	0100	0011	0010	0001
数据位	D_8	D_7	D_6	D_5		D_4	D_3	D_2		D_1		
校验位					P_4				P_3		P_2	P_1

每个校验位对那些在相应二进制序列位置且编号为 1 的每个数据位进行操作。因此，位置 3、5、7、9 和 11（D_1、D_2、D_4、D_5、D_7）都在其位置编号的最低位包含一个 1，用来计算 P_1；而位置 3、6、7、10 和 11 都在其次低位包含一个 1，用来计算 P_2，以此类推。从另一方式来看，如果位的位置 n 由几个 P_i 位检查，则 $\sum i = n$。

在上述的校验表达式中，D_4、D_7 出现了 3 次，其余数据位只出现了两次，为了使汉明码的码距相等，再补充一个校验位 P_5，并使 P_5 为

$$P_5 = D_1 \oplus D_2 \oplus D_3 \oplus D_5 \oplus D_6 \oplus D_8$$

然后引入一个新变量，即故障字，它与汉明码、校验码的关系为

$$S_1 = P_1 \oplus D_1 \oplus D_2 \oplus D_4 \oplus D_5 \oplus D_7$$
$$S_2 = P_2 \oplus D_1 \oplus D_3 \oplus D_4 \oplus D_6 \oplus D_7$$
$$S_3 = P_3 \oplus D_2 \oplus D_3 \oplus D_4 \oplus D_8$$
$$S_4 = P_4 \oplus D_5 \oplus D_6 \oplus D_7 \oplus D_8$$
$$S_5 = P_5 \oplus D_1 \oplus D_2 \oplus D_3 \oplus D_5 \oplus D_6 \oplus D_8$$

由上可以得出以下结论。

（1）故障字全都为 0，没有检测到差错。

（2）故障字有且仅有 1 位为 1，则表明有 1 位校验码或者 3 位汉明码出错，但考虑后一种情况概率极低，故认为错误出现在校验码中，不需要纠正。

（3）故障字有 2 位为 1，表明有 2 位汉明码出错，这时，校验码只能发现错误而不能确

定出错位置。

（4）故障字有 3 位为 1，则表明 1 位汉明码或 3 位校验码出错，考虑后一种概率极低，故认为是 1 位汉明码出错，出错位置由 $S_4S_3S_2S_1$ 指明，对相应的数据位取反即可纠正。

（5）故障字有 4 位或 5 位为 1，表明错误严重，应检查系统硬件的正确性。

虽然奇偶校验仍在使用，但是新的校验纠错方式正在逐渐取代它，如错误校验与校正（Error Checking and Correcting，ECC）。ECC 不仅能检测错误，还能在不打扰计算机工作的情况下改正错误，这种特性使其被广泛应用于需要不间断工作的计算机系统中，如网络服务器。ECC 主存用一组附加数据位来存储一个特殊码，称为"特殊和"。当 CPU 从主存中读取数据时，将读到的数据和它的 ECC 码快速比较。若匹配，则将实际数据传送给 CPU；否则，ECC 能够将出错的 1 位或几位检测出来，然后改正，再传送给 CPU。

无论何种纠错方式，都是以增加复杂性为代价来提高存储器的可靠性的，具体是否使用、使用何种方式主要取决于其生产成本和控制结构。

5.2.7　高级 DRAM 组织

随着处理器性能和频率不断提高，存储器与 CPU 速度的不匹配成了系统最严重的瓶颈。当 CPU 频率远高于系统总线时，CPU 将会有大量的时间空闲，用于等待存储器。因此，提高存储器速率成了提高系统性能最有效的方法。

解决 DRAM 主存储器性能问题最常用的方法是，在 DRAM 主存储器和处理器之间插入一级或多级高速 SRAM 作为高速缓冲存储器。但是 SRAM 的生产工艺和生产成本比同等容量 DRAM 要难得多、高得多，当集成的 Cache 容量过大时，生产工艺、芯片面积和生产成本都将成为难以解决的问题。

计算机系统设计人员开发了许多对基本 DRAM 结构的增强技术，主要有 SDRAM、RDRAM 和 DDR–SDRAM。

1. SDRAM

同步动态随机存储器（Synchronous DRAM，SDRAM）是 DRAM 中使用最广泛的一种形式。SDRAM 与主存总线同步运行，它与处理器的数据交换同步于外部的时钟信号，不需要插入等待信号。

SDRAM 的基本原理是将 CPU 和 RAM 锁定在一个相同的时钟下，使它们能够共享同一个时钟周期，以相同的速率同步工作。

有了同步存取机制，DRAM 就能在系统时钟的控制下输入/输出数据。处理器或其他主控器发出指令和地址信息，它们被 DRAM 锁存。然后，DRAM 花费几个时钟周期来准备数据，尔后就可以响应 CPU 的数据请求，每一个时钟读写一次数据，做到所有输入/输出信号与系统时钟同步。而与此同时，在 SDRAM 处理请求时，主控器能安全地做其他事情。

SDRAM 在传输连续的大数据块时性能最好，如字处理、电子数据表和多媒体等应用。

2. RDRAM

RDRAM（Rambus DRAM）是由美国 Rambus 公司开发的高速动态随机存储器，曾广泛

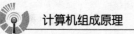

应用于桌面计算机、服务器和高性能游戏主机中。RDRAM 芯片在内部结构上进行了全新的设计，使用高速度通道系统，引入了精简指令集（RISC）技术，依靠极高的工作频率，减少每个周期的数据量来简化操作。此外，RDRAM 的行地址和列地址的寻址总线是独立的，这样的设计意味着，行和列的选取几乎可以同时进行，进一步提高了工作效率。

RDRAM 采用垂直封装，所有的引脚都在一侧。它的总线要经过所有的 RDRAM 芯片和模块，每个芯片和模块都有相对的一组输入线连接上一模块，同时有另一组输出线与下一模块连接，最终用一种类似于串联的形式形成回路。如果总线中有模块缺失，则需要一个专门的连接模块（也称终接器），来保证总线路径的完整。

3. DDR – SDRAM

SDRAM 受限于它每个总线时钟周期仅能发送一次数据到处理器。一种 SDRAM 的新版本称为双倍速率 SDRAM（Double Data Rate SDRAM，即 DDR – SDRAM），能每时钟周期发送两次数据，一次在时钟脉冲的上升沿，一次在下降沿。

DDR – SDRAM，双数据传输率同步动态随机存储器，它能在一个时钟周期的上升沿和下降沿都进行一次从操作，也就是一个时钟周期操作两次，变相从逻辑上加倍了工作速率，从而实现在不提高时钟频率的情况下提高传输速率。

DDR – SDRAM 在生产上基本可以沿用已有的 SDRAM 生产体系，大大节约了生产成本。这个原因致使许多公司都能够很容易地转型制造 DDR 存储器芯片，所以 DDR – SDRAM 被广泛地应用于桌面计算机和服务器中，这也使得 DDR – SDRAM 技术得到了快速发展，现阶段已经发展到了第 5 代。

5.3　高速缓冲存储器

近几十年来，CPU 运行速度的提高程度高于 DRAM 存储器。设计人员为了弥补这一差距带来的性能损失，使用 SRAM 作为 CPU 和 DRAM 主存之间的高速缓冲存储器，辅以预读取等技术，以提高存储体系的整体性能，缩小两者速度差异。

5.3.1　高速缓冲存储器原理

高速缓冲存储器（Cache）能提高程序运行性能的关键在于程序局部性（Program Locality）。程序的局部性包括两个方面的含义，即时间局部性和空间局部性。时间局部性是指某个存储单元一旦被访问，那么在短时间内很有可能被再次访问。仔细观察可以发现，程序运行中约 80% 的时间实际消耗在 20% 的指令上，这种情况主要是程序中的循环结构造成的。空间局部性是指某个存储单元一旦被访问，那么其邻近的存储单元也可能很快被访问。造成这一现象的主要原因是，程序中大部分指令是顺序存储、顺序执行的，而数据通常也是以数组、树、表等形式存储在一起。

Cache 也就是基于程序的局部性原理，利用一个小而快的 Cache 来存放程序中正在使用的部分，使 CPU 的访问操作集中于针对 Cache，而不是主存，从而提高程序的执行速度。当 CPU 请求访问主存中的某个字时，首先检查这个字是否在 Cache 中，如果在就把这个字传送给 CPU；如果不在就将主存中包含这个字的、固定大小的块读入 Cache 中，然后再传送该字给 CPU，如图 5-12 所示。之所以取一整块，这是基于局部性的考虑。

现有一个相对大而慢的主存，在其余 CPU 之间增加一个小而快的 Cache（图 5-13（a）），用于存放部分主存内容的副本，以提高 CPU 的存取效率，这种结构被称为单一缓存。相对地，使用多个 Cache 进行级别排列的结构称为多级缓存。多级缓存如图 5-13（b）所示，第二级 Cache 比第一级 Cache 慢，但通常存储容量较大；而第三级 Cache 比第二级 Cache 慢，但存储容量更大。

图 5-14 描述了 Cache/主存系统的结构。主存储器由多达 2^n 个可寻址的字组成，每个字有唯一的 n 位地址。为了实现映射，将主存储器看成是由许多定长的块

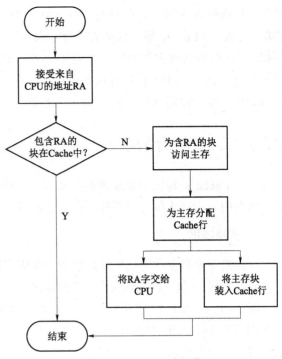

图 5-12 Cache 读操作

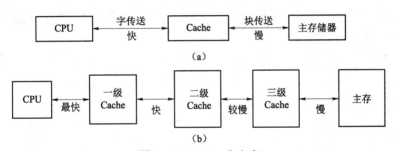

图 5-13 Cache 和主存

（a）单级 Cache；（b）多级 Cache

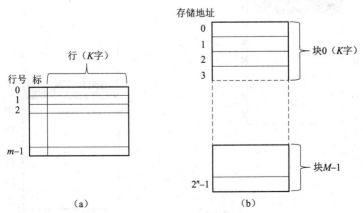

图 5-14 Cache 和主存结构

（a）Cache；（b）主存

组成，每块有 K 个字。也就是说，主存中有 $M=2^n/K$ 个块。而 Cache 中的字也分成同样大小的块，称为行（Line），每行包括 K 个字，称为行大小（Line Size），并加上了若干位标记（Tag）和控制位。若要读取主存储器块中的某个字，则包含该字的块将被传送到 Cache 的一个行中。行的数量 m 远远小于主存储器块的数目 M，因此单个行不可能永久地被某块专用。于是，行的标记通常是主存储器地址的一部分，用来识别当前存储的是哪一块。

5.3.2　Cache 行的映射

由于 Cache 的行比主存储器的块要少，因此需要一种算法来实现主存块到 Cache 行的映射。映射的方法有 3 种，即直接映射、全相联映射和组相联映射。

1. 直接映射

直接映射是将主存中的每块映射到一个固定的 Cache 行上，直接映射是最简单的映射方法。直接映射技术简单，不涉及过多的算法，实现容易，成本低廉，地址变换速度快。

图 5-15 给出了 16 个块的主存和 8 个 Cache 的直接映射情况。其中，主存的第 0 块和第 8 块只能映射到 Cache 的第 0 行，第 1 块和第 9 块只能映射到 Cache 的第 1 行⋯⋯由此，直接映射关系可以表示为

$$i = \mathrm{mod}(j, m)$$

其中，i 为 Cache 的行号；mod() 为求余函数；j 为被除数，即主存的块号；m 为除数，即 Cache 的行数。结果如表 5-5 所示。

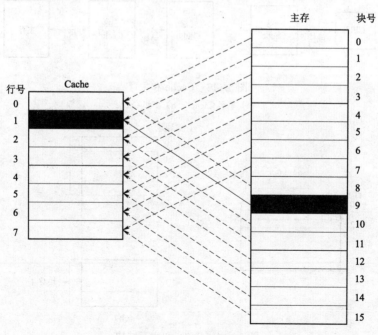

图 5-15　Cache 直接映射

表 5-5 Cache 行中主存的块分配

Cache 行（i）	对应的主存块（j）
0	$0,\ m,\ 2m,\ \cdots,\ 2^s-m$
1	$1,\ m+1,\ 2m+1,\ \cdots,\ 2^s-m+1$
$\vdots$	$\vdots$
$m-1$	$m-1,\ 2m-1,\ 3m-1,\ \cdots,\ 2^s-1$

当然，直接映射的缺点也非常明显。这种方式不够灵活，Cache 空间使用率低，映射冲突概率高。冲突是指，如果一个程序恰巧需要重复访问两个数据，而这两个数据所在的块在 Cache 中的映射行号为同一个，读取其中一个数据将导致另一个被替换出 Cache，这就意味着这两个数据访问在 Cache 中发生了冲突，那么这两个数据块将被不断地交替读到 Cache 中，这种现象称为抖动。抖动造成的结果就是，对这两个数据的访问每次都发生 Cache 缺失，每次都要从主存读入，覆盖掉另一个数据，下一次再被前一个替换掉，这使得访问无法利用 Cache 提高性能。

2. 全相联映射

全相联映射允许主存中的每一个块映射到 Cache 中的任意一行，如图 5-16 所示。全相联映射克服了直接映射的缺点，这种方式比较灵活，Cache 的冲突率低，空间利用率高，但是地址的变换速度慢，生产成本高，实现起来比较困难。

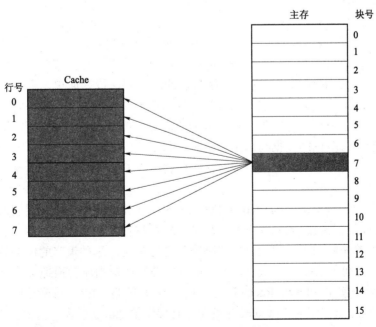

图 5-16 Cache 全相联映射

3. 组相联映射

组相联映射是将主存空间按照 Cache 大小进行分区，然后再将 Cache 和主存中每一个分组分割成大小相同的组。即对 Cache 分组，对主存先分区（按照 Cache 大小），再分组（大小与 Cache 分组相同，形成区–组两层结构）。主存中分区中的块可直接映射到 Cache 的对应组中任意行，即组间直接映射，组内全相联映射，如图 5–17 所示。

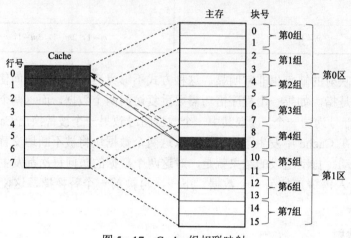

图 5–17　Cache 组相联映射

组相联映射实际上是直接映射和全相联映射的折中方案。其优点和缺点介于直接映射和全相联映射之间，综合了两者的特点。

5.3.3　替换策略

在 Cache 的使用过程中，总会遇到有主存数据需可装载的行已经被占用满的情况，这时就要有一个方法来决定哪一行的数据被替换掉。这个方法就是替换策略。

在以上提到的 3 种映射方法中，直接映射的解题方法最为简单。主存中每个块映射到 Cache 中的行是固定的，也就是说，没有替换行的选择余地，直接替换掉唯一能够进入的行的原有数据块即可。需要注意的是，在替换之前需要检查原有数据块是否已被修改过，如有则必须把原有的、修改过的数据写回主存对应单元中。

全相联映射和组相联映射方式，在替换时就会涉及 Cache 行的选择，常见的替换策略有以下几种。

（1）先进先出（First In First Out，FIFO）策略。FIFO 替换策略是按照调入 Cache 的先后决定淘汰顺序，即在替换时最先进入 Cache 的数据块将被新数据块替换掉。这种方法要求记录每一个块进入的先后顺序，然后再按照该顺序进行替换。这种策略的优点是实现容易、系统开销小；缺点是可能会把一些最早进入、但经常使用的数据块替换掉。

（2）最近最少使用（Least Recently Used，LRU）策略。LRU 策略是把近期最少使用的行作为被替换的行。该策略会为 Cache 中的每个行保留单独的索引表，当某一行被访问时，它就会移动到表头，而在表尾的行将被替换掉。该策略实现简单，是目前广泛使用的替换算法。

（3）最不经常使用（Least Frequently Used，LFU）策略。LFU 策略是替换掉 Cache 行中

被访问次数最少的数据块。这种策略需要记录 Cache 各行的使用情况，以便确定哪个行是近期使用最少的行。该策略中通常需要使用一个硬件或软件的计数器来记录 Cache 行被使用的情况，称为"年龄计数器"。要实现这个策略，需要很大的系统开销，因此应用并不广泛。

（4）随机（Random）策略。随机策略是从可选 Cache 行中随机地选择一个被新数据替换掉。这是一种不管过去、现在、将来的算法，完全随机，缺乏逻辑性，但模拟实验结果表明，随机替换算法在性能上并不比以上算法逊色多少。

5.3.4 写策略

除了读操作外，CPU 执行程序时通常也会对主存储器进行写操作。当采用 Cache 后，就存在写操作会导致 Cache 与主存内容不一致的问题。如何写回修改过的数据就称为写策略。常用的写策略有写直达法和写回法。

写直达法是指 CPU 在执行写操作时，把数据同时写到 Cache 和主存中。这种方法的优点是：可以较好地保持数据的一致性，当其他程序或设备需要从主存中调用该数据块时，将会得到修改后的新数据；而且在相应的 Cache 行被替换时，只需要直接丢弃，用新调入的数据覆盖即可，这时不必将数据写回主存。当然，这种方法的缺点也同样明显：在数据需要修改多次时，如程序中的循环结构，会增加多次不必要的写入主存的操作，这会大大降低存取速度，而且才刚刚写入的数据可能很快就会被新数据替换。

写回法是指在对数据写操作时，只把数据写回到 Cache 中，并不写入主存，只有在该数据将要被替换时才写入主存。这一方法试图取消操作中频繁写入主存的操作，以达到提高存取效率的目的。这种方法与写直达法的设计出发点正好相反，优缺点也一样。优点是大大提高了存取效率；缺点是无法保证数据的一致性。如在修改过的数据写入主存前，主存中的相应数据有可能被其他部件调用，那么其得到的将会是一个"过时"的数据。这种情况可能造成一些错误。

5.4 外部存储器

外部存储器是在计算机系统中作为外围设备安装配置的存储器。常见外部存储器有磁介质存储器（如磁盘、磁带）和光介质存储器（如光盘）。随着现代生产工艺提高、生产成本降低，半导体介质的外存储器也正在蓬勃发展，如 U 盘、固态硬盘（SSD）。

5.4.1 磁盘

硬磁盘是磁介质存储的主要代表设备，它具有存储容量大、使用寿命长、存取速度快的特点。硬磁盘包括控制器、驱动器及连接电缆等。硬磁盘驱动器由盘片、磁头、主轴电机、磁头定位结构、读写电路和控制电路等组成。

盘片通常由铝合金作为盘片基质，涂上磁性介质后作为记录数据的载体使用。一个盘片可以有两个磁性面来记录数据，一个驱动器中可以在主轴上安装多个盘片，以同心圆的形式构成盘组，达到增加存储容量的目的。

磁头是读写数据的主要设备，它可以在高速旋转的盘面上定位相应的数据存储单元，并利用电—磁原理为存储单元加磁，用以记录数据或感应电阻变化读出数据。

　　磁头写操作时，脉冲电流送入写磁头，电流通过线圈时产生磁场，形成的磁化模式被记录在磁盘表面上。写磁头是由易磁化的材料所组成的一个矩形环，一侧开有缝隙，相对的一侧绕有数圈导线，如图 5-18（a）所示。线圈中的电流在缝隙间形成一个磁场，此磁场磁化介质上的一个小区域。通过改变电流的方向，形成磁极不同的磁场，磁化出不同的磁极方向来代表数字 0、1。为了提高磁记录密度，磁场记录方式从水平记录发展为垂直记录方式，即磁场磁极在磁介质上由水平方向变为垂直方向，如图 5-18（b）所示。

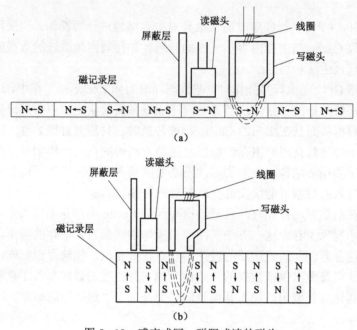

图 5-18　感应式写、磁阻式读的磁头
（a）水平记录；（b）垂直记录

　　当今常见的硬磁盘系统中，读磁头与写磁头是分离的，通常紧靠写磁头安装。读磁头由一个部分被屏蔽的磁阻（Magneto Resistive，MR）传感器组成，磁阻材料下面运动的介质的磁化方向决定了其电阻大小，电流通过 MR 传感器时，电阻发生的变化可以变换为电压信号而被检测出来。随着巨磁阻技术（Giant Magneto Resistance，GMR）的出现，大大提高了磁信号的存储密度。

　　磁头是一种较小的装置，它能读取其下方的、正在旋转的盘片上的数据，或向其写入数据。盘上的数据组织呈现为一组同心圆环，称为磁道。每个磁道与磁头同宽。每个盘面上有数千个磁道。为避免对系统提出过分苛刻的定位精度要求，相邻磁道之间有间隙。每个磁道又可以分为若干个存储数据的单元，称为扇区。当前，大多数系统使用 512 B 的扇区大小。同样，相邻扇区也留有一定间隙。图 5-19 描述了磁盘的数据分布。磁道的划分为磁头寻找制定区域提供了快捷的方式，若要将磁头从当前位置移动到指定位置，只需将磁头径向移动到指定磁道，然后等待指定扇区转到磁头下即可，整个过程耗时很少，机械结构也相对简单。

　　磁盘的扇区划分随着技术的发展在不断地改变。最早时采用的技术为恒定线速度

（Constant Linear Velocity，CLV）的划分方式。这种方式的设计初衷是让每一个磁道在读写时都能够获得恒定的线速度，也就是说，通过改变角速度使得磁头在读写不同的磁道时获得恒定的线速度，也就是主轴电机的转速需要随着磁头访问不同的磁道而做出相应的速度变化。这样做的好处是能够充分利用存储介质，让每一个存储介质都具有相同的大小。但是这样的方式对主轴的要求非常高，电机的寿命缩短。另一种方式称为恒定角速度（Constant Angular Velocity，CAV）。在 CAV 方式中磁盘盘面被划分成一系列同心圆磁道和

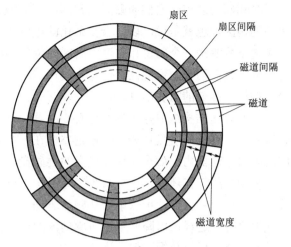

图 5-19 磁盘盘面数据分布

多个饼形扇区。主轴电机时钟以一个恒定的速度旋转，磁盘可以获得一个恒定的角速度，磁头读写的时间周期间隔是恒定的。好处是：主轴电机电路的实现简单，电机只需要以一个恒定的速度旋转即可；读写控制容易，数据单元可以简单地用磁道号和扇区号来直接寻址各个数据块。靠近旋转盘中心的位经过一固定点（如读—写磁头）的传输要比盘外沿的位慢。因此，必须寻找一种方式来补偿速率的变动，使磁头能以同样的速度读取所有的位。这可以通过增大记录在盘片区域上的信息位之间的间隔来实现。于是，以固定速度旋转的磁盘能够以相同的速率来扫描所有的信息，该速度称为恒定角速度（CAV）。图 5-20（a）所示为使用 CAV 的磁盘布局，盘面被划分成一系列同心圆磁道和多个饼形扇区。使用 CAV 的好处是：能以磁道号和扇区号来直接寻址各个数据块。CAV 的缺点是：外围的长磁道上存储的数据量与内圈的短磁道上所存储的数据量一样多。在上述 CAV 系统中，记录密度（单位距离所保存的信息位数）由内圈磁道到外圈磁道逐渐减小，因此 CAV 系统的存储容量受到了内圈最大记录密度的限制。

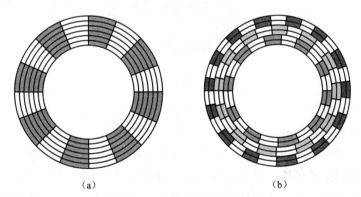

（a）   （b）

图 5-20 盘面布局方法和比较

（a）恒定角速度；（b）分区恒定角速度

综合以上两者的优缺点，现代的硬磁盘系统使用了一种称为分区恒定角速度（ZCAV）的技术，如图 5-20（b）所示，它将盘面的磁道按线速度划分区域。在每一个区域中，包含

若干个相邻的磁道，它们的扇区数相同；而区域之间，远离中心的区域要比靠近的区域容纳更多的扇区。也就是说，以适当复杂化的电路为代价，适当地提高存储容量。当然，在不同角速度下要明确一个磁道和磁道内扇区的位置，必须有辨识磁道和扇区的起点和终点的方法，这主要通过在磁盘上设置控制信息来实现。磁盘格式化时，会附有一些仅被磁盘驱动器识别而不被用户存取的附加信息。

磁盘存储结构组成除了盘片还有驱动器。驱动器主要包括电机、读写磁头、读写电路和机械臂等。有的磁盘盘片和驱动器是整合在一起的，盘片不可更换，磁盘盘片永久安装在密闭的磁盘驱动器内，如个人计算机上的硬磁盘就是这种类型，它的优点是可以为磁盘提供一个十分洁净的工作环境，这可减少读写干扰、延长磁盘使用寿命；而可更换磁盘则是盘片和驱动器分离，磁盘盘片可以单独从磁盘驱动器内取出，可用另一张盘片替换，如软盘和 ZIP 盒式磁盘等，这样可以降低用户对驱动器的投入，只需简单地购买替换盘片，就可以方便地携带、转移、保管数据，但是这样的方式往往由于工作环境的不可控，使用寿命非常短，这类的存储方式现在已被淘汰。

硬磁盘的盘片可以在两面都设置可磁化的涂层，这样的盘面称为双面磁盘。此外，硬磁盘驱动器内还可垂直安装多个盘片，磁头则安装在多个可同步移动的机械臂上，一个磁头对应读写一个盘面，以达到提高存储容量、简化机械结构的目的，如图 5-21 所示。这种磁盘在任何时刻，所有磁头都位于与盘片中心等距离的各面磁道上，而所有盘片上具有相同的相对位置的一组磁道称为一个柱面。

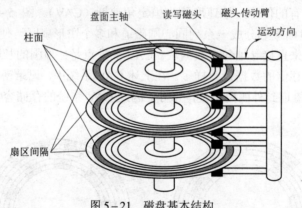

图 5-21　磁盘基本结构

而按照磁头与盘面的距离，又可以将磁盘分为接触式、非接触式两类。接触式是读写头在操作时与磁盘表面物理接触，这种机制由于读写磁头与盘面物理接触，在盘面高速旋转时，磁头很容易对磁性涂层造成物理损坏。非接触式即是指读写磁头不与涂层物理接触，而是存在一定的间隔。间隔的距离往往决定该读写磁头对磁场感应的灵敏度，所以这个间隔越近越好。非接触式又分为固定间隙式和空气动压气隙式。固定间隙式指读写磁头与磁盘盘面具有固定的、刚性的间隙。此外还有空气动压气隙式磁头，由于盘片的高速旋转，磁头被气压推动起来，悬浮于距盘面很近的一个位置上。此类磁盘的磁头与盘面间隙更小，磁头体积更小，带来的好处是磁道数量更多、存储容量更大。但是这类磁盘也对外部环境提出了更加苛刻的要求，故通常被密封在一个纯净的环境中，这也就是温彻斯特（Winchester，温氏）磁盘。

5.4.2 光盘

光盘是利用光反射原理，用来记录数据的存储器，被用作计算机系统的外部存储器。通常情况下光盘的盘片和驱动器是分离的，因此数据的传递变得便捷。光盘有多种类型，主要包括压缩光盘（CD）、数字多用途光盘（DVD）和蓝光光盘（Blueray－Disc）。

1. 压缩光盘

压缩光盘（Compact Disc）最开始是从唱片工业兴起的，它不但能够提供很大的存储容量，而且能够与驱动器的盘片分离，生产成本低廉，便于运输和携带，因此很快就广泛应用于计算机系统中，成为个人计算机上的常见外部存储器之一。在其诞生后很长一段时间里，各种软件都是以压缩光盘为载体发布的。

根据载体内容是否可改写，压缩光盘分为只读光盘（CD－ROM）、可写入一次的光盘（CD－R）以及可重写光盘（CD－RW）。

（1）CD－ROM。音频 CD 和 CD－ROM 两者采用类似的技术，两者盘体都由树脂材料制作，以数字形式记录信息，这些信息以微凹坑的形式刻录在盘体表面。主要区别是 CD－ROM 播放器具备纠错设备来保证计算机能够读取到正确的数据。

在批量生产过程中，则是先制作具有相应数据点的母盘模板，再用模板压印复制品，最后在凹坑表面镀上一层高反射材料，涂上一层树脂材料防灰尘或划伤，再在树脂上印制标签。这种生产方式效率极高，单位成本极低。

从 CD 或 CD－ROM 上读取信息时，光盘驱动器内的激光头使用低强度激光束扫描光盘，从转动的盘片上感应凹坑和台（凹坑边缘之间的区域），对应形成二进制信息的 1 和 0。如图 5－22 所示，激光束经过凹坑边缘时，激光散射，反射强度降低，激光头感应到强度变化，将一个凹坑的开始或结束记为 1；经过台的时候，激光强度不变，记为 0。

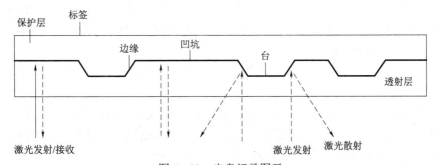

图 5－22　光盘记录图示

与磁盘不同，光盘盘片的信息组织不是使用同心圆的道来组织，而是整个盘面上的一条螺旋式的数据轨道，从盘面近中心的位置开始，螺旋式地向盘片外沿延伸。另外，为了提高数据的存储密度，光盘的数据区域常是以 CLV 的形式分布在盘片上的，并以此种方式被驱动器读出。可见，激光头在读取内道数据和外道数据时，光盘的旋转角速度是不一样的，读取内道数据时角速度最大，读取外道数据时角速度最小。常见的 CD－ROM 数据容量为 680～780 MB，坑深 0.11～0.13 μm，轨道间距 1.6 μm，线速度 1.2 m/s。

CD-ROM 上的数据被组织成若干系列块，典型的块格式如图 5-23 所示。

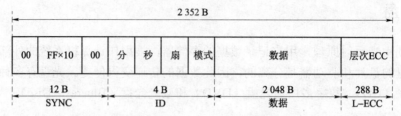

图 5-23 CD-ROM 块格式

① SYNC。标志一个块的开始，共占用 12 B，首字节和尾字节全 0，其余为全 1。

② ID。共 4 B，包含块地址和模式字节，模式 0 表示一个空的数据域，模式 1 表示使用 2 048 B 的数据和 288 B 纠错码，模式 2 表示 2 336 B 的用户数据，无纠错码。

③ 数据。用户数据，共 2 048 B。

④ L-ECC。共 288 B，模式 1 为纠错码，模式 2 为附加用户数据。

CD-ROM 母盘模板制作成本高，不适合单用户、小批量制作。但是在母盘模板制作完成后，后续副本的生产成本极低，大批量的生产复制能够大大降低单位生产成本，因此非常适合大批量的数据发布。CD-ROM 的主要优点如下。

① 存储容量大，单位存储成本更低。

② 压缩光盘批量复制效率高、价格低，保存和运输方便。

③ 驱动器和存储介质分离，光盘可更换，用户可以用一个驱动器读取多个光盘，也可以用一个光盘在不同用户、不同驱动器之间传递数据。

CD-ROM 的缺点也很突出。首先，它只能读不能写；其次，CD-ROM 读取速度相对较慢。

（2）CD-R。可以在特殊光盘上的空白区域进行一次性地数据写入。CD-R 的工作原理是用适当强度的激光，在光滑的盘面上烧录出与数据对应的信息点，这个过程称为刻录。

CD-R 的驱动器控制较复杂，价格较高。CD-R 的存储介质类似于 CD-ROM，当然也比其多了一个改变激光的反射率的染色层，染色层会在刻录过程中被损坏。刻录生产出的光盘同样能够在 CD-ROM 驱动器上读出。

CD-R 光盘一次性写入后可以多次读出，便于长久保存。适用于小批量数据生成、转移、保存，常用于大批量文档数据的归档存储。

（3）CD-RW。可重写光盘，可重复地写和改写。与 CD-ROM 和 CD-R 相比，CD-RW 的明显优势在于能够反复写入，因此可作为真正的辅助存储器。这种光盘的关键优点是：其容错性比大容量磁盘好得多，因此它具有较高的可靠性和较长的使用寿命。

2. 数字多用途光盘

数字多用途光盘（Digital Versatile Disc，DVD）是一种能够存储高质量音视频信号和大容量数据的光盘产品。最早是作为模拟视频录像带的替代产品，不过很快也替代了 CD-ROM。DVD 的外观与 CD 相差无几，但是容量却是 CD-ROM 的 7～26 倍。

DVD 之所以具有更大容量，主要有以下几个原因。

① 数据轨道排列更紧凑，轨道内凹坑尺寸更小。DVD 数据轨道间距为 0.74 μm，最小

凹坑长度仅为 0.4 μm。

② 采用了新的压缩技术,最大限度地减少了重复信息和冗余数据。

③ 采用了分层和双面技术。分层是指在同一个数据轨道内具有两个不同的数据层;双面技术是指一张光盘可以在两面记录数据。单面单层 DVD 光盘存储容量为 4.7 GB,而双面双层 DVD 光盘的存储容量高达 18 GB。

DVD 同样也有只读的 DVD-ROM 和可写的 DVD-RW 两种,并且 DVD 的驱动器同样可以读取 CD 光盘。

5.4.3 虚拟存储器

虚拟存储器是由主存和联机工作的外部存储器(通常为性能较高的磁盘存储器)共同组成的,两个存储器在硬件和软件的共同管理下,被看作是一个单一的存储器使用。

虚拟存储器将主存和辅存空间进行统一编址,从逻辑上形成一个容量远大于主存的存储空间,以达到对主存扩容的目的。在这个空间里,用户可以自由编程,而不必考虑数据的实际存放位置。虚拟存储器统一编制的地址称为虚地址或逻辑地址,其中实际主存(物理内存)的地址称为实地址或物理地址。通常虚地址远远大于实地址。

程序运行时,CPU 以虚地址来访问主存,由硬件找出虚地址和实地址的对应关系,并判断出与虚地址对应的存储单元的数据是否已装入主存。如果该单元数据已在主存中,则做地址变换,直接访问主存中对应的数据单元;否则将包含所需数据的一个页或一个程序段调入主存,然后访问。在数据从辅存向主存调入过程中,如果主存已满,则按照替换算法将主存中暂不运行的数据块替换回辅存。从上面的过程中可以看出,虚拟存储器和 Cache—主存组成的存储结构相似,而事实上也确实如此。所以也可以把虚拟存储器看成另一个 Cache—主存结构,所不同的是 Cache—主存结构在 CPU 近端,主要解决主存的运行速度问题,由硬件实现管理,对程序开发者是透明的;虚拟存储器在 CPU 远端,主要解决主存的容量问题,由硬件与软件相结合的方式实现管理,对程序开发者是不透明的,仅对程序使用者透明。

1. 分页机制

在分页的虚拟存储管理机制中,虚拟存储空间(包括主存和辅存)被划分为若干个大小相等的连续数据块,称为页。这其中主存中的页称为实页,辅存中的页称为虚页。每个页都有相同的尺寸,也都有一个虚地址与之对应。一般情况下,一个页可以包含程序指令或数据,但是不能同时包含两者,通常包含程序指令的页称为代码页,包含数据的页称为数据页。

程序中虚地址主要包含两个字段,即虚页号和页内地址。而从虚地址变换为实地址的过程则由页表来实现。页表是一张存放在主存中的虚页号和实页号的对照表,记录着程序中虚页调入主存时在主存中的位置。页表中每一行记录着与某个虚页对应的若干信息,主要包括虚页号、装入位置、装入位和实页号等。装入位若为 1,表示该页面已经在主存中,只需将对应的实页号与虚地址中的页内地址拼接就能够得到实地址;装入位若为 0,表示该页不在主存中,需要将该页从辅存中调入主存,然后才能提供给 CPU 使用。在此过程中可以预见,CPU 访问虚拟存储时需要先检查页表,如果访问的内容不在主存中,还要进行页面替换和页表修改,那么这时的访问次数将会增多。

虚拟存储器的分页机制优先考虑存储空间的有效分割，每页的长度固定，但忽略了程序的逻辑性，页并不是逻辑上的独立实体。在此机制中，页表的建立很方便，新页的调入也容易实现。但是程序却不可能正好是页面的整数倍，最后一页的空余空间常常被浪费，而且程序也不可能正好被一个页完全包含，这使得程序的处理、保护、共享都比较麻烦。

2. 分段机制

在分段的虚拟存储管理机制中，虚拟存储空间按照程序的逻辑结构划分为若干个大小长度不相等的块，称为段。每个段的长度因程序而异，所以段的长度长短不一。

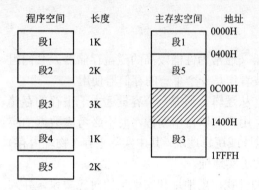

段号	段起点	装入位	段长
1	0000H	1	1K
2		0	
3	1400H	1	3K
4		0	
5	0400H	1	2K

图 5-24　程序在主存中的分配

同分页机制存在页表一样，分段机制中也存在一个段表。段表通常在主存中，表中记录了每一个段的若干信息，包括段号、装入位、段起点、段长等信息。段号为虚拟段号；装入位为 1 时，表示段已调入主存，为 0 时则表示不在主存中；段起点和段长共同表示了段的存储位置。段表是程序的逻辑结构段和主存存放位置的关系对照表，如图 5-24 所示。

程序编写中的虚地址应包含两个部分，即高位的段号和低位的段内地址。CPU 根据虚地址访问虚拟存储时，先将段号与段表的起始地址拼接，得到段表对应行的地址，然后根据段表装入位信息判断该段是否已调入主存，若是则将该段的起始地址和信息的段内地址相加，得到对应的主存实地址。

由于段是按照程序的自然分界进行划分的，所以具有逻辑独立性，便于程序的编译、管理、修改、保护和共享。但是也因为分段长度大小不一，起点和终点位置不定，主存在空间分配上比较麻烦，而且在替换中需要判断替换腾出的空间是否足够装入新的段，也容易在段间留下不能利用的空间，造成浪费。

3. 段页式虚拟存储器

综合分页、分段的优缺点，便产生了一种段页式的虚拟存储器。它将程序按照逻辑结构分段，然后每个分段再划分成若干个大小相等的页；主存空间则被划分成若干个同样大小的页。在分段中必须保证段的长度是页的整数倍，段起点为某个页的起点。

在虚拟存储和物理内存间以页为基本单位传送数据，每个程序对应一个段表，每个段又对应一个页表。在 CPU 访问时，虚地址就需要包含段号、段内页号、页内地址 3 个部分，即 CPU 要访问到指定的地址，必须要通过一个段表和若干个页表来完成。在地址管理中，先将段表起始地址和段号合成为段表地址，然后与段表中的页表起始地址合成为页表地址，最后与页表中取出的实页号、页内地址合成为实地址。

段页式存储器综合了段式、页式存储器的优点，对存储空间的利用比较充分，同时又保证了数据分块符合程序的逻辑，便于数据的管理、保护、分享，但是对存储的访问需要经过两级查表才能完成，花费的时间较多。

最后，需要注意的是，在虚拟存储器中，如果没有其他措施，那么 CPU 访问主存的速度将要成倍数降低。这主要是因为段表和页表都存放在主存中，无论采取何种机制，如果访问一次主存，就要先增加一次访问段表或页表的操作，尤其是段页式存储器则增加一次段表访问和一次页表访问操作。这将使主存的访问速度降低到原来的 $\frac{1}{3} \sim \frac{1}{2}$。

如要加快访问虚拟存储的速度，就必须设法提高查表速度。由程序局部性的特点可知，在一段时间内，对页表的访问往往局限在少数几个存储字，也不是完全随机的。为了减少访问页表的时间，很多计算机系统将页表分为快表和慢表。慢表是相对快表而言的，它是指存放在主存中的页表；相对地，快表指一个存放最常用页表信息的页表，它通常存放在一个小容量的高速存储器中。快表只是慢表的一个副本，只存放了慢表中很少一部分，存取速度较慢表要快很多。实际上，快表和慢表也构成了一个两级存储器组成的存储系统。CPU 访问存储器时，先查快表，若不命中，再到慢表中查询。

第6章

指令系统

6.1 机器指令

6.1.1 机器指令的发展

计算机系统一般主要由硬件（Hardware）和软件（Software）两部分组成。硬件就是由中央处理器（CPU）、存储器以及外部设备等组成的实际装置。软件则是为了用户使用计算机而编写的各种程序，最终转换成一系列机器指令后在计算机上执行。

计算机的性能与它所设置的指令系统有很大的关系，而指令系统的设置又与机器的硬件结构密切相关。通常性能较好的计算机都设置有功能齐全、通用性强、指令丰富的指令系统，但需要复杂的硬件结构来支持。

随着集成电路的发展和计算机应用领域的不断扩大，计算机的软件价格不断提高，为了继承已有的软件，减少软件的开发费用，人们迫切需要各个机器上的软件可以兼容，以便在旧机器上编制的各种软件也能在新的、性能更好的机器上正常运行，因此，20世纪60年代出现了系列计算机。系列计算机能解决软件兼容问题的必要条件是该系列的各种计算机有共有的指令系统。

指令系统是计算机硬件的语言系统，也叫机器语言，指计算机所能识别和执行的全部指令的集合，它是软件和硬件的主要界面，反映了计算机所拥有的基本功能。从系统结构的角度看，它是系统程序员看到的计算机的主要属性。因此指令系统表征了计算机的基本功能，决定了机器所要求的能力，也决定了指令的格式和机器的结构。设计指令系统就是要选择计算机系统中的一些基本操作（包括操作系统和高级语言中的）应由硬件实现还是由软件实现，选择某些复杂操作是由一条专用的指令实现还是由一串基本指令实现，然后具体确定指令系统的指令格式、类型、操作以及对操作数的访问方式。

指令系统的发展经历了从简单到复杂的演变过程。早在20世纪50—60年代，计算机大多采用分立元件的晶体管或电子管组成，其体积庞大，价格也很昂贵，因此计算机的硬件结构比较简单，所支持的指令系统也只有十几至几十条最基本的指令，而且寻址方式简单。

在 20 世纪 70 年代，高级语言已成为大、中、小型机的主要程序设计语言，计算机应用日益普及。由于软件的发展超过了软件设计理论的发展，复杂的软件系统设计一直没有很好的理论指导，导致软件质量无法保证，从而出现了所谓的"软件危机"。人们认为，缩小机器指令系统与高级语言语义差距，为高级语言提供很多的支持，是缓解软件危机有效和可行的办法。计算机设计者们利用当时已经成熟的微程序技术和飞速发展的超大规模集成电路技术，增设各种各样复杂的、面向高级语言的指令，使指令系统越来越庞大。这是几十年来人们在设计计算机时，保证和提高指令系统有效性方面传统的想法和做法。一般不同内核的计算机具有不同的指令集，但同一厂家的计算机指令往往向下兼容，即高级的机种能够执行所有低级机种的指令；反之则不然。例如，Intel 公司的"奔腾""酷睿"能够执行 8086 的指令集，而 8086 则不可以执行"酷睿"的指令集。

指令系统的改进是围绕缩小指令与高级语言的语义差异及有利于操作系统的优化而进行的。例如，高级语言中的实数计算是通过浮点运算实现的，因此，对于用作科学计算的计算机来说，如果能设置浮点运算指令可显著提高运算速度；为了便于程序嵌套，设置了调用指令（Call）和返回指令（Return）等。这些措施都是为了提高机器运算速度以及便于高级语言程序编译而采取的。然而，指令结构太复杂也会带来一些不利因素，比如设计周期长、正确性难以保证且不易维护等缺点。此外，实验证明，指令系统中只有如算术运算、逻辑运算、数据传送和子程序调用等几十条基本的指令才经常使用，而需要大量硬件支持的大多数较复杂的指令却利用率很低，造成资源浪费。为解决这个问题，人们提出了精简指令系统计算机（RISC）。

6.1.2 指令格式

计算机的指令格式与机器的字长、存储器的容量及指令的功能都有很大的关系。从便于程序设计、增加基本操作并行性、提高指令功能的角度来看，指令中应包含多种信息。但在有些指令中，由于部分信息可能无用，将浪费指令所占的存储空间，并增加了访存次数，也许反而会影响速度。因此，如何合理、科学地设计指令格式，使指令既能给出足够的信息，又使其长度尽可能地与机器的字长相匹配，以节省存储空间，又能缩短取指时间，提高机器的性能，这是指令格式设计中的一个重要问题。

计算机是通过执行指令来处理各种数据的。为了指出数据的来源、操作结果的去向及所执行的操作，一条指令必须包含下列信息。

（1）操作码。它具体说明了操作的性质及功能。一台计算机可能有几十条至几百条指令，每一条指令都有一个相应的操作码，计算机通过识别该操作码来完成不同的操作。

（2）操作数的地址。CPU 通过该地址就可以取得所需的操作数。

（3）操作结果的存储地址。把对操作数的处理所产生的结果保存在该地址中，以便再次使用。

（4）下一条指令的地址。执行程序时，大多数指令按顺序依次从主存中取出执行，只有在遇到转移指令时，程序的执行顺序才会改变。为了压缩指令的长度，可以用一个程序计数器（Program Counter，PC）存放指令地址。每执行一条指令，PC 的指令地址就自动 +1（设该指令只占一个主存单元），指出将要执行的下一条指令的地址。当遇到执行转移指令时，则用转移地址修改 PC 的内容。由于使用了 PC，指令中就不必明显地给出下一条将要执行指令的地址。

一条指令实际上包括两种信息，即操作码和地址码。操作码（Operation Code，OP）用来表示该指令所要完成的操作（如加、减、乘、除、数据传送等），其长度取决于指令系统中的指令条数。地址码用来描述该指令的操作对象，它或者直接给出操作数，或者指出操作数的存储器地址或寄存器地址（即寄存器名）。一条指令就是机器语言的一个语句，它是一组有意义的二进制代码，指令的基本格式如：操作码+字段地址+码字段，其中操作码指明了指令的操作性质及功能，地址码则给出了操作数或操作数的地址。

各计算机公司设计生产的计算机，其指令的数量与功能、指令格式、寻址方式、数据格式都有差别，即使是一些常用的基本指令，如算术逻辑运算指令、转移指令等也是各不相同的。因此，尽管各种型号计算机的高级语言基本相同，但将高级语言程序（如 C 语言程序）编译成机器语言后，其差别也是很大的。因此将用机器语言表示的程序移植到其他机器上去几乎是不可能的。从计算机的发展过程已经看到，由于构成计算机的基本硬件发展迅速，计算机的更新换代是很快的，这就存在软件如何跟上的问题。大家知道，一台新机器推出交付使用时，仅有少量系统软件（如操作系统等）可提交用户，大量软件是不断充实的，尤其是应用程序，还有相当一部分是用户在使用机器时不断产生的，这就是第三方提供的软件。为了缓解新机器的推出与原有应用程序的继续使用之间的矛盾，1964 年在设计 IBM 360 计算机时所采用的系列机的思想较好地解决了这一问题。从此以后，各个计算机公司生产的同一系列的计算机尽管其硬件实现方法可以不同，但指令系统、数据格式、I/O 系统等保持相同，因而软件完全兼容（在此基础上，产生了兼容机）。当研制该系列计算机的新型号或高档产品时，尽管指令系统可以有较大的扩充，但仍保留了原来的全部指令，保持软件向上兼容的特点，即低档机或旧机型上的软件不加修改即可在比它高档的新机器上运行，以保护用户在软件上的投资。

根据地址码部分所给出地址的个数，指令格式可分为以下几种。

1. 零地址指令

格式：| OPCODE |

OPCODE——操作码。

指令中只有操作码，不涉及操作数及操作数地址。这种指令有以下两种可能。

（1）无须任何操作数。如 NOP 空指令、HLT 暂停指令等。

（2）所需的操作数是隐含的。如堆栈结构计算机的运算指令，所需的操作数隐含在堆栈中，由堆栈指针 SP 默认指出，操作结果仍然放回堆栈中，PUSH、POP 指令都是零地址指令。

2. 单地址指令

格式：

OPCODE——操作码；

A——操作数的存储器地址或寄存器编号。

指令中只给出一个地址，该地址既是操作数的地址，又是操作结果的存储地址。如 INC 加 1、NEG 减 1 和移位等单操作数指令均采用这种格式，对这一地址所指定的操作数执行相应的操作后，产生的结果又存回该地址中。操作如下：

（ACC）OP（A）→ACC

OP（A）→A

3. 二地址指令

格式： | OPCODE | A_1 | A_2 |
|---|---|---|

OPCODE——操作码；

A_1——第一个源操作数的存储器地址或寄存器编号；

A_2——第二个源操作数和存放操作结果的存储器地址或寄存器编号。

这是最常用的指令格式，两个地址给出两个源操作数地址，其中一个还是存放结果的目的地址。对两个源操作数执行操作码所规定的操作后，将产生的结果存入目的地址中。例如，操作（A_1）OP（A_2）→A_1，其中 A_1 为目的操作数，A_2 为源操作数。

4. 三地址指令

格式： | OPCODE | A_1 | A_2 | A_3 |
|---|---|---|---|

OPCODE——操作码；

A_1——第一个源操作数的存储器地址或寄存器编号；

A_2——第二个源操作数的存储器地址或寄存器编号；

A_3——操作结果的存储器地址或寄存器编号。

其操作是对 A_1、A_2 指出的两个源操作数进行操作码（OPCODE）所指定的操作，产生的结果存入 A_3 中。

5. 四地址指令

格式： | OPCODE | A_1 | A_2 | A_3 | A_4 |
|---|---|---|---|---|

OPCODE——操作码；

A_1——第一个源操作数的存储器地址或寄存器编号；

A_2——第二个源操作数的存储器地址或寄存器编号；

A_3——操作结果的存储器地址或寄存器编号；

A_4——用于指示下一条要执行指令的地址。

其操作是对 A_1、A_2 指出的两个源操作数进行操作码（OPCODE）所指定的操作，产生的结果存入 A_3 中，即（A_1）OP（A_2）→A_3，当前指令结束后继续执行 A_4 指出的下一条指令。

在某些性能较好的大、中型机甚至高档小型机中，往往设置一些功能很强的、用于处理成批数据的指令，如字符串处理指令、向量/矩阵运算指令等。为了描述一批数据，指令中需要多个地址来指出数据存放的首地址、长度和下标等信息。例如，CDC STAR－100 的矩阵运算指令，其地址码部分有 7 个地址段，用以指出用于计算的两个矩阵的存储情况及结果的存

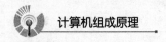

放情况。

以上所述的几种指令格式并非所有的计算机机型都具有。零地址、单地址和两地址指令有指令短、执行速度快、硬件实现简单等特点，多为结构简单、字长较短的小型机、微型机所采用；而两地址、三地址和四地址指令具有功能强、便于编程等特点，多为字长较长的大、中型机所采用。但也不能一概而论，因为这还与计算机本身的功能有关，如停机指令不需要地址，不管什么机型都是这样的。

在计算机中，指令和数据一样都是以二进制码的形式存储的，从表面来看，两者没有什么差别。但是，指令的地址是由程序计数器（PC）规定的，而数据的地址是由指令规定的，在 CPU 控制下访问存储绝对不会将指令和数据混淆。为了使程序能重复执行，一般要求程序在运行前后所有的指令都保持不变，因此在程序执行过程中，要避免修改指令。在有些计算机中如发生了修改指令情况，则按出错处理。

6.1.3 指令操作码

指令操作码的长度决定了指令系统中完成不同操作的指令条数。若某机器的操作码长为 K 位，则它最多只能有 2^K 条不同指令。指令操作码通常有两种编码格式。

（1）定长编码，即操作码的长度固定，且集中放在指令字的一个字段中。这种格式对于简化硬件设计，在字长较长的大、中型机和超级小型机以及 RISC 上广泛采用。

（2）变长编码，即操作码的长度可变，且分散地放在指令字的不同字段中。这种格式能够有效地压缩程序中操作码的平均长度，在字长较短的微型机上广泛采用，如 Intel 8086/Pentium 等，操作码的长度都是可变的。

显然，操作码长度不同将增加指令译码和分析的难度，使控制器的设计复杂化，因此对操作码的编码至关重要。在满足需要的前提下，有效地缩短指令字长，通常采用扩展操作码技术进行变长编码。扩展操作码就是当指令字长一定时，设法使操作码的长度随地址数的减少而增加，这样地址数不同的指令可以具有不同长度的操作码，从而可以充分利用指令字的各个字段，在不增加指令长度的情况下扩展操作码的长度，使有限字长的指令可以表示更多的操作类型。下面举例说明如何采用扩展操作码技术设计变长操作码。

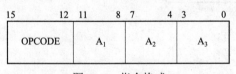

图 6-1　指令格式

设某机的指令长度为 16 位，其中操作码为 4 位，具有 3 个地址字段，每个地址字段长为 4 位。其指令格式如图 6-1 所示。

如果按照定长编码的方法，4 位操作码只能表示 16 条三地址指令。如果系统中除了地址指令外，还具有二地址、单地址和零地址指令，且要求 15 条三地址指令、15 条二地址指令、15 条单地址指令和 16 条零地址指令，则采用定长编码的方法是不可能满足要求的，这就需要采用变长操作码的方式设计操作码。

首先从三地址指令开始编码，由图 6-2 可以看出，三地址指令的操作码部分为 4 位，可以采用 0000～1111 这 16 种编码，因为只需要 15 条三地址指令，所以用编码 0000～1110 表示，而编码 1111 可以用来区分是否为三地址指令的标志。对于二地址指令，由于少用一个地址字段，所以操作码部分可以扩展到 A_1 部分，这时 15 条二进制指令的编码可以定义为

11110000～11111110，编码 11111111 作为区分是否为二地址指令的标志。由此可见，当操作码的高 4 位为 1111 时，表示操作码已经扩展到 A_1 部分。对于单地址指令，操作码部分可以扩展到 A_2 部分，这时 15 条单地址指令的编码定义为 111111110000～111111111110，编码 111111111111 作为区分是否为单地址指令的标志。对于零地址指令，由于不需要地址字段，所以操作码部分可以扩展到整个指令字长，16 条零地址指令的编码可以定义为 1111111111110000～1111111111111111。

OPCODE	A1	A_2	A_3
0000	A_1	A_2	A_3
0001	A_1	A_2	A_3
⋮	⋮	⋮	⋮
1110	A_1	A_2	A_3

4位操作码，15条三地址指令

1111	0000	A_2	A_3
1111	0001	A_2	A_3
⋮	⋮	⋮	⋮
1111	1110	A_2	A_3

8位操作码，15条二地址指令

1111	1111	0000	A_3
1111	1111	0001	A_3
⋮	⋮	⋮	⋮
1111	1111	1110	A_3

12位操作码，15条单地址指令

1111	1111	1111	0000
1111	1111	1111	0001
⋮	⋮	⋮	⋮
1111	1111	1111	1110

16位操作码，15条零地址指令

图 6-2 扩展操作码的实例

除了这种方法以外，还有其他多种扩展方法，如可以形成 15 条三地址指令、14 条两地址指令、31 条单地址指令和 16 条零地址指令，共 76 条指令。在变长编码的指令系统设计中，到底使用何种扩展方式有一个重要原则，就是使用频率（即指令在程序中出现的概率）高的指令应分配短的操作码；使用频率低的指令相应地分配较长的操作码。这样不仅可以有效地缩短操作码在程序中的平均长度，节省存储器空间，而且缩短了经常使用指令的译码时间，因而可以提高程序的运行速度。

【例 6-1】设机器指令字长为 16 位，指令中地址字段的长度为 4 位。如果指令系统中已有 11 条三地址指令、72 条二地址指令和 64 条零地址指令，请问最多还能规定多少条单地址指令？

解 三地址指令的地址字段共需 12 位，指令中还可以有 4 位用于操作码，可以规定 16 条三地址指令。因为现有 11 条三地址指令，所以还剩下 16-11＝5 个编码用于二地址指令。

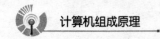

二地址指令的地址字段共需 8 位，可有 8 位操作码，去掉三地址指令用掉的操作码，可规定 5×16＝80 条二地址指令。现有 72 条二地址指令，所以还有 80－72＝8 个编码用于单地址指令。

单地址指令的地址字段共需 4 位，有 12 位操作码，去掉二地址、三地址指令用掉的操作码，可规定 8×16＝128 条单地址指令。

由于要求有 64 条零地址指令，而 4 位操作码只能提供 16 条指令，所以需要由单地址指令提供 64/16＝4 个操作码编码，构成 4×16＝64 条零地址指令。因此还能规定 128－4＝124 条单地址指令。

因此，采用扩展操作码技术，使操作码的长度随地址数的减少而增加，即不同地址数的指令可以具有不同长度的操作码，从而可以有效地缩短指令字长。指令操作码扩展技术是一种重要的指令优化技术，它可以缩短指令的平均长度、增加指令字所能表示的操作信息。但指令操作码扩展技术需要更多的硬件支持，它的指令译码更加复杂，使控制器设计难度增大。

6.1.4　指令字的长度

字长是指计算机能直接处理的二进制的数据位数，它与计算机的功能和用途有很大的关系，是计算机的一个重要技术指标。首先，字长决定了计算机的运算精度，字长越长计算机的运算精度越高，因此，高性能计算机的字长较长，而性能差的计算机字长相对要短一些。其次，地址码长度决定了指令的直接寻址能力，若为 n 位则直接地址寻址为 $2n$ 字节。这对于字长较短的（8 位机）微型机来说，远远满足不了实际需要。扩大寻址能力的方法：一是通过增加机器字长来增加地址码的长度；二是采用地址扩展技术，把存储空间分为若干个段，用基地址加偏移量的方法来增加地址码的长度。为了便于处理字符数据和尽可能地充分利用存储空间，一般机器的字长都是字节长度（即 8 位）的 1、2、4 或 8 倍，也就是 8、16、32 或 64 位。例如，20 世纪 80 年代的微型机字长多为 8 位、16 位和 32 位，如今多采用 64 位机。因此，一个字中可以存储 1、2、4 或 8 个字符。随着集成度的提高，机器字长也在增加，16 位微型计算机已经基本被淘汰。

指令的长度主要取决于操作码的长度、操作数地址的长度和操作数地址的个数。由于操作码的长度、操作数地址的长度及指令格式不同，各个指令的长度不是固定的，但也不是任意的。为了充分利用存储空间，指令的长度通常为字节的整数倍。如 Intel 8086 的指令长度为 8、16、24、32、40 和 48 位 6 种。

指令的长度和机器的字长没有固定的关系，它既可以小于或等于机器的字长，也可以大于机器的字长。前者称为短格式指令，后者称为长格式指令，一条指令存放在地址连续的存储单元中。在同一台计算机中可能既有短格式指令又有长格式指令，但通常是把最常用的指令如算术逻辑运算指令设计成短格式指令，以便节省存储空间和提高指令的执行速度。

6.2　寻 址 方 式

计算机系统在程序执行过程中，操作数可能在运算部件的某个存储器或寄存器中，也有可能在指令中。因此，指令必须给出操作数的地址信息以及取下一条指令必需的指令地址信息。寻址方式指的是确定本条指令的数据地址及下一条要执行的指令地址的方法，它与计算机硬件结构紧密相关，而且对指令格式和功能有很大的影响。从程序员的角度来看，寻址方式与汇编程序设计的关系极为密切，甚至和高级语言的编译程序设计也同样密切。根据所需的地址信息不同，寻址实际可以分为指令地址的寻址方式和操作数地址的寻址两部分。

　　寻址方式是指令系统的一个重要部分，对指令格式和指令功能设计都有很大的影响。有的计算机寻址种类较少，因此可在指令的操作码中直接表示出寻址方式；有的具有多种寻址方式，所以需要在指令中专门设置一个寻址字段来表示寻址方式和地址信息。不同的计算机有不同的寻址方式，但寻址的基本原理都是相同的。因此，本节将对几种广泛采用的基本寻址方式进行讨论。

6.2.1　指令的寻址方式

　　通常情况下，程序都是按照指令序列顺序执行的，因此指令地址的寻址方式比较简单。因为现代计算机均利用程序计数器 PC 跟踪程序的执行并指示将要执行的指令地址，所以程序启动时，通常由系统程序直接给出程序的起始地址并送入 PC；程序执行时，可采用以下两种方式改变 PC 的值，完成下一条要执行指令的寻址。

1. 顺序方式

　　顺序方式是采用 PC 增量的方式形成下一条指令地址。因为程序中的指令在内存中通常是顺序存放的，所以当程序顺序执行时，将 PC 的内容按一定的规则增量，即可形成下一条指令地址。增量的多少取决于一条指令所占的存储单元数。采用顺序方式进行指令地址寻址时，CPU 可按照 PC 的内容依次从内存中读取指令。

2. 跳跃方式

　　跳跃方式是当程序发生转移时，根据指令的转移目标地址修改 PC 的内容。当程序需要转移时，由转移类指令产生转移目标地址并送入 PC，即可实现程序的转移。转移的目标地址形成各自方法，大多与操作数的寻址方式相似。

6.2.2　操作数的寻址方式

　　形成操作数有效地址的方法称为操作数的寻址方式。由于大型机、小型机和微型机结构不同，从而形成了各种不同的操作数寻址方式。因为操作数的存放不如指令的存放有规律，操作数可能在主存或寄存器中，还可能就在指令中，而且有的数据是原始数据，有的是中间结果，有的则是公用数据，因此操作数地址的寻址往往比较复杂。另外，随着程序设计技巧的发展，为提高程序设计质量，也希望能提供多种灵活的寻址方式。所以一般讨论寻址方式时，主要都是讨论操作数地址的寻址方式。

　　在不同的寻址方式中，指令中地址字段给出的操作数地址信息不一定就是操作数所在的实际内存地址，因此将指令中给出的地址称为形式地址。形式地址需要经过一定的运算才能得到操作数的实际地址，实际地址也称为有效地址。研究各种寻址方式实际就是确定由形式地址变换为有效地址的算法，并根据算法确定相应的硬件结构，以自动实现寻址。

　　为了优化指令系统，在设计寻址方式时希望尽量满足下列要求。

（1）指令内包含的地址字段的长度尽可能短，以缩短指令长度。

（2）指令中给出的地址能访问尽可能大的存储空间。

访问的存储空间大就意味着地址字段的长度要长，这显然与缩短指令长度的要求是矛盾的。在实际应用中，往往将一个大的存储区域划分为若干小的逻辑段，根据程序的局部性原理，大多数程序或数据在一段时间内都使用存储器的一个小区域。因此，可以将程序和数据存放在指定的逻辑段中，利用段内地址访问该逻辑段内的存储单元。这样，结合逻辑段的信息，就可以实现利用短地址访问大的存储空间的功能。

（3）希望地址能隐含在寄存器中。

由于 CPU 中通用寄存器的数目远远少于存储器中的存储单元数，所以寄存器地址比较短。而寄存器长度一般与机器字长相同，这样在字长较长的机器中，利用寄存器存放的地址，再通过访问寄存器获得地址信息，就可以访问很大的存储空间，从而达到利用短地址访问很大的存储空间的目的。

（4）能在不改变指令的情况下改变地址的实际值，以支持数组、向量、线性表、字符串等数据结构。

（5）寻址方式尽可能简单，以便简化硬件设计。

下面介绍一些比较典型又常用的操作数寻址方式。

1. 立即寻址方式

指令的地址字段指出的不是操作数的地址，而是操作数本身，这种寻址方式称为立即寻址，如图 6-3 所示，采用立即寻址时，操作数 Data 就是"形式地址"部分给出的内容 D，D 也称为立即数。

立即寻址方式的特点是指令执行时间很短，因为它不需要访问内存取数，从而节省了访问内存的时间。但由于指令的字长有限，D 的位数限制了立即数所能表示的数据范围。立即寻址方式通常用于给某一寄存器或存储器单元赋予初值或提供一个常数。

【例 6-2】

MOV　AX，5678H　；将立即数 5678H 存入累加器 AX 中

注意：立即数只能作为源操作数，不能作为目的操作数。

2. 直接寻址方式

直接寻址是一种基本的寻址方法。其特点是：指令的地址码部分给出的形式地址 A 就是操作数的有效地址 EA，即操作数的有效地址在指令字中直接给出。由于操作数的地址直接给出而不需要经过某种变换，所以称这种寻址方式为直接寻址方式，如图 6-4 所示，采用直接寻址方式，有效地址 EA＝A。

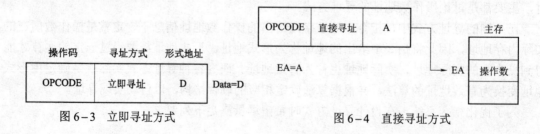

图 6-3　立即寻址方式　　　　　　图 6-4　直接寻址方式

直接寻址简单直观，不需要另外计算操作数地址。在指令执行阶段只需访问一次主存，即可得到操作数，便于硬件实现。但形式地址 A 的位数限制了指令的寻址范围，随着存储器容量不断扩大，要寻址整个主存空间，将造成指令长度加长。另外，采用直接寻址方式编程时，如果操作数地址发生变化，就必须修改指令 A 的值，这给编程带来不便。而且由于操作数地址在指令中给定，使程序和数据在内存中的存放位置受到限制。

【例 6-3】

MOV　AX, [5678H]　;将有效地址为 5678H 的内存单元的内容读入 AX 中

3. 间接寻址方式

间接寻址是相对直接寻址而言的，在间接寻址的情况下，指令的地址码部分给出的是操作数的有效地址 EA 所在的存储单元的地址或是指示操作数地址的地址指示字，即有效地址 EA 是由形式地址 A 间接提供的。因此，称其为间接寻址，如图 6-5 所示。

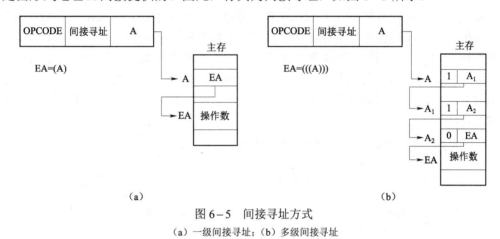

图 6-5　间接寻址方式

（a）一级间接寻址；（b）多级间接寻址

间接寻址可分为一级间接寻址和多级间接寻址。一级间接寻址是指令的形式地址 A 给出的，图 6-5（a）显示了一级间接寻址的寻址过程。多级间接寻址是指指令的地址码部分给出的是操作数地址的地址指示字，即存储单元 A 中的内容还不是有效地址 EA，而是指向另一个存储单元的地址或地址指示字。在多级间接寻址中，通常把地址字的高位作为标志位，以指示该字是有效地址还是地址指示字。图 6-5（b）显示了两级间接寻址的寻址过程。其中地址指示字的高位为 1，表示该单元内容仍为地址指示字，需继续访存寻址；地址指示字的高位为 0 时，表示该单元内容即为操作数所在单元的有效地址 EA。

【例 6-4】

MOV　AX，@5678H　；@为间接寻址标志，一级间接寻址指令

设主存 5678H 单元的内容为 2000H，主存 2000H 单元的内容为 3000H，则该指令源操作数的有效地址是主存 5678H 单元的内容，即 EA=（A）=（5678H）=2000H。该指令所需的实际源操作数是主存 2000H 单元的内容，即 Data=3000H。

与直接寻址相比，间接寻址的优点如下。

① 间接寻址比直接寻址灵活，可以用短的地址码访问大的存储空间，扩大了操作数的寻址范围。

例如，若指令字长与存储器字长均为16位，指令中地址码K为10位，则指令的直接寻址范围仅为1K空间；如果用间接寻址，存储单元中存放的有效地址可达16位，其寻址空间为64K，比直接寻址扩大了64倍。当然，如果采用多级间接寻址，由于存储字的最高1位用作标志位，所以只能有15位有效地址，寻址空间为32K。

② 便于编制程序。

采用间接寻址，当操作数地址需要改变时，可不必修改指令，只要修改地址指示字中内容（即存放有效地址的单元内容）即可。由于采用间接寻址方式的指令在执行过程中需两次（一级间址）或多次（多级间址）访存才能取得操作数，因而降低了指令的执行速度。所以大多数计算机只允许一级间接寻址。在一些追求高速的大型计算机中，甚至很少采用间接寻址方式。

4. 寄存器直接寻址方式

当操作数不放在内存中，而是放在CPU的通用寄存器中时，可采用寄存器直接寻址方式，寄存器直接寻址也称为寄存器寻址。它是在指令地址码中给出某一通用寄存器的编号（也称寄存器地址），该寄存器的内容即为指令所需的操作数。即采用寄存器寻址方式时，有效地址EA是寄存器的编号，如图6-6所示。显然，此时指令中给出的操作数地址不是内存的地址单元号，而是通用寄存器的编号[可以是8位也可以是16位（AX、BX、CX、DX）]。

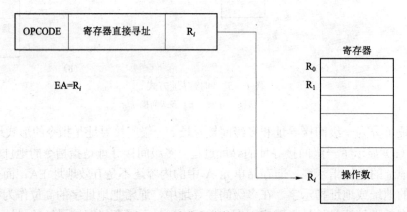

图6-6　寄存器直接寻址方式

因为采用寄存器寻址方式时，操作数位于寄存器中，所以在指令需要访问操作数时，无须访存，减少了指令的执行时间。另外，由于寄存器寻址所需的地址短，所以可以压缩指令长度，节省了指令的存储空间，也有利于加快指令的执行速度。因此，寄存器寻址在计算机中得到了广泛的应用。但寄存器的数量有限，不能为操作数提供大量的存储空间。

【例6-5】

MOV　AL，BL　；将寄存器BL中的内容传送到寄存器AL中

5. 寄存器间接寻址方式

寄存器间接寻址方式是指令中地址码部分所指定的寄存器中的内容是操作数的有效地址。与前面所讲的存储器的间接寻址类似，采用寄存器间接寻址时，指令地址码部分给出的

寄存器中内容不是操作数，而是操作数的有效地址 EA，因此称为寄存器间接寻址，如图 6-7 所示。

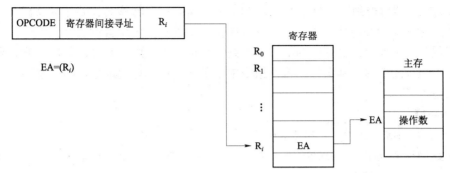

图 6-7　寄存器间接寻址方式

【例 6-6】

MOV　AL，[BX]　；寄存器间接寻址指令

设寄存器 BX 的内容为 5678H，主存 5678H 单元的内容为（5678H）＝80H，则该指令源操作数的有效地址 EA＝5678H，指令执行的结果是将操作数 80H 传送到寄存器 AL 中。

由于采用寄存器间接寻址方式时，有效地址存放在寄存器中。因此，指令在访问操作数时只需访问一次存储器，比间接寻址少一次访存，而且由于寄存器可以给出全字长的地址，可寻址较大的存储空间。寄存器间接寻址方式与寄存器寻址方式的区别在于：指令格式中的寄存器内容不是操作数，而是操作数的地址，该地址指明的操作数在内存中。

6. 相对寻址方式

相对寻址是把程序计数器 PC 的内容加上指令格式中的形式地址而形成操作数的有效地址。程序计数器用于跟踪程序中指令的执行，所以 PC 的内容一般为现行指令的下一单元地址。"相对"寻址就是相对于当前的指令地址而言。而指令中的形式地址相当于操作数地址相对于 PC 当前内容的一个相对偏移量（Disp），偏移量 Disp 可正可负，一般用补码表示。相对寻址的寻址过程如图 6-8 所示。采用相对寻址方式的好处是程序员无须用指令的绝对地址编程，因而所编程序可以放在内存的任何地方。

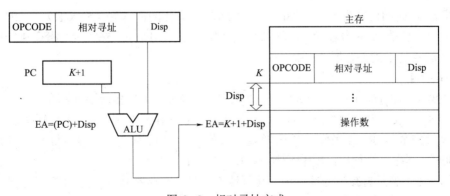

图 6-8　相对寻址方式

从图 6-8 可见，只要保持数据与指令之间的偏移量不变，就可以实现指令带着数据在存储器中的浮动。相对寻址方式除了用于访问操作数外，还常被用于转移类指令。如果转移目标指令的地址与当前指令的距离为 Disp，则将转移指令的地址码部分设置为 Disp，这样采用相对寻址方式，即可得到转移目标地址为（PC）+Disp。相对转移的好处是可以相对于当前的指令地址进行浮动转移寻址，因此，无论程序位于主存的任何位置都能够正确运行。这非常有利于实现程序再定位。这是因为如果采用绝对地址实现程序转移时，该程序就必须装载到规定的主存地址才能够正确运行；否则指令中给出的转移目标地址处的指令就不是实际要转移执行的指令了。

【例 6-7】

MOV AX，[BX+1200H] ；相对寻址指令

操作数物理地址 PA=（DS/SS）*10H+EA, EA=（BX）+（6/8）为偏移量，Disp 对于 BX 寄存器来说段寄存器默认为 DS。

7. 变址寻址方式

变址寻址方式与基址寻址方式计算有效地址的方法很相似，指操作数的有效地址是由指令中指定的变址寄存器的内容与指令字中的形式地址相加形成的。变址寻址的寻址过程如图 6-9 所示。其中变址寄存器 R_X 为专用寄存器，也可以是通用寄存器中的某一个。

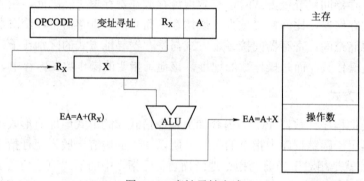

图 6-9 变址寻址方式

【例 6-8】

MOV AL，[SI+4] ；变址寻址指令

设寄存器 SI 的内容为 SI=5678H，主存 567CH 单元的内容为（567CH）=82H。

由于形式地址 A 的内容为 4，所以有效地址 EA=（SI）+4=567CH，指令执行的结果是将操作数 82H 传送到寄存器 AL 中。

【例 6-9】

① MOV （R_1）+，R_0 ② MOV -（R_1），R_0 ；VAX-11 机变址寻址指令

①（R_1）+表示自增型变址寻址，其寻址方式是：寄存器 R_1 中内容先作为源操作数地址，访存读取操作数后 R_1 按操作数长度增量。设操作数字长为一个字节，每次增量为 1，若 R_1=1000H，则指令执行后，R_1 自增加 1，R_1=1001H。

② -（R_1）表示自减型变址寻址，其寻址方式是：寄存器 R_1 先按操作数长度减量后作为源操作数地址，并将减量结果送回 R_1。设每次减量为 1，R_1=1000H，则指令执行时，先

将 R_1 自减 1，R_1 = 0FFFH，然后将 R_1 的内容作为有效地址访问源操作数。变址寻址常用于数组、向量、字符串等数据的处理。例如，有一数组数据存储在以 A 为首地址的连续的主存单元中。可以将首地址 A 作为指令中的形式地址，用变址寄存器指出数据在数组中的序号，这样利用变址寻址便可以访问数组中的任意数据。

但使用变址寻址方式的目的不在于扩大寻址空间，而在于实现程序块的规律变化。为此，必须使变址寄存器的内容实现有规律的变化而不改变指令本身，从而使有效地址按变址寄存器的内容实现有规律的变化。在某些计算机中，变址寄存器还可以自动增量或减量。即每存取一个数据，根据数据的长度，变址寄存器的内容可以自动增量或自动减量。前者称为自增型变址寻址；后者称为自减型变址寻址。

8. 基址寻址方式

在基址寻址方式中，将指令中的形式地址加上变址寄存器的内容而形成操作数的有效地址。基址寄存器可以是一个专用的寄存器，也可以是由指令指定的通用寄存器，基址寄存器中的内容称为基地址，基址寻址的寻址过程如图 6－10 所示。

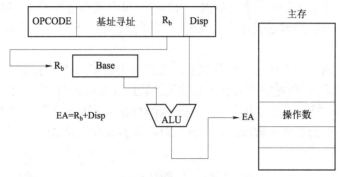

图 6－10　基址寻址方式

基址寻址的优点是可以扩大寻址能力，因为与形式地址相比，基址寄存器的位数可以设置得很长，从而可以在较大的存储空间中寻址。

基址寻址与变址寻址的有效地址的形成过程很相似。但比较基址寻址与变址寻址可知，两者的应用有着本质的区别。

基址寻址是面向系统的，主要用于将用户程序的逻辑地址（用户编写程序时所使用的地址）转换成主存的物理地址（程序在主存中的实际地址），以便实现程序的再定位。例如，在多道程序运行时，需要由系统的管理程序将多道程序装入主存。由于用户在编写程序时不知道自己的程序应该放在主存的哪一个实际物理地址中，只能按相对位置使用逻辑地址编写程序。当用户程序装入主存时，为了实现用户程序的再定位，系统程序给每个用户程序分配一个基准地址。程序运行时，该基准地址装入基址寄存器，通过基址寻址可以实现逻辑地址到物理地址的转换。由于系统程序需通过设置基址寄存器为程序或数据分配存储空间，所以基址寄存器的内容通常由操作系统或管理程序通过特权指令设置。对用户是透明的。用户可以通过改变指令字中的形式地址 A 来实现指令或操作数的寻址。另外，基址寄存器的内容一般不进行自动增量和减量。

变址寻址是面向用户的，主要用于访问数组、向量、字符串等成批数据，用以解决程序

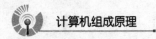

的循环控制问题。因此，变址寄存器的内容是由用户设定的，在程序执行过程中，用户通过改变变址寄存器的内容实现指令或操作数的寻址，而指令字中的形式地址 A 是不变的，变址寄存器的内容可以进行自动增量和减量。

9. 堆栈寻址方式

堆栈寻址是一种由堆栈支持的寻址方式。

1）堆栈

计算机中的堆栈是指按先进后出（FILO）或者后进先出（LIFO）的原则进行存取的一种特殊的存储区域。堆栈存取方式决定了其"一端存取"的特点，数据按顺序存入堆栈称为进堆栈或压堆栈（PUSH），堆栈中一个单元的数据称为堆栈项，堆栈项按与进堆栈相反的顺序从堆栈中取出称为出堆栈或弹出（POP），最后进堆栈的数据或最先出堆栈的数据称为堆栈顶元素。

2）寄存器堆栈

寄存器堆栈又称为串联堆栈、硬堆栈。某些计算机在 CPU 中设置了一组专门用于堆栈的寄存器，每个寄存器可保存一个字的数据。因为这些寄存器直接设置于 CPU 中，所以它们是极好的暂存单元。CPU 通过进栈指令（PUSH）把数据存入堆栈，通过出栈指令（POP）把数据从堆栈中取出。

寄存器堆栈如图 6-11 所示。空堆栈表示堆栈顶无数据，即位于堆栈顶的寄存器中无可用的数据；存入数据 a，即把数据 a 存入堆栈顶，数据 a 可以来自主存、程序计数器 PC 等部件；再存入数据 b，数据 b 位于堆栈顶，先进入的数据 a 则移至下一个寄存器；执行出堆栈操作时，位于堆栈顶的数据 b 被取出，与此同时，数据 a 移至堆栈顶。

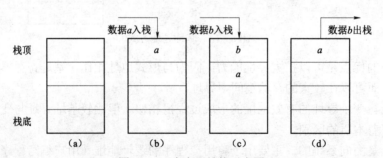

图 6-11　寄存器堆栈示意图

从寄存器堆栈的数据进堆栈操作结果可见，最后进入堆栈的数据位于堆栈顶，位于堆栈顶的数据出堆栈时最先被取出。在寄存器堆栈中，还必须有"堆栈空"和"堆栈满"的指示，以防在堆栈空时企图执行出堆栈、在堆栈满时企图执行进堆栈的误操作。这可以通过另外设置一个计数器来实现：每次进堆栈，计数器加 1，计数值等于堆栈中寄存器个数时表示堆栈满；每次出堆栈，计数器减 1，该计数值等于 0 时表示堆栈空。寄存器堆栈的特点是仅有一个出入口，后进先出，且堆栈的容量固定，不需要占用主存。

3）存储器堆栈

当前计算机普遍采用的一种堆栈结构是存储器堆栈，也就是从主存中划出一块区域来做堆栈，又称软堆栈。这种堆栈的大小可变，堆栈底固定，堆栈顶浮动。由于主存的容量越来越大，存储器堆栈能够满足程序员对堆栈容量的要求，而且在需要时可建立多个存储器堆栈。

这种堆栈有 3 个主要优点。

（1）堆栈能够具有程序员要求的任意长度。

（2）只要程序员喜欢，愿意建立多少堆栈，就能建立多少堆栈。

（3）可以用对存储器寻址的任何一条指令来对堆栈中的数据进行寻址。

构成存储器堆栈的硬件有两部分：一是在主存中开辟用于堆栈的存储区；二是在 CPU 中设置一个专用的寄存器——堆栈指针 SP（Stack Pointer）来保存堆栈顶地址。除了硬件之外，还必须有实现进堆栈、出堆栈操作的指令。

作为堆栈的存储区，其两端的存储单元有高、低地址之分，因此，存储器堆栈又可分为两种，即从高地址开始生成堆栈和从低地址开始生成堆栈。

（1）从高地址开始生成堆栈（自底向上生成堆栈）。

从高地址开始生成堆栈是一种较常用的方式，这种堆栈的堆栈底地址大于堆栈顶地址，在建堆栈时，SP 指向堆栈中地址最大的单元（堆栈底），每次进堆栈时，首先把要进堆栈的数据存入 SP 所指向的存储单元，然后把指针 SP−1；出堆栈时，先把指针 SP＋1，然后从 SP 所指向的存储单元取出数据，如图 6−12 所示。

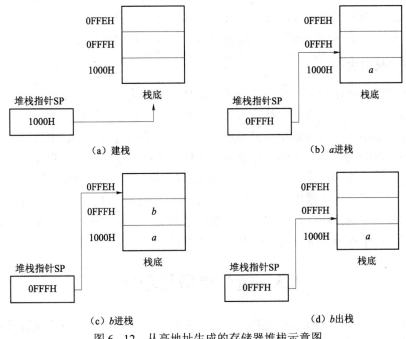

图 6−12　从高地址生成的存储器堆栈示意图

进堆栈操作：首先数据→Msp，然后指针（SP）−1→SP，Msp 表示 SP 所指定的存储单元。

出堆栈操作：首先（SP）＋1→SP，然后（Msp）读出，（Msp）表示 SP 所指定的存储单元的内容。

（2）从低地址开始生成堆栈（自顶向下生成堆栈）。

这种堆栈与从高地址开始生成堆栈正好相反，它的堆栈底地址小于堆栈顶地址，建堆栈

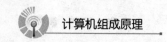

时 SP 指向堆栈中地址最小的单元（堆栈底）。具体操作如下。

进堆栈操作：首先数据→Msp，然后指针（SP）+1→SP。

出堆栈操作：首先（SP）−1→SP，然后（Msp）读出。

存储器堆栈的操作方式与寄存器堆栈不同，它移动的是堆栈顶，而在寄存器堆栈中移动的是数据。

堆栈中对数据的操作具有后进先出的特点，因此，凡是以后进先出方式进行的信息传送都可以用堆栈很方便地实现。例如，在子程序的调用中，用堆栈存放主程序的返回地址，实现子程序的嵌套和递归调用；在程序中断处理中，用堆栈存放多级中断的相关信息，实现多级中断的嵌套。

10. 块寻址方式

块寻址方式经常用在输入/输出指令中，以实现外存储器或外围设备同内存之间的数据块传送。块寻址方式在内存中还可用于数据块移动。

11. 页面寻址方式

页面寻址就是将存储器逻辑地址分成若干页，每一页都有自己的页面地址，一页内包含若干存储单元，可以通过页内地址进行访问。当需要访问一页内的某一单元时，将该页的页面地址与相应单元的页内地址相拼接，即可形成操作数的有效地址。

12. 扩展寻址方式

扩展寻址就是将要访问的存储单元地址的高位预先装入扩展寄存器中，访存时将扩展寄存器的内容与指令字中形式地址部分给出的内容相拼接，形成操作数的有效地址。

在微型计算机中，段寻址就是扩展寻址的应用。在采用段寻址的计算机中，首先将存储区域定义为若干逻辑段，将要访问的存储单元地址所在的段地址高位预先装入段寄存器中。访存时将段寄存器内容与指令字中给出的段内偏移量相加，即可形成操作数的有效地址。

前面重点讨论了计算机常用的几种寻址方式，实际上不同的机器可采用不同的寻址方式。有的可能只采用其中的几种寻址方式，也有的可能增加一些稍加变化的类型。只要掌握其基本的寻址方式，就不难弄清某一具体机器的寻址方式。

6.3　指令类型与功能

指令系统决定了计算机的基本功能，因此指令系统的设计是计算机系统设计中一个核心问题。指令系统中不同指令的功能不仅影响到计算机的硬件结构，而且对操作系统和编译程序的编写也有直接影响。不同类型的计算机，由于其性能、结构、适用范围不同，指令系统之间的差异很大、风格各异。有的机器的指令系统中，指令类型多，功能丰富，包含几百条指令；有的机器的指令系统中，指令类型少，功能简单，只包含几十条指令。但不管怎样，一台计算机的指令系统中，最基本且必不可少的指令并不太多，因为很多复杂指令的功能都可以用最基本的指令组合实现。例如，乘/除法运算指令和浮点运算指令，既可以直接用乘/除法器、浮点运算器等硬件直接实现，也可以用基本的加/减和移位指令编成子程序来实现。

由此可见，指令系统中有相当一部分指令是为了提高程序的执行速度和便于程序员编写程序而设置的。当然，某种功能用硬件实现还是用软件实现，两者在执行时间上差别很大，构成系统的成本也不同。因此，设计一个合理而有效的指令系统，对于提高机器的性能价格比有很大的影响。

作为一个合理而有效的指令系统应满足以下基本要求。

（1）完备性。指令系统的完备性是指任何运算都可以用指令编程实现。也就是要求指令系统的指令丰富、功能齐全、使用方便，应具有所有基本指令。

（2）有效性。指令系统的有效性是指用指令系统中的指令编写的程序能高效率运行，占用空间小，执行速度快。

（3）规整性。指令系统的规整性是指指令系统应具有对称性、匀齐性、指令与数据格式的一致性。其中，对称性要求指令要将所有寄存器和存储单元均同等对待，使任何指令都可以使用所有的寻址方式，减少特殊操作和例外情况；匀齐性则要求一种操作可支持各种数据类型。如算术运算指令应能够支持字节、字、双字、十进制数、浮点单精度数、浮点双精度数等各种数据类型的数据。指令与数据格式的一致性要求指令长度与机器字长和数据长度有一定的关系，以便于指令和数据的存取及处理。

（4）兼容性。为了满足软件兼容的要求，系列机的各机种之间应该具有基本相同的指令集。即指令系统应具有一定的兼容性，至少要做到向后兼容，即先推出的机器上的程序可以在后推出的机器上运行。

不同的计算机所具有的指令系统也不同，但不管指令系统的繁简如何，所包含指令的基本类型和功能是相似的。一般来说，一个完善的指令系统应包括的基本指令有数据传送指令、算术逻辑运算指令、移位操作指令、堆栈操作指令、字符串处理指令、程序控制指令、输入/输出指令等。复杂指令的功能往往是一些基本指令功能的组合。

6.3.1　数据传送指令

数据传送指令是最基本、最常用、最重要的指令，主要用于实现一个部件与另一个部件之间的数据传送操作，如寄存器与寄存器、寄存器与存储器单元、存储器单元与存储器单元、主存与 CPU 寄存器之间进行数据传送操作，执行数据传送指令时，数据从源地址传送到目的地址，源地址中的数据不变，可以一次传送一个数据或一批数据。包括存储器或寄存器间的数据传送指令 MOVE 指令，如本章的例 6－2 至例 6－8 所示。有的机器专门用 LOAD、STORE 指令访存，其中 LOAD 为存储器读数指令，STORE 为存储器写数指令；还有些机器设置了交换指令，可以完成源操作数与目的操作数互换，实现双向数据传送。另外，堆栈指令、寄存器/存储单元清零指令也属于数据传送指令。

又如，在 Intel 8086 的指令系统中，有串传送指令 MOVS，在加上重复前缀 REP 后，可以控制一次将最多达 64 KB 的数据块从存储器的一个区域传送到另一个区域。

6.3.2　算术逻辑运算指令

该运算类指令的主要功能是进行各类数据信息处理，包括各种算术运算及逻辑运算指令。

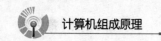

算术运算类指令主要包括：二进制的定点、浮点的加、减、乘、除运算指令；求反、求补、加 1、减 1、比较指令；十进制加、减运算指令等。不同计算机对算术运算类指令的支持有很大差别。对于低档机而言，由于硬件结构相对简单，一般仅支持二进制定点加、减、比较、求补等最简单、最基本的指令。而在一些高档机中，为了提高机器性能，除了最基本的算术运算指令之外，还设置了乘除运算指令、浮点运算指令、十进制运算指令，甚至乘方、开方指令和多项式计算指令。在一些大、巨型机中，不仅支持标量运算，还设置了向量运算指令，可以直接对整个向量或矩阵进行求和、求积运算。

逻辑运算指令主要包括各类布尔量的逻辑运算指令，如与、或、非、异或、测试等指令。逻辑运算类指令多用于对数据字中某些位（一位或多位）进行操作，如按位测量、按位清零、按位置数、按位取反等，也可以用于进行数据的相符判断和数据修改。

【例 6－10】

Intel 8086 指令系统中的算术逻辑运算指令。

ADD   AL，BL   ;AL＋BL→AL，寄存器 AL 和 BL 的内容相加，和存入寄存器 AL

MUL   BL，AX   ;AL×BL，寄存器 AL 和 BL 的内容相乘，积存入寄存器 AX

AND   AL，FEH   ;AL&FEH，AL 的内容与 11111110 相"与"，其结果是 AL
　　　　　　　　　的最低位清零，其余位不变

OR   AL，F0H   ;AL|F0H，AL 的内容与 11110000 相"或"，其结果是 AL
　　　　　　　的高 4 位置 1，其余位不变

TEST   AL，01H   ;AL^00000001B，AL 的内容与 00000001 相"与"，若相"与"
　　　　　　　　的结果为全 0，AL＝0；若相"与"的结果不为全 0，AL＝1

6.3.3　移位操作指令

移位操作指令分为算术移位、逻辑移位和循环移位 3 种，可以实现对操作数左移或右移一位或几位。算术移位和逻辑移位指令分别控制实现带符号数和无符号数的移位。在算术移位的过程中，必须保持操作数的符号不变。即左移时，空出的最低位补 0；右移时，空出的最高位补符号位（操作数以补码表示）。在逻辑移位的过程中，无论是左移还是右移，空出位都补 0。循环移位按是否与进位 C 一起循环分为带进位循环（大循环）移位和不带进位循环（小循环）移位。循环移位一般用于实现循环式控制、高低字节的互换以及多倍字长数据的算术移位或逻辑移位。

算术移位和逻辑移位指令可实现带符号数和无符号数的移位。因此，常用于对操作数乘以 2^n 或除以 2^n 的运算。因为移位指令的执行时间远比乘除操作的执行时间短，所以采用移位指令实现简单的乘、除运算可获得较高速度。在无乘、除运算指令的计算机中，移位指令的这个性质对于快速实现乘除运算来说就特别重要了。

6.3.4　堆栈操作指令

如前所述，堆栈操作指令是一种特殊的数据传送指令。堆栈操作有两种，即压入（进栈）或弹出（出栈）。压入指令是把指定的操作数送入栈顶，而弹出指令是从栈顶弹出数据送到指令指定的目的地址中。

堆栈操作指令主要用于保存和恢复中断、子程序调用时的现场数据和断点指令地址以及在子程序调用时实现参数传递。为了支持这些功能的快速实现，有些机器还设有多数据的压入指令和弹出指令，可以用一条堆栈操作指令依次把多个数据压入或弹出堆栈。

6.3.5　字符串处理指令

字符串处理指令是一种非数值处理指令，指令系统中设置这类指令的目的是为了便于直接用硬件支持非数值处理。字符串处理指令中一般包括字符串传送、字符串比较、字符串查找、字符串抽取、字符串转换等指令。其中字符串传送指令用于将数据块从主存的某一区域传送到另一区域；字符串比较指令用于把一个字符串与另一个字符串逐个字符进行比较；字符串查找指令用于在一个字符串中查找指定的子串或字符；字符串抽取指令用于从字符串中提取某一子串；字符串转换指令用于将字符串从一种数据编码转换为另一种编码。字符串处理指令在需要对大量字符串进行各种处理的文字编辑和排版方面非常有用。

6.3.6　程序控制指令

程序控制指令用于控制程序运行的顺序和选择程序的运行方向。这类指令是指令系统中一组非常重要的指令，它可以使程序具有测试、分析与判断的能力，程序控制类指令主要包括转移指令、循环控制指令及子程序调用与返回指令等。

1. 转移指令

计算机在执行程序时，多数情况下都是顺序执行的，即执行完一条指令后，接着执行相邻的下一条指令。但有时需要改变程序的执行顺序，即执行完一条指令后，不是接着执行相邻的下一条指令，而是要将程序转移到其他地方继续执行。转移类指令就是用于完成这类程序转移的。转移指令按其转移特征可分为无条件转移指令和条件转移指令两类。

无条件转移指令又称为必转指令。这类转移指令在执行时不受任何条件的约束，直接把控制转移到指令指定的转向地址。例如，Intel 8086 指令系统中的 JMP X 指令，其功能就是无条件地将程序转移到指令中给出的转移目标地址 X 处继续执行。无条件转移指令可以分为以下几种类型。

（1）绝对跳转指令。

AJMP addr11 ；(PC)+2→PC，addr10～addr0→PC10～PC0

这是 2 KB 寻址范围内的无条件转移指令，是绝对跳转。跳转的目的地址必须与 AJMP 的下一条指令的第一个字节在同一个 2 KB 寻址范围内，这是因为跳转的目的地址与 AJMP 的下一条指令的第一个字节的高 5 位 addr15～addr11 相同。这条指令是为与 MCS－48 兼容而保留的指令，现在一般很少使用。

（2）相对跳转指令。

SJMP rel ；(PC)+2→rel PC

这条指令执行的时候先将 PC 的内容加 2，再加相对偏移量 rel，计算出跳转目的地址。

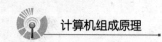
rel 是一个带符号的字节数，在程序中用补码表示，其取值范围为 −128～+127 B，当 rel 为正数时表示正向跳转，为负数时表示负向跳转。

（3）长跳转指令。

LJMP addr16 addr16 PC

这条指令执行时把 16 位操作数的高低 8 位分别装入 PC 的 PCH 和 PCL，无条件地转向指定地址。跳转的目的地址可以在 64 KB 程序存储器地址空间的任何地方，不影响任何标志位。

（4）间接跳转指令。

JMP @A+DPTR

这条指令的功能是把累加器 A 中的 8 位无符号数与数据指针 DPTR 中的 16 位地址相加，相加形成的 16 位新地址送入 PC。指令执行过程不改变累加器和数据指针的内容，也不影响标志位。

与无条件转移指令不同，条件转移指令的执行受到一定条件的约束。条件转移指令在执行时，只有在条件满足的情况下才会执行转移操作，把控制转移到指令指定的转向地址；若条件不满足，则不执行转移操作程序，仍按原顺序继续执行。条件转移指令的转移条件一般是前面指令执行结果的某些特征。为了便于判断，在计算机的 CPU 中通常设置一个状态标志寄存器（或条件码寄存器），用于记录所执行的某些操作的结果标志。这些标志主要包括进位标志（C）、结果溢出标志（V）、结果为零标志（Z）、结果为负标志（N）、结果奇偶标志（P）等。这些标志的组合可以产生十几种转移条件，相应地，就有了如结果为零转、为非零转、为负转、为正转、溢出转、非溢出转等条件转移指令。功能：以标志位的状态或者以标志位的逻辑运算结果作为转移依据，如果满足转移条件，则转到目标地址所指示的指令执行；否则继续执行下一条指令。必须指出，条件转移指令转移地址的偏移量限制在 −128～+127 B 范围内，采用相对转移方式（相对转移指令是指跳转时以当前地址为基准加上相对偏移量进行跳转，一般是在本地址段内跳转。如果需要跳转到较远的地方，如跳到另一个地址段，就需要加上跳转的目标段地址）。

转移指令的转移地址一般采用相对寻址或直接寻址。若采用相对寻址，转移地址为当前 PC 内容与指令中给出的偏移量之和；若采用直接寻址，转移地址由指令中地址码直接给出。

【例 6-11】Intel 8086 指令系统中的转移指令：

JMP L1

这是一条直接寻址的无条件转移指令。指令执行后，程序无条件转移到 L1 处。

JNZ 50H

这是一条相对寻址的条件转移指令。指令功能为：若前次指令的操作结果不为 0，则转移到当前 PC+50H 处。设本指令所在的主存地址为 1000H，由于这是一条双字节指令，所以取指后当前 PC=1002H，转移地址为 1002H+50H=1052H。因此，若前次指令的操作结果不为 0，则指令执行后，程序转向主存地址为 1052H 处的指令；否则指令执行后，程序仍按原顺序继续执行主存地址为 1002H 处的指令。

条件转移指令使计算机具有很强的逻辑判断能力，是使计算机能高度自动化工作的指令。

2. 循环控制指令

为了支持循环程序的执行，大部分计算机都设置了循环控制指令。循环控制指令实际上是一种增强型的条件转移指令,其指令功能一般包括对循环控制变量的修改、测试判断及地址转移等功能。

【例6-12】Intel 8086指令系统中的循环控制指令:

LOOP L1

该指令的功能是:将循环计数器CX中的循环次数减1,即CX-1→CX,然后进行判断,如果CX≠0,则程序转到L1处继续执行;如果CX=0,则结束循环,继续执行紧接着LOOP指令的下一条指令。

3. 子程序调用与返回指令

在编写程序时,有些具有特定功能的程序段会被反复使用,为了避免程序的重复编写,可将这些程序段设定为独立且可以公用的子程序。在程序的执行过程中,当需要执行子程序时,可以在主程序中发出调用子程序的指令,给出主程序的入口地址,控制程序的执行序列从主程序转入子程序;而当子程序执行完毕后,可以利用返回主程序的指令,使程序重新返回主程序发出子程序调用命令的地方,继续顺序执行。

在子程序的调用与返回过程中,子程序的入口地址是指子程序第一条指令的地址。用于调用子程序、控制程序的执行从主程序转向子程序的指令称为转子指令(子程序调用指令、过程调用指令)。为了正确调用子程序,必须在转子指令中给出子程序的入口地址。主程序中转子指令的下一条指令的地址称为断点,断点是子程序返回主程序时的返回地址。从子程序返回主程序的指令称为返回指令。为了在执行返回指令时能够正确地返回主程序,转子指令应具有保护断点的功能。

执行转子指令时保存断点的方式有多种,常用的有以下几种。

(1)将断点存放到子程序第一条指令的前一个字单元。

(2)将断点保存到某一约定的寄存器中。

(3)将断点压入堆栈。

将断点压入堆栈是保护断点的最好方法,它便于实现多重转子和递归调用,因而被很多指令系统所采用。例如,Intel 8086就是采用堆栈保存返回地址。Intel 8086的指令系统中设置了子程序调用指令CALL和返回指令RET。CALL指令的功能是把下一条指令的地址(断点)压入堆栈,再将程序的执行转移到指令中给出的子程序入口。RET指令的功能是从堆栈中取出断点地址并返回断点处继续执行。

可以看到,转子指令与转移指令的执行结果都是实现程序的转移,但两者的区别在于:转移指令的功能是转移到指令给出的转移地址处去执行指令,一般用于同一程序内的转移,转移后不需要返回原处,因此不需要保存返回地址。转子指令的功能是转去执行另一段子程序,实现的是不同程序之间的转移。因为子程序执行完后必须返回主程序,所以转子指令必须以某种方式保存返回地址,以便返回时能正确返回到主程序原来的位置。转子指令和返回指令通常是无条件的,但也有带条件的转子指令和返回指令。条件转子指令和条件返回指令所需要的条件与转移指令的条件类似。

4. 陷阱指令

陷阱实际是指意外事故的中断。例如,机器在运行中,可能会出现电源电压不稳定、存

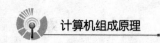

储器校验出错、I/O 设备故障、除数为 0、运算结果溢出以及执行特权指令等意外事件。发生了这类事件，将导致系统计算机不能正常工作，因此必须及时采取措施，以免影响整个系统的正常运行。为此，在程序的执行过程中，一旦出现意外故障，计算机就发出陷阱信号，暂停当前程序的执行，通过 CPU 当前所出现的故障，并转入故障处理程序，进行相应的故障处理。有关中断的概念将在后续章节中详细讨论。

计算机的陷阱指令一般作为隐性指令（即指令系统中不提供的指令），不提供给用户直接使用，只有在出现意外故障时由 CPU 自动产生并执行。但也有计算机在指令系统中设置了用户可用的陷阱指令或"访管"指令，便于用户利用它来实现系统调用和程序请求。例如，Intel 8086 CPU 的软件中断指令 INT n（n 是 8 位二进制常数，用于表示中断类型），就是直接提供给用户使用的陷阱指令，利用它可以实现系统调用和程序请求。

6.3.7 输入/输出指令

输入/输出指令简称指令，是用于主机与外部设备之间进行各种信息交换的指令。I/O 指令主要用于主机与外设之间的数据输入/输出，主机向外设发出各种控制命令控制外设的工作，主机读入和测试外设的各种工作状态等。输入/输出指令通常有 3 种设置方式。

（1）外设采用单独编码的寻址方式并设置专用的 I/O 指令。由 I/O 指令的地址码部分给出被选设备的设备码（或端口地址），操作码指定所要求的 I/O 操作。

这种方式将 I/O 指令与其他指令区别对待，编写程序清晰；但因为 I/O 指令通常较少、功能简单，如果需要对外设信息进行复杂处理，则需要较多的指令才能实现。

（2）外设与主存统一编址，用通用的数据传送指令实现 I/O 操作。

这种方式不用设置专用 I/O 指令，可以利用各类指令对外设信息进行处理，但由于外设与主存统一编址，占用了主存的地址空间；而且较难分清程序中的 I/O 操作和访存操作。

（3）通过 I/O 处理机执行 I/O 操作。在选中方式下，CPU 只需执行几条简单的 I/O 指令，如启动 I/O 设备、停止 I/O 设备、测试 I/O 设备等，而对 I/O 系统的管理、I/O 操作控制等工作都由 I/O 处理机完成。这种方式能提高主机的效率，但必须在 I/O 处理机支持下才能实现。

6.3.8 其他指令

除了上述几种类型的指令外，还有其他一些完成某种控制功能的指令，如停机、等待、空操作、开中断、关中断、置条件码以及特权指令等。

特权指令主要用于系统资源的分配与管理，具有特殊的权限，一般只能用于操作系统或其他系统软件，而不直接提供给用户使用。在多任务、多用户的计算机系统中，这种特权指令是不可缺少的。此外，在一些多处理器系统中还配有专门的多处理机指令。

6.4 RISC 机和 CISC 机指令

CISC（Computer Instruction Set Computer）是复杂指令系统计算机的英文缩写，RISC（Reduced Instruction Set Computer）是精简指令系统计算机的英文缩写。

6.4.1　复杂指令系统计算机 CISC

在计算机发展的早期，由于计算机技术水平较低，所使用的元器件体积大、功耗高、价格高，因此硬件结构比较简单，所支持的指令系统的功能也相应简单。随着集成电路技术的发展、计算机技术水平的提高及计算机应用领域的扩大，机器的功能越来越强，硬件结构也越来越复杂，同时对指令系统功能的要求也越来越高。为了满足对指令功能日益提高的要求，指令的种类和功能不断增加，寻址方式也变得更加灵活多样，指令系统不断扩大。为了满足软件兼容的需要，使已开发的软件能被继承，在同一系列的计算机中，新开发机型的指令系统往往需要包含先前开发的机器的所有指令和寻址方式。这样，导致计算机的指令系统变得越来越庞大，某些机器的指令系统竟包含高达几百种指令。例如，DEC 公司的 VAX－Ⅱ/780 有 18 种寻址方式，9 种数据格式，303 种指令。另外，为了缩小机器语言与高级语言的语义差异，便于操作系统的优化和减轻编译程序的负担，采用了让机器指令的语义和功能向高级语言的语句靠拢，用一条功能更强的指令代替一段程序的方法，这样使得指令系统的功能不断增加，指令本身的功能不断增强。

这类具备庞大且复杂的指令系统的计算机称为复杂指令系统计算机，简称 CISC。综上所述，CISC 的思想就是采用复杂的指令系统，以达到增强计算机的功能，提高机器速度的目的。像 DEC 公司的 VAX－Ⅱ、Intel 公司的 i80x86 系列 CPU 均采用了 CISC 的思想。

归纳起来，CISC 指令系统的特点如下。

（1）指令系统复杂庞大，指令数目一般多达 200～300 条。

（2）指令格式多，指令字长不固定，采用多种不同的寻址方式。

（3）可访存指令不受限制。

（4）各种指令的执行时间和使用频率相差很大。

（5）大多数 CISC 机都采用微程序控制器。

然而，CISC 的复杂结构并不是像人们想象的那样很好地提高机器的性能。由于指令系统复杂，导致所需的硬件结构复杂，不仅增加了计算机的研制开发周期和成本，而且也难以保证系统的正确性，有时甚至可能降低系统的性能。经过对 CISC 的各种指令在典型程序中使用频率的测试分析，发现只有占指令系统 20%的指令是常用的，并且这 20%的指令大多属于算术/逻辑运算、数据传送、转移、子程序调用等简单指令，而占 80%的指令在程序中出现的概率只有 20%左右。这说明花费了大量代价增加的复杂指令只能有 20%左右的使用率，这将造成硬件资源的大量浪费。

在这种情况下，人们开始考虑能否用最常用的 20%左右的简单指令来组合实现不常用的 80%的指令，由此引发了 RISC 技术，出现了精简指令系统计算机 RISC。

6.4.2　精简指令系统计算机 RISC

如上分析可知，RISC 技术希望用 20%左右的简单指令来组合实现不常用的 80%的指令。用一套精简的指令系统取代复杂的指令系统，使机器结构简化，以达到用简单指令提高机器性能和速度、提高机器的性能价格比的目的。应该注意的是，RISC 并不是简单地将 CISC 的

指令系统进行简化，为了用简单的指令来提高机器的性能，RISC 技术在硬件高度发展的基础上采用了许多有效的措施。

一般 CPU 的执行速度受 3 个因素的影响，即程序中的指令总数 I、平均指令执行所需的时钟周期数 CPI 和每个时钟周期的时间 T。CPU 执行程序所需的时间 P 可用式（6-1）表示，即

$$P = I \cdot CPI \cdot T \tag{6-1}$$

显然，减小 I、CPI 和 T 就能有效地减少 CPU 的执行时间，提高程序执行的速度。因此，RISC 技术主要从简化指令系统和优化硬件设计的角度来提高系统的性能与速度。

RISC 指令系统的主要特点如下。

（1）选取一些使用频率高的简单指令以及很有用又不复杂的指令来构成指令系统。

（2）指令数目较少，指令长度固定，指令格式少，寻址方式种类少。

（3）采用流水线技术，大多数指令可在一个时钟周期内完成，特别是在采用了超标量和超流水技术后，可使指令的平均执行时间小于一个时钟周期。

（4）使用较多的通用寄存器以减少访存。

（5）采用寄存器—寄存器方式工作，只有在存数（STORE）/取数（LOAD）指令时访问存储器，而其余指令均在寄存器之间进行操作。

（6）控制器以组合逻辑控制为主，不用或少用微程序控制。

（7）采用优化编译技术，力求高效率地支持高级语言的实现。

表 6-1 给出了一些典型的 RISC 指令系统的指令条数。

表 6-1　一些典型的 RISC 指令系统的指令条数

机器名	指令数	机器名	指令数
RISC 11	39	AIPHA	44
MIPS	31	INMOS	111
IBM 801	120	IBMRT	118
MIRIS	64	HPPA	140
PYRAMID	128	CLIPPER	101
RIDGE	128	SPARC	89

与 CISC 机相比，RISC 机的主要优点如下。

（1）充分利用了 VLSI 芯片的面积。

由 RISC 的特点可知，RISC 机的控制器采用组合逻辑控制，其硬布线逻辑通常只占 CPU 芯片面积的 10% 左右。而 CISC 机的控制器大多采用微程序控制，其控制存储器在 CPU 芯片内所占的面积达 50% 以上。因此 RISC 机可以空出大量的芯片面积供其他功能部件用。例如，增加大量的通用寄存器，将存储管理部件也集成到 CPU 芯片内等。

（2）提高了计算机的运算速度。

根据 RISC 的特点可知，由于 RISC 机的指令数、寻址方式和指令格式种类比较少，指令的编码很有规律。因此 RISC 的指令译码比 CISC 快。由于 RISC 机内通用寄存器多，减少了访存次数，加快了指令的执行速度；而且由于 RISC 机中常采用寄存器窗口重叠技术，使得

程序嵌套调用时，可以快速地将断点和现场保存到寄存器中，减少了程序调用过程中的保护现场和恢复现场所需的访问时间，进一步加快了程序的执行速度。另外，由于组合逻辑控制比微程序控制所需的延迟小，缩短了 CPU 的周期，因此 RISC 机的指令实现速度快；并且在流水技术的支持下，RISC 机的大多数指令可以在一个时钟周期内完成。

（3）便于设计，降低了开发成本，提高了可靠性。

由于 RISC 机指令系统简单、机器设计周期短，设计出错可能性小，易查错、可靠性高。

（4）有效地支持高级语言。

RISC 机采用的优化编译技术可以更有效地支持高级语言。由于 RISC 指令少，寻址方式少，使编译程序容易选择更有效的指令和寻址方式，提高了编译程序的代码优化效率。CISC 和 RISC 技术都在发展，两者都具有各自的特点。目前两种技术已开始相互融合。这是因为随着硬件速度、芯片密度的不断提高，RISC 系统也开始采用 CISC 的一些设计思想，使得系统日趋复杂；而 CISC 机也在不断地部分采用 RISC 的先进技术（如指令流水线、分级 Cache 和通用寄存器等），其性能也得到了提高。

6.5　指令系统举例

6.5.1　IBM 大型机指令系统

IBM 公司于 1964 年推出 IBM 360 系列机，1970 年推出 IBM 370 系统。IBM 370 对 IBM 360 是完全向上兼容的，它增加了少量新指令，如长字符串指令，扩充了字节处理指令和十进制运算指令，并取消了数据对准要求。

1983 年 IBM 推出了 370 的扩充结构：IBM 370 – XA，首次在 3080 系列上实现，后来又扩充结构 ESA/370，于 1986 年推出 3090 系列。ESA/370 增加了指令格式，称为扩充格式，有 16 位操作码，包括了向量运算与 128 位长度的浮点运算指令。

下面简单介绍 IBM 360/370 的结构及其指令系统。

IBM 360 是 32 位机器，按字节寻址，支持的数据类型有字节、半字、字、双字（双精度实数）、装配的十进制（用 4 位二进制码表示一个十进制数，一个字节放两个十进制数）和未经装配（拆卸）的字符串（一字节放一字符）。机内有 16 个 32 位通用寄存器，4 个双精度（64 位）浮点寄存器。

IBM 360/370 有 5 种指令格式。每一种格式对应一种寻址方式与多种操作（由 OP 决定）。某些操作可定义多种指令格式，但大多数不是这样。

（1）RR（寄存器—寄存器）格式。

两个源操作数都在寄存器中，结果放在第一个源寄存器中。

（2）RX（寄存器—变址）格式。

第一个源操作数与结果放在同一寄存器中，第二个源操作数在存储器中，其地址 $=$ $(X_2)+(B_2)+D_2$，D_2 为 12 位偏移量（无符号）。

（3）RS（寄存器—存储器）格式。

R_1 是存放结果的目的寄存器，R_3 为源操作数寄存器，另一个操作数在存储器中，其地址 $=$

（B_2）+D_2。RS 与 RX 的区别在于 RS 是三地址格式，并取消了变址寄存器。

（4）SI（存储器—立即数）格式。

将立即数 imm（8 位）送到存储器，其地址 =（B_1）+D_1。

（5）SS（存储器—存储器）格式。

两个操作数都在存储器中，其地址分别为（B_1）+D_1 和（B_2）+D_2，（B_1）+D_1 还是目的地址。SS 格式用于十进制运算与字符串处理，数据长度（Length）字段可定义为 1 个长度（1～256 个字符）或两个长度（每一个为 1～16 个十进制数）。

6.5.2　Pentium Ⅱ 的指令系统

Pentium Ⅱ 的是 Intel 公司于 1997 年 5 月推出的 Pentium 系列的第二代产品，与 Intel 公司的 80486、Pentium、Pentium Pro、Pentium MMX、Celeron 和 Xeon 等微处理器一样，是一台完全的 32 位机。Pentium Ⅱ 采用的是 Intel 公司的 IA－32 体系结构，引入了包括 MMX 等指令在内的更高版本的指令，使其性能比 Intel 公司先行推出的 CPU 芯片有了更大的提高。由于 Pentium Ⅱ 是 Intel 公司在 IBM PC 机上使用的 8088 CPU 的嫡系后代，所以虽然 Pentium Ⅱ 的性能与 8088 相比已不可同日而语，但可以完全向下兼容到 8088。Intel 公司的 x86 系列 CPU 采用的是 CISC 指令系统的设计思想，指令系统规模庞大。但从 Pentium MMX、Pentium Ⅱ 开始，采用了 RISC 的设计思想，尤其是 Pentium Ⅱ，采用了一个基于 RISC 的处理器内核，使用了大量 RISC 的特性，使 Intel 公司的 x86 系列微处理器的性能上升到了一个崭新的台阶。下面简单介绍一下 Pentium Ⅱ 的指令系统。

1．Pentium Ⅱ 的指令格式

Pentium Ⅱ 的指令格式比较繁杂，最多可以有 6 个变长域，其中 5 个是可选的，如图 6－13 所示。

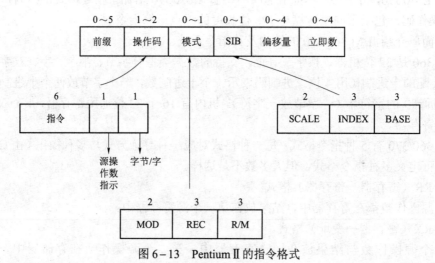

图 6－13　Pentium Ⅱ 的指令格式

（1）前缀字节。

前缀字节是一个额外的操作码，它附加在指令的最前面，用于改变指令的操作。

（2）操作码字节。

操作码的最低位用于指示操作数是字节还是字，次低位用于指示内存地址（如果需要访问内存时）是源地址还是目的地址。

（3）模式字节。

模式字节包含了与操作数有关的信息。该字节可分成两位的 MOD 字段及两个 3 位的寄存器字段 REG 和 R/M。在某些情况下，模式字节的前 3 位可用作操作码扩展，这时操作码的长度就是 11 位。

Pentium Ⅱ 指令系统规定操作数中必须有一个是在寄存器中。模式字段 MOD 与 R/M 字段组合定义另一个操作数的寻址方式，REG 字段规定了另一个操作数所在的寄存器。

从逻辑上来说，EAX、EBX、ECX、EDX、ESI、EDI、EBP 和 ESP 中的任意一个都可以用于源操作数寄存器和目的操作数寄存器。但是编码规则禁止了其中的某些组合，而把它们用于特殊的目的。

（4）额外模式字节 SIB。

SIB 字节定义了一个比例因子（SCALE）和两个寄存器。当出现 SIB 字节的时候，计算操作数地址的方法是：先用变址寄存器（INDEX）乘上 1、2、4 或者 8（由比例因子决定），然后再加上基址寄存器（BASE），最后再根据 MOD 字节来决定是否要加上一个 8 位或者 32 位的偏移量。

（5）偏移量。

偏移量字节给出了 1、2 或者 4 个字节的内存地址。

（6）立即数。

立即数字节给出了 1、2 或者 4 个字节的常量。

2. Pentium Ⅱ 的寻址方式

Pentium Ⅱ 具有很大的地址空间，采用了段页式存储管理模式，即将内存分为 16 384 个段，每个段的内容为 4 GB，按 $0 \sim 2^{32} - 1$ 进行编址，地址长度为 32 位，按照小端排序（低位地址存放在低位字节）的方式存储字。

Pentium Ⅱ 配备了大量的寄存器，包括基本体系结构寄存器、系统级寄存器、调试和测试寄存器、浮点寄存器等，其中 32 位的通用寄存器不仅可以用于处理 32 位数据，还可以用于处理 16 位和 8 位数据，以满足用户的不同要求。

为了满足向下兼容的要求，Pentium Ⅱ 的寻址方式非常没有规律，它支持的寻址方式包括立即寻址、直接寻址、寄存器寻址、寄存器间接寻址、变址寻址、基址加变址寻址、相对寻址和用于数组元素的特殊寻址方式。当然不是所有的寻址方式都能用于所有的指令，也不是所有的寄存器都能用于所有的寻址方式。表 6-2 给出了 32 位模式下的寻址方式。

表 6-2　Pentium Ⅱ 32 位寻址方式（M[x]表示 x 处的内存字）

R/M	MOD			
	00	01	10	11
000	M[EAX]	M[EAX+OFFSET8]	M[EAX+OFFSET32]	EAX 或 AL
001	M[ECX]	M[ECX+OFFSET8]	M[ECX+OFFSET32]	ECX 或 CL

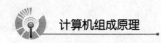

R/M	MOD			
	00	01	10	11
010	M[EDX]	M[EDX+OFFSET8]	M[EDX+OFFSET32]	EDX 或 DL
011	M[EBX]	M[EBX+OFFSET8]	M[EBX+OFFSET32]	EBX 或 BL
100	SIB	带 OFFSET8 的 SIB	带 OFFSET32 的 SIB	ESP 或 AH
101	直接	M[EBP+OFFSET8]	M[EBP+OFFSET32]	EBP 或 CH
110	M[ESI]	M[ESI+OFFSET8]	M[ESI+OFFSET32]	ESI 或 DH
111	M[EDI]	M[EDI+OFFSET8]	M[EDI+OFFSET32]	EDI 或 BH

3. Pentium II 的部分指令

Pentium II 中的指令系统包括以下指令。

（1）数据传送类指令。

（2）算术运算类指令。

（3）逻辑运算类指令及位处理类指令。

（4）字符串操作类指令。

（5）程序控制类指令。

（6）系统寄存器、表控制类指令。

（7）MMX（Multi–Media eXtension）指令集。

（8）系统和 Cache 控制类指令。

4. Pentium II 的指令前缀

Pentium II 中的指令前缀是可以放在大多数指令之前的一个特殊字节，用于控制指令的执行过程。举例如下。

① REP 前缀表示重复执行指令，直到 ECX 变成 0。

② REPZ 前缀表示重复执行指令，直到条件码 Z 变为 1。

③ REPNZ 前缀表示重复执行指令，直到条件码 Z 变为 0。

④ LOOK 前缀为整条指令保留总线，以允许多处理机同步。

还有一些指令前缀可以使指令运行于 16 位模式或者 32 位模式下。这些指令前缀不仅需要指令改变操作数的长度，而且需要彻底地重新定义操作数的寻址方式。

6.6 机器语言、汇编语言和高级语言

一台计算机能够识别并执行的语言并不是任何一种高级语言，而是一种用二进制码表示的、由一系列指令构成的机器语言。因此，任何问题不管使用哪一种计算机语言（汇编语言或高级语言）表述，都必须使用翻译程序转换成机器语言后才能执行。

机器语言存在着可读性差、不易编程和不易维护等许多缺点，这就给编写程序造成许多困难。然而，可以用预先规定的符号来分别替代二进制码表示的操作码、操作数或地址，用

便于记忆的符号而不是二进制码来编写程序就要方便得多。

【例6－13】 ADD   表示加法操作

　　　　　SUB   表示减法操作

　　　　　MUL   表示乘法操作

　　　　　DIV   表示除法操作

　　　　　MOV   表示传送操作

　　　　　A   表示累加器

这种用助记符来表示二进制码指令序列的语言，称为汇编语言，它基本上是与机器语言一一对应的。

显然，用汇编语言编写的程序，计算机不能直接识别，必须将它翻译成机器语言后才能执行，翻译过程是把用助记符表示的操作码、操作数或地址用相应的二进制码来替代，通常是由计算机执行汇编程序来完成的。

用汇编语言编写程序，对程序员来说虽然比用机器语言方便得多，它的可读性较好，出错也便于检查和修改，但它同计算机的硬件结构、指令系统的设置关系非常密切。因此，汇编语言仍然是一种面向计算机硬件的语言，程序员使用它编写程序必须十分熟悉计算机硬件结构的配置、指令系统和寻址方式，这就对程序员有很高的要求。概括起来，汇编语言主要存在以下3个缺陷。

（1）汇编语言的操作简单（主要是简单的算术/逻辑运算、数据传送和转移），描述问题的能力差，用它编写程序工作量大，源程序较长。

（2）用汇编语言编写的程序与问题的描述相差甚远，其可读性仍然不好。

（3）汇编语言依赖于计算机的硬件结构和指令系统，而不同的机器有不同的结构和指令，因而用它编写的程序不能在其他类型的机器上运行，可移植性差。

总之，用汇编语言编写程序仍然有诸多不便。

FORTRAN、C、PASCAL、COBOL 等高级语言就是为了克服汇编语言的这些缺陷而发展起来的。高级语言与计算机的硬件结构及指令系统无关，表达方式更接近于自然语言，描述问题的能力强，通用性、可读性和可维护性都很好。此外，用高级语言编写程序，无须考虑机器的字长、寄存器状态、寻址方式和内存单元地址等，因而要比用汇编语言容易得多。

显然，高级语言在编写程序方面比汇编语言优越得多，但并不是完美无缺的，它也存在着以下两个缺陷。

（1）用高级语言编写的程序，必须翻译成机器语言才能执行，这一工作通常是由计算机执行编译程序来完成的。由于编译过程既复杂又冗长，与有经验的程序员用汇编语言编写的程序相比至少要多占内存2/3，速度要损失一半以上。

（2）由于高级语言程序"看不见"机器的硬件结构，因而不能用它来编写需要访问机器硬件资源的系统软件或设备控制软件。

为了克服高级语言不能直接访问机器硬件资源（如某个寄存器或存储器单元）的缺陷，一些高级语言（如 C、PASCAL、FORTRAN 等）提供了与汇编语言之间的调用接口。用汇编语言编写的程序，可作为高级语言的一个外部过程或函数，利用堆栈来传递参数或参数的地址（如何传递参数与高级语言的版本有关）。两者的源程序通过编译或汇编生成目标文件后，利用连接程序把它们连接成可执行文件便可运行。采用这种方法，用高级语言编写程序时，

若用到机器的硬件资源，则可调用汇编程序来实现。

总之，汇编语言和高级语言有各自的特点。汇编语言与硬件的关系密切，用它编写的程序紧凑，占内存小，速度快，特别适合于编写经常与硬件打交道的系统软件；而高级语言不涉及机器的硬件结构，通用性强，编写程序容易，特别适合于编写与硬件没有直接关系的应用软件。

第7章

控制器组成原理

控制器是计算器的调度中心，它将计算机中的运算器、存储器与输入/输出设备等联系在一起组合成一个整体，控制器根据控制指令的要求会指挥协调其余计算机组成部分工作，并且能对计算机工作过程中的特殊请求和异常情况及时作出处理。

计算机的功能实际上就是执行预定好的程序代码，而计算机本身是无法识别程序的，因此在程序的执行过程中，实际上程序是先被转换为了很多的机器指令。在执行机器指令时计算机的控制单元会发出各种控制信号，也叫微操作。在本章开头首先对微操作进行分析，然后介绍控制单元的相关内容，对于控制器将介绍两种设计方法，分别是组合逻辑式与微程序式。

7.1 微操作分析

上述曾提到，计算机在处理程序时，是将程序代码转换为机器指令，在执行指令时，每一个指令周期执行一条机器指令。在指令周期中，计算机还要分步做很多工作，如取指令、执行指令、间接寻址与中断等。在其中，取指令与执行指令是每个指令周期必须执行的。称这些在指令周期中的小单元为指令周期的子周期。而指令周期的子周期又可以分为更小的步骤，称这些更小的步骤为微操作，如图 7-1 所示。

CPU 的基本操作就是微操作，接下来将考察微操作是如何在指令周期中被分解描述的，进而理解控制器的工作原理。

7.1.1 取指周期

指令周期中的第一个阶段就是取指周期，也可以称为指令阶段，它的作用是在周期内，从存储器中将所需要执行的指令取出。为了方便讨论，首先介绍它涉及的 4 个寄存器。

（1）存储地址寄存器 MAR（Memory Address Register）：MAR 连接在系统总线的地址线中，其中存放的是需要访问的存储器地址。

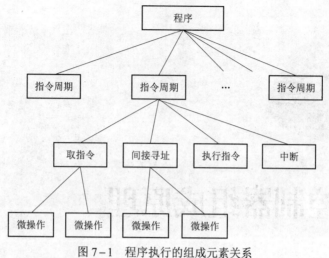

图 7-1 程序执行的组成元素关系

（2）存储缓冲寄存器 MBR（Memory Buffer Register）：MBR 连接在系统总线的数据线中，其中存放的为将要写入存储器的数据或者是最后从存储器读取出的数据。

（3）程序计数器 PC（Program Counter）：PC 保存的是下一条待取指令的地址。

（4）指令寄存器 IR（Instruction Register）：IR 中保存着最近取出的指令。

通过图 7-2 来观察取指周期的事件序列。第一步在周期初期，接下来将要被执行的指令所在的地址会被放在 PC 中，此例子中地址为 0000000001110100。

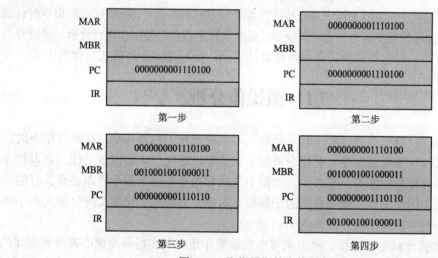

图 7-2 取指周期的事件顺序

接下来第二步，将在 PC 中的地址送到 MAR 存储地址寄存器中，因为这个寄存器是唯一和系统地址线相连的寄存器。第三步将需要的数据所在地址通过 MAR 发送到地址线中，控制器发送读命令在系统总线控制线中，所需要的数据就会通过数据线发送出来，并复制到存储缓冲寄存器 MBR 内。在这一步，PC 作为待取指令地址存放的地方，在数据储存的同时自己加 1（在此例子用 16 位作为例子，每条指令的长度为 2 B，所以此例中是加 2 也就是 10）。

第四步是将取到存在 MBR 缓冲寄存器中的数据发送到 IR 指令寄存器中。

通过例子，可以把取指周期在不同时间段分为 4 个微操作，这 4 个微操作分别如下。

（1）将需要执行的指令所在地址送入存储地址寄存器中：PC→MAR。

（2）从数据线上装入需要执行的指令：memory→MBR。

（3）程序计数器 PC 加 1（例中一条指令为 2 B，故需要加 2，此条在时间上是和（2）同步进行的），PC + 1→PC。

（4）将取出的指令从 MBR 送到 IR 中：MBR→IR。

7.1.2　间址周期

在读取到指令后，接下来要做的就是取得指令源操作数。若指令中指定的是间接地址，那么则在执行周期开始之前还需要有一个间址周期。

间接寻址是建立在直接寻址基础上的，通俗地说，就是在直接寻址时得到的不是最终的数据，而是一个地址。需要通过这个地址再进行寻址，也就是二次寻址。第一次得到的是地址，而第二次得到的才是数据。

在间址周期中分别需要进行 3 个微操作，分别如下。

（1）将源操作数所在的地址也就是刚才 IR 所得到的地址送入 MAR 存储地址寄存器中：IR→MAR。

（2）通过数据总线将数据读取到存储缓冲寄存器 MBR 中：memory→MBR。

（3）最终地址送入指令寄存器中的地址字段：MBR→IR。

经过间址周期后，IR 的状态相当于不需要使用间接寻址时候的状态，并为接下来的执行周期做好了准备。

7.1.3　中断周期

中断在计算机中十分重要，现代计算机中毫无例外都要使用中断技术。什么是中断呢？例如，你正在写信，而这时电话响了，这时你去接电话，通完话后又开始接着写信。在这个例子中，写信的工作就好比计算机原有应该执行的程序，而电话响了就是一个中断请求，这时你暂停了原来的工作，转而去执行更紧急的任务，这就是中断响应，而通话的过程则是中断处理。

在 CPU 执行周期结束时，都需要进行一次中断查询。作用是查询是否有某个 I/O 提出了中断请求。如果有请求，CPU 就要暂停接下来的工作，进入中断响应。

在中断周期中，基本的操作过程如下。

（1）将程序计数器 PC 中的地址数据保存到存储缓冲存储器中：PC→MBR。

（2）将用来存放 PC 中旧地址的空间地址写入 MAR 中：保存地址→MAR。

（3）将中断程序的起始地址送入程序计数器中：子程序地址→PC。

（4）将原旧地址通过数据总线从 MBR 中存放到指定地址 MAR 的空间中：MBR→memory。

在操作过程中，第一步是将旧地址暂时保存，第二步是指定旧地址的存储位置，第三步就将程序的执行位置转到中断程序的起始段，最后一步则是将旧地址保存在指定位置，也叫

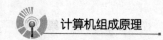

作断点保护。之后 CPU 就可以准备开始下一指令周期了。

7.1.4 执行周期

取指、间址和中断周期是相对简单而且是可预先确定的。它们每个都包含一系列小而固定的微操作，每当各自的周期出现时它响应的一系列微操作就会重复操作一次。

在执行周期中，它并不像其他周期一样是不变的，对于拥有 N 种操作码的计算机而言，就会出现 N 种微操作序列。下面将分指令类型分别讨论不同类型的指令微操作。

1. 转移指令

转移指令主要分为两种，分别是无条件转移指令与条件转移指令。这种类型的指令在执行的过程中是不需要访问存储器的。

（1）无条件转移指令。

JMP X

指令"JMP X"的作用是将程序指向无条件转移到 X 所指定的地方，使其成为接下来将要执行的指令。也就是说，"JMP X"是将需要完成的指令的地址码送入 PC 程序计数器中，让其成为接下来要执行的程序。它相对的微操作可以表示为 Ad(IR)→PC。

（2）条件转移指令。

JC X

JC 是条件转移指令之一，也叫进位转移指令。它转移的条件是当进位位 CF = 1 时，也就是当有进位时转移。在微操作上，也就是当发生进位时就将地址发送至 PC 中，无进位则顺序执行。需要注意的是，在执行阶段下一条要执行的指令地址已经保存在了程序计数器中。该指令的微操作可以表示为 $CF \times Ad(IR) + \overline{CF} \times (PC) \to PC$。

相对于进位转移指令，还有一种为无进位转移指令"JNC X"。它与 JC 刚好相反，它的转移条件是当 CF = 0 时转移，所以它的微操作可以表示为 $\overline{CF} \times Ad(IR) + CF \times (PC) \to PC$。

2. 非访存指令

（1）累加器清除指令。

CLA

这条指令完成的任务是将累加器的数值清零，其微操作表示为

$$0 \to ACC$$

（2）累加器取反指令。

COM

这条指令完成的任务是将累加器中的内容进行取反操作，其微操作表示为

$$\overline{ACC} \to ACC$$

（3）累加器加 1 指令。

INC

这条指令完成的任务是将累加器中的内容加 1，其微操作表示为

$$ACC + 1 \to ACC$$

（4）算术右移 1 位指令。

SHR

这条指令完成的任务是将累加器中的内容算术右移 1 位。在这里需要注意，对于算术右移，如果最高位为 1，则补 1；相反地，如果最高位是 0 则补 0。如果是逻辑右移位，则不考虑符号位的数值，直接用 0 补齐。它的微操作表示为

$$L(ACC) \rightarrow R(ACC), \quad ACC_0 \rightarrow ACC_0$$

（5）循环左移 1 位指令。

CSL

这条指令完成的任务是将累加器的内容循环左移 1 位。这里补充一下循环左移的概念，在循环左移中，需要将高位溢出的数据送往最低位空出的位中。其微操作表示为

$$R(ACC) \rightarrow L(ACC), \quad ACC_0 \rightarrow ACC_n$$

（6）停机指令。

STP

在计算机中有一个运行标志位触发器 G。当 G=1 时表示机器运行；当 G=0 时表示机器停机。因而这条指令完成的任务就是将运行标志触发器 G 置为 0 即可，其微操作表示为

$$0 \rightarrow G$$

3. 访存指令

访存指令是指在执行周期中，需要访问存储器的指令。

（1）加法指令。

ADD R, X

在指令中，R 为一个寄存器，X 为一个直接地址。这条指令完成的任务是将地址 X 所指向的数据调出，并与 R 中的数通过 ALU 相加再送到 R 中。步骤分别为：第一步将指令中的地址部分 X 送到 MAR 存储地址寄存器中；第二步经过数据总线将地址 X 所指向的内容读取到存储缓冲寄存器 MBR 中；第三步是由 ALU 将取出的数与 R 中的数据相加并存放在 R 中。其微操作可表示如下。

第一步：IR（地址）$\rightarrow$ MAR

第二步：memory $\rightarrow$ MBR

第三步：(MBR)+R $\rightarrow$ R

根据操作数的位置不同，在加法指令中的微操作也可能是不同的。例如，如果 X 为一个寄存器而不是一个地址，那么对于加法指令只需要一个微操作即可。

（2）存数指令。

STA   X

这条指令完成的任务是将 ACC 累加器中的内容存放到存储器的地址 X 中去。完成这条指令需要的步骤可分为 3 步：第一步将地址 X 送入存储地址寄存器 MAR 中；第二步将 ACC 累加器中需要存储的内容送入存储缓冲寄存器 MBR 中；第三步通过发送写指令，将 MBR 中的内容送到存储器的地址 X 中。其微操作可表示如下。

第一步：IR（地址）$\rightarrow$ MAR

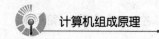

第二步：ACC → MBR

第三步：MBR → memory

（3）取数指令。

LDA X

这条指令完成的任务刚好和存数指令完成的任务相反，是将存储器中地址 X 内的内容取至 ACC 累加器上。完成指令的步骤可分为 3 步：第一步将地址 X 送入存储地址寄存器 MAR 中；第二步发出读取指令，将地址 X 中的内容取至存储缓冲寄存器 MBR 中；第三步将 MBR 存储缓冲寄存器中的内容送至 ACC 累加器中。其微操作可表示如下。

第一步：IR（地址）→ MAR

第二步：memory → MBR

第三步：MBR → ACC

7.2 控制器的功能

7.2.1 控制器的功能需求

CPU 的功能可细化为微操作的层面。通过将 CPU 操作分解到最基础的层面，这样可以详细地定义控制器需要的动作。因此，如果需要确定控制器需要的功能特性或者是要完成的功能，只有通过对控制的功能进行需求分析后才能对控制器进行具体的设计和实现。

根据现有的信息，可以通过以下步骤来分析表示控制器。

（1）确定 CPU 的基本元素。

（2）描述 CPU 需要完成的微操作。

（3）确定控制器需要完成的微操作，以确定控制器必须具备的功能。

（4）通过分析，可以得出 CPU 的基本功能元素。

（5）ALU，计算机核心功能模块。

（6）寄存器，用于保存 CPU 内的数据，一部分寄存器用于保存状态信息，如程序状态字，另一部分寄存器用于保存需要保存或输出的来自 ALU 或 I/O 模块的数据。

（7）内部数据路径，用于寄存器与寄存器的传输或寄存器与 ALU 之间的数据传输。

（8）外部数据路径，用于将寄存器链接到 I/O 或内存的路径，通常是通过系统总线来完成的。

（9）控制器，控制 CPU 内的操作发生。

程序的执行都是由这些基本功能元素组成。根据前述，这些操作又可以由更细小的微操作来构成，因此可以总结出微操作可大致分类如下。

（1）寄存器之间的数据传输。

（2）寄存器到外部的数据传输。

（3）外部到寄存器的数据传输。

（4）由寄存器作为输入/输出来完成的算术逻辑运算。

在 CPU 执行程序的指令周期时，其所需要的微操作都是属于上述中的一种。

通过分析可以得出，控制器需要完成以下两个基本功能。

（1）排序。根据目前的程序需要，控制器使 CPU 按照一定的顺序来完成微操作。

（2）执行。控制 CPU 完成需要的操作，确保操作的完成。

7.2.2　控制器控制信号

为了使控制器实现功能，在外部特征上就必须要有系统状态的输入与控制系统行为输出。在内部特征上必须具有排序和执行的功能。

图 7-3 所示为控制器的一般模型。

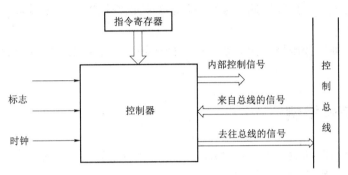

图 7-3　控制器模型

时钟：它是一个控制器的指挥棒，就像一个人的心脏，控制着机体有规律地工作。时钟按照一定节奏发出信号，控制器在每个时钟脉冲中去完成一个或者一组微操作。时钟也称为处理器周期或者时钟周期。

指令寄存器：这里的操作码决定在执行周期中需要完成的微操作。

标志：控制器需要知道一些标志来判断 CPU 工作到了什么程度，以及 ALU 操作的结果，来相应地产生控制信号。例如，指令 JC 当有进位发生时则转移，这时进位位 CF 就是作为标志位存在的。控制器可以通过判断 CF 来确定接下来的步骤。

来自总线的信号：系统总线中的控制总线向控制器发送的信号，如中断请求信号或者 DMA 请求等信号。

去往总线的信号：由控制器发往控制总线的信号。可分为两类：第一类为对存储器的控制信号；第二类为对 I/O 的控制信号。

内部控制信号：内部控制信号可以分为两类，第一类为寄存器与其他部件之间的数据传送；第二类为打开指定的 ALU 功能。

图中信号大体分为以下 3 类。

（1）启动 ALU 功能。

（2）控制数据路径。

（3）外部总线或其他外部接口。

这些信号最终都会以二进制的形式送到各个逻辑门上。

再次回顾一下取指周期，明确控制器是如何维护控制的。控制器单元保持当前指令周期信息，在明确将要完成的取指令周期地址后，控制器单元会将 PC 中的内容发送到 MAR 中，这个发送的过程控制器单元是通过启动控制信号打开 PC 和 MAR 中各个位之间的逻辑门来完成的。接下来从存储器中读出一个字装入 MBR 中,并且将 PC 叠增。在这个过程中控制器发出的信号有以下几种。

（1）开启逻辑门信号,允许 MAR 中的地址内容发送到地址总线中。

（2）存储器读信号,将对存储器的读取控制信号发送到控制总线上。

（3）允许数据从总线上存入 MBR 中的开门信号。

（4）对 PC 中内容进行叠增,并且返回存入 PC 中的信号。

最后控制器单元会发出打开 MBR 与 IR 之间逻辑门的控制信号。

这样一个过程就完成了取指周期,接下来控制器单元还必须判断下面是需要完成一个间址周期还是需要完成一个执行周期。为此,控制器单元需要检查 IR 来看看此指令是否需要进行间接存储器的访问。

如果是执行周期,控制器单元需要先检查操作码,并由此来确定执行周期内需要完成的微操作。

7.2.3 控制信号举例

为了说明控制器的功能,下面以 ADD 加法指令为例来理解控制器单元在指令完成的过程中不同控制信号分别起到什么作用。

图 7-4 所示为数据路径与控制信号的示意图,图中控制信号的路径并未指出,但在控制信号的路径终端用圆圈指出并标记为 C_i。控制器单元分别接收时钟、指令寄存器和标志位的输入信号。在每个时钟周期,控制器单元将接收这些输入信号,并且会发出一组控制信号。控制信号主要送往的目的地大体分为以下 3 类。

（1）系统总线。控制器单元如需要读取存储器内容时就需要发送读指令信号到系统总线上。

（2）ALU。控制器通过一组信号来控制 ALU 操作,主要作用在 ALU 内的各种逻辑装置和门。

（3）数据路径。控制器单元控制内部数据流。例如,取指令时,存储缓冲寄存器的内容需要传送到指令寄存器。为了能够控制每个路径,因此在每个路径上都有控制门,当数据需要通过时,控制器单元的控制信号会暂时地打开控制门让数据通过。

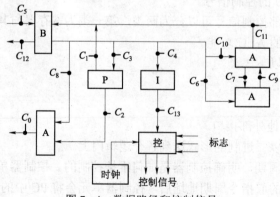

图 7-4　数据路径和控制信号

控制器单元必须清楚自己处于指令周期中的什么阶段。使得在读取到各个输入信号后能通过发送一系列的控制信号来完成微操作。控制器使用时钟脉冲来确定事件的顺序，并且允许事件之间有一定的时间间隔来保证信号的稳定。表7-1列出了前面描述过的一些微操作序列所需要控制的控制信号。为了简化描述，增量 PC 的数据与控制路径，以及固定地址送入 PC 和 MAR 的数据和控制路径没有给出。

表7-1　控制信号与微操作

项目	微　操　作	有效控制信号
取指	t_1: MAR ←（PC）	C_2
	t_2: MBR ← memory	C_5, C_R
	PC ←（PC）+1	
	t_3: IR ←（MBR）	C_4
间址	t_1: MAR ←（IR（地址））	C_8
	t_2: MBR ← memory	C_5, C_R
	t_3: IR（地址）←（MBR（地址））	C_4
中断	t_1: MBR ←（PC）	C_1
	t_2: MAR ← 保存地址	
	PC ← 子程序地址	
	t_3: memory ←（MBR）	C_{12}, C_w

注：C_R 为发送到系统总线的读控制信号；C_w 为发送到系统总线的写控制信号。

控制单元是整个计算机运行的引擎。它只需要知道将被执行的指令和算术、逻辑运算结果的性质，不需要知道实际运算数据的结果具体是什么，并且它控制任何事情只是通过少量的送到 CPU 内和系统总线上的控制信号来实现。

7.2.4　多级时序系统

在了解多级时序系统之前，首先了解一下机器周期和时钟周期的概念。

机器周期是在所有指令执行的过程中的一个基准时间，它取决于指令的功能与部件速度。如果需要确定机器周期，通常需要先分析机器指令的执行步骤和每一个步骤所需要的时间。例如，存取指令可以表现出存储器的速度以及存储器与 CPU 的关系；加法指令可以表现出 ALU 的速度；而条件转移指令需要根据上一条指令的执行结果来确定转移是否需要发生，这个过程所需要的时间会比较长。总之，对机器指令步骤的分析，可以得到一个基准时间，在这个基准时间的基础上，所有的指令操作都会结束。但如果将机器周期定义为这个基准时间，则有不合理的地方存在，因为如果需要保证所有的指令都在机器周期内完成，机器周期只有按照完成复杂指令功能所需要的时间为准，这样对于简单的指令则会存在时间被浪费的现象。

但实际中，机器内部的操作大致可以分为对 CPU 内部的操作和对存储器的操作两个大类。CPU 内部操作速度是很快的，而 CPU 对存储器的访问操作速度要慢很多，由于任何指令的执行都要涉及对存储器的访问操作，所以以访问一次存储器时间定为基准时间比较合理，而这个基准时间就是机器周期。如果存储字长等于指令字长，机器周期就是取址周期。

在时钟周期的概念中，一个机器周期内将完成一系列的微操作，对于每个微操作都会花掉一定的时间，为了使微操作能按照一定的顺序执行，这时控制器单元就会使用时钟信号来控制产生微操作的命令，因此在一个机器周期内通常包含了若干时钟周期，也称为节拍或者状态。然而一个时钟周期则是一个节拍的宽度。一个节拍内控制器单元可以完成一个或者多个微操作。

图 7-5 所示为节拍、机器周期与指令周期的关系。由图中可以看出，一个指令周期可以由数个机器周期构成，然而一个机器周期又可以由数个时钟周期构成，并且每个指令周期中的机器周期数量是可以不相等的，机器周期中的时钟周期也同样是可以不相等的。例如，在图 7-5（a）所示的定长机器周期中，每个机器周期内都包含有 4 个时钟周期，然后在图 7-5（b）所示的不定长机器周期中，机器周期包含的时钟周期可以为 3 个也可以为 4 个，可以跳过一些时钟周期，更适用于一些简单的指令中。

多级时序系统，就是指的由机器周期和节拍构成的系统。

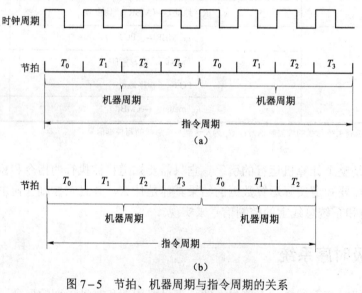

图 7-5 节拍、机器周期与指令周期的关系
（a）定长机器周期；（b）不定长机器周期

7.2.5 控制方式

由前面几节的介绍可知，控制器单元在执行指令的过程中，实际上就是按照一定的顺序去执行微操作的过程。但由于不同指令之间复杂程度是不同的，所以其所需要操作的微操作数也是不同的，所以在执行不同指令的过程中所需要的时间也是不同的。控制器单元会根据不同的微操作序列来采用不同的控制方式，这些控制方式大体分为 4 种，分别为同步控制、异步控制、联合控制与人工控制。

1. 同步控制

同步控制的方式是在每条指令或指令中的微操作执行过程中，都是由一个确定并且统一的基准时间序列信号所控制的方式。

在图 7-5（a）中，每个机器周期都只包含 4 个时钟周期，这就是一种典型的同步控制方式。在存储器存取的过程中，如果取指令和取数据的时间不一样，控制器为了能达到同步控制的目的，都会按照最长的存取周期来作为机器周期；否则就无法统一标准。但由于一些不需要访问存储器的指令执行周期较短，为了能够充分利用 CPU 的工作资源，在同步控制技术中采用了一些措施，这些措施分别如下。

（1）机器周期与节拍统一。在这种措施中，所有的微操作序列都会按照最长、最复杂的微操作序列来作为标准，机器周期采用完全统一的时间间隔与节拍，在此种措施运行的所有指令，不需要考虑指令微操作序列的长短以及微操作的简繁，但对于一些简单指令来说，将可能会在时间上有所浪费。

（2）机器周期与节拍不统一。在这种措施中每个机器周期中的节拍可以不固定，如上小节中提到的图 7-5（b）。这种方式最大的优点是解决了微操作简繁导致的时间不统一问题。在这种控制方式的过程中，通常会采用一个较短的机器周期来作为控制标准，对于较为复杂的微操作会通过延长机器周期或者增加节拍来执行。图 7-6 所示为延长机器周期的示意图。

（3）中央控制与局部控制相结合。中央控制是将大部分指令都控制在一个统一并且较短的机器周期内完成。局部控制是除去大部分统一控制的指令，剩下的一些较为烦琐复杂的指令则就采用局部控制来完成。在这种方式的控制过程中，局部控制的每个节拍宽度应与中央控制的节拍宽度保持一致，局部控制作为中央控制的延伸将会被插入到中央控制的节拍当中，而为了让计算机按照同样的节奏工作，所以需要局部控制与中央控制同步。

（4）局部控制的节拍数量需要根据实际情况而定，如在乘法运算的过程中，节拍的数量由操作数位数来定，又如在浮点运算的对阶操作过程中，由于移位不是一个固定的值，因此这时的节拍数量就不能事先确定。

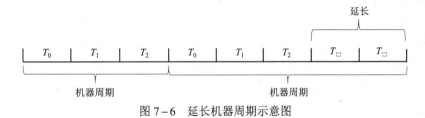

图 7-6　延长机器周期示意图

2. 异步控制

在异步控制的过程中，其不需要基准的时序信号，没有固定的周期节拍与时钟周期，执行指令所需要的时间以其本身需要花费的时间为标准。在这种控制中微操作时序需要专门设计应答路线来进行控制，当控制器单元发送出微操作执行信号后，在执行完成后会发出应答信号，然后接着开始发出新的微操作执行信号。这样的控制方式使得控制器单元可以连续工作。不过由于这种控制方式需要设计应答电路，因此在实现的过程中会比同步控制要复杂。

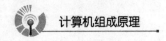

3. 联合控制

联合控制的意思是将同步控制与异步控制相结合，在这种控制的过程中，对于所有指令都采用大部分统一小部分区别对待的方式进行控制。例如，在取址操作中，采用同步控制的方式控制，然而对于时间比较难确定的操作，则使用异步控制的方式，等待执行部件回送应答信号后结束此次指令的操作。

4. 人工控制

人工控制是为了软件开发与调试机器的需要时使用的，这种方式通过在机器的外部或者内部设置控制键，通过手工来控制。下面具体介绍 3 类控制键。

（1）复位键。复位键的作用是将机器返回到初始状态，当机器死机或者无法继续完成运行任务的时候，按下复位键就可以将机器重置为初始状态，可以继续运行。但如果在机器正常状态下按下复位键，则可能导致某些状态值错误而引发错误，因此需要谨慎使用。

（2）单条运行或连续运行开关。这个控制键主要在调试过程中使用，如果需要观察执行某一条指令后的机器状态或者连续运行状态下机器的状态，则可以通过此控制键来进行切换。

（3）条件停机开关。这个控制键是用来指定存储器中的某一个地址，在程序运行到此地址时，机器将停止运行，通过这个方式来观察程序的运行状态。

7.3 控制器的设计

7.3.1 组合逻辑控制器

通过对控制器的分析，可以知道控制器单元应该具备输入/输出以及其他一些功能。控制器单元的设计与实现方法很多，但主要分为以下两类。

（1）组合逻辑设计与实现。

（2）微程序设计与实现。

组合逻辑设计的控制器单元其根本就是一个组合电路，其能够将控制器输入信号转变为对应的输出控制信号。然而微程序设计的控制器单元则更具有灵活性，并且能够解决在组合逻辑设计时硬件测试的难题。接下来将分别讨论这两大类控制器单元的设计与实现方法。

1. 控制器输入

控制器单元的输入信号主要包括指令寄存器、时钟信号、译码器、标志信号以及控制总线信号，如图 7-7 所示。

在控制器单元的各种输入中，IR（指令寄存器）是最为关键的，它控制着控制器完成不同的动作。控制器单元根据不同的指令寄存器发出的不同控制信号组合，来实现对该条指令的功能。每一条指令对应一个操作码，而每一条操作码都对应一条唯一的逻辑信号，这些逻辑信号会被输入到控制器单元 CU 中。译码器将会完成这个功能。译码器会对存放在 IR 中的指令操作码进行译码操作，会对指令寄存器中的 n 位操作码经过译码后产生 2^n 个二进制输出并送入 CU 中，下面列举了一个 3 位输入 8 位输出的译码器例子（见图 7-8），但实际在控制器单元的译码器中，因为要考虑到操作码变长的情况，所以实际会复杂很多。

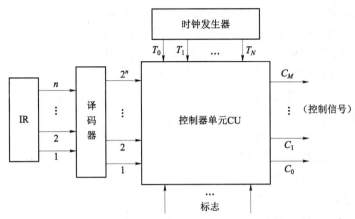

图 7 - 7　控制器单元及输入/输出

I_0	I_1	I_2	O_0	O_1	O_2	O_3	O_4	O_5	O_6	O_7
0	0	0	0	0	0	0	0	0	0	1
0	0	1	0	0	0	0	0	0	1	0
0	1	0	0	0	0	0	0	1	0	0
0	1	1	0	0	0	0	1	0	0	0
1	0	0	0	0	0	1	0	0	0	0
1	0	1	0	0	1	0	0	0	0	0
1	1	0	0	1	0	0	0	0	0	0
1	1	1	1	0	0	0	0	0	0	0

图 7 - 8　3 位输入 8 位输出译码器

　　控制器的时钟发生器会发出连续重复的脉冲序列，控制器单元通过这个脉冲序列来发出各种控制信号。为了能够让信号有足够的时间传达到目的地，时钟发生器发出的脉冲序列的时间周期必须要足够长。由于控制需要在一个指令周期内送出多个控制信号，则需要一个计数器来作为控制器单元的输入，以便能够在 T_1、T_2 等时刻发出控制信号。当指令周期到达结束阶段时，控制器单元又将计数器初始化回 T_1 时刻，以便开始下一条指令周期。

2. 微操作节拍

　　首先介绍一下每个指令周期的微操作节拍安排。假设控制器单元使用同步控制并且每个子周期使用 3 个节拍，在安排微操作节拍时，需要注意以下几点。

　　（1）某些微操作序列执行顺序是不能够进行改变的，在安排这些微操作节拍时需要注意微操作的先后顺序。

　　例如，取指周期时，"(PC)→MAR"微操作与"memory→MBR 微操作执行顺序如果发生改变，则将不能够取出需要执行的指令。

　　（2）对于访问对象不同的微操作，若是能够在一个节拍中执行的，应该尽量安排在同一

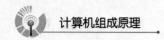

个节拍中执行，以节约时间。

依然以取指周期为例。"（PC）→MAR"微操作与"memory→MBR"微操作由于访问的对象不同，前者访问的是程序计数器（PC），而后者访问的是存储单元与存储缓冲寄存器（MBR），因此在安排节拍时，可以让它们在同一个节拍中执行。

（3）如果某些微操作所需要的时间很短，能够与其他微操作在同一个节拍中顺序执行完毕的，也应该尽量将它们安排在同一个微操作节拍中，以节约时间。

根据以上对微操作节拍安排的原则，下面将举例来讲解微操作节拍的安排。

1）取指周期的节拍

根据前面的分析可知，取指周期总共涉及以下 4 个微操作。

（1）将需要执行的指令所在地址送入存储地址寄存器中：$PC \rightarrow MAR$。

（2）在数据线上装入需要执行的指令：$memory \rightarrow MBR$。

（3）程序计数器 PC 加 1：$PC+1 \rightarrow PC$。

（4）将取出的指令从 MBR 送到 IR 中：$MBR \rightarrow IR$。

根据节拍安排三原则可以对其中的 4 个操作安排如下。

T_0：$PC \rightarrow MAR$

T_1：$memory \rightarrow MBR$

   $PC+1 \rightarrow PC$

T_2：$MBR \rightarrow IR$

在微操作节拍的安排中，原则一是所有原则的基础，在遵守了第一条原则的基础上，再根据原则二与原则三来安排节拍，最终目的是节约操作时间、提高效率。

在以上的节拍安排中，T_1 节拍使用了原则二进行安排。但实际上也可以用原则三的规则进行以下安排。

T_0：$PC \rightarrow MAR$

T_1：$memory \rightarrow MBR$

T_2：$MBR \rightarrow IR$

   $PC+1 \rightarrow PC$

2）间址周期的节拍

在间址周期中分别需要进行 3 个微操作，分别如下。

（1）将源操作数所在的地址也就是刚才 IR 所得到的地址送入 MAR 存储地址寄存器中：$IR \rightarrow MAR$。

（2）通过数据总线将数据读取到存储缓冲寄存器 MBR 中：$memory \rightarrow MBR$。

（3）将最终地址送入指令寄存器中的地址字段：$MBR \rightarrow IR$。

根据节拍安排三原则，间址周期的节拍可作以下安排。

T_0：$IR（地址）\rightarrow MAR$

T_1：$memory \rightarrow MBR$

T_2：$MBR \rightarrow IR（地址）$

3）执行周期的节拍

（1）转移指令。

① 无条件转移指令。指令"JMP X"在执行周期中只涉及一条微操作 $IR（地址）\rightarrow PC$，

而根据前面的定义，每个周期都固定有 3 个节拍，因此可以将此条微操作安排在 3 个节拍的任意一节拍中，其余的为空。例如：

T_0：IR（地址）$\to$ PC

T_1：

T_2：

② 条件转移指令。JC 是条件转移指令之一，在执行周期中也只有一条微操作 $CF \times Ad（IR）+ \overline{CF} \times（PC）\to PC$，和无条件转移指令一样，其节拍可以安排如下。

T_0：$CF \times Ad（IR）+ \overline{CF} \times（PC）\to PC$

T_1：

T_2：

（2）非访存指令。

① 累加器清零指令。CLA 累加器清零指令在执行周期的微操作为 0$\to$ACC。与上述情况类似，其节拍可安排如下。

T_0：

T_1：0 $\to$ ACC

T_2：

② 停机指令。停机指令 STP 在执行周期的微操作为 0$\to$G，同样地，其节拍可作以下安排。

T_0：

T_1：

T_2：0$\to$G

（3）访存指令。

① 加法指令。加法指令"ADD R, X"在执行周期中包含以下微操作。

a. 将指令中的地址部分 X 送到 MAR 存储地址寄存器中，IR（地址）$\to$ MAR。

b. 经过数据总线将地址 X 所指向的内容读取到存储缓冲寄存器 MBR 中，memory $\to$ MBR。

c. 由 ALU 将取出的数与 R 中的数据相加并存放在 R 中，(MBR)$+$R $\to$ R。

其节拍可安排如下。

T_0：IR（地址）$\to$ MAR

T_1：memory $\to$ MBR

T_2：(MBR)$+$R $\to$ R

② 存数指令。存数指令"STA X"在执行周期中包含以下微操作。

a. 将地址 X 送入存储地址寄存器 MAR 中，IR（地址）$\to$ MAR。

b. 将 ACC 累加器中需要存储的内容送入存储缓冲寄存器 MBR 中，ACC $\to$ MBR。

c. 将 MBR 中的内容送到存储器的地址 X 中，MBR $\to$ memory。

其节拍可安排如下。

T_0：IR（地址）$\to$ MAR

T_1： ACC → MBR

T_2： MBR → memory

③ 取数指令。取数指令"LDA X"在执行周期中包含以下微操作。

a. 将地址 X 送入存储地址寄存器 MAR 中，IR（地址）→ MAR 。

b. 发出读取指令，将地址 X 中的内容取至存储缓冲寄存器 MBR 中，memory → MBR 。

c. 将 MBR 存储缓冲寄存器中的内容送至 ACC 累加器中，MBR → ACC 。

其节拍可安排如下。

T_0： IR（地址）→ MAR

T_1： memory → MBR

T_2： MBR → ACC

4）中断周期的节拍

在进入中断周期时，需要完成的微操作如下。

（1）将程序计数器 PC 中的地址数据保存到存储缓冲存储器中：PC → MBR 。

（2）将用来存放 PC 中旧地址的空间地址写入 MAR 中：保存地址 → MAR 。

（3）将中断程序的起始地址送入程序计数器中：子程序地址 → PC 。

（4）将原旧地址通过数据总线从 MBR 中存放到指定地址 MAR 的空间中：
MBR → memory 。

其节拍可安排如下。

T_0： PC → MBR

T_1： 保存地址 → MAR

　　　子程序地址 → PC

T_2： MBR → memory

3. 逻辑设计与实现

前面主要介绍的是输入信号以及微操作节拍安排，接下来就是组合逻辑如何设计与实现控制器。使用组合逻辑设计与实现控制器单元一般步骤如下。

（1）根据微操作节拍安排，列举出各个微操作命令的操作顺序。

（2）由每个微操作控制信号得到一个布尔表达式。

（3）通过得到的布尔表达式设计出符合逻辑的电路图。

1）微操作命令的逻辑表达

在每个微操作时序列出后，就可以总结出控制器单元所需要的全部命令以及逻辑，并合并优化。

首先查看全部操作时序，对于可以合并的命令给予合并优化。组合逻辑控制器单元中，所有的微操作命令都是由组合逻辑电路产生的。组合逻辑电路和逻辑条件与逻辑时间有关。组合逻辑的输出就是微操作，根据不同的触发方式可分为维持一个时钟周期长度的电位信号命令，或者是短暂的边沿触发信号命令。在实际计算机中，所需要的微操作命令可能会是成百上千或更多。因此，组合逻辑控制器的微操作命令发生器，实际上是一组不规整组合逻辑电路，按这种方式构成的控制器单元也就称为组合逻辑控制器。

2）控制器逻辑实现

传统组合逻辑控制器单元的实现是直接用逻辑门电路实现的。这一组电路就称为微操作命令发生器，它们是控制器单元的实体。现在广泛采用 PLA 门阵列来实现控制器单元，或者尽量使用 PLA 来生成大部分的微操作命令，使得电路结构得以简化。

7.3.2　微程序控制器

1. 微程序思想

从上述中可以看出，如果使用组合逻辑来设计控制器单元是非常复杂的，其微指令越多，在电路设计上就会越复杂，相对带来的测试也会越发困难，如果更新指令或者对原来的指令进行修改，则控制器单元电路就需要极大的改动。

微程序的基本思路是模仿解题程序的方法，把微操作控制信号编辑成"微命令"，存储到一个只读存储器中。当计算机运行的时候，一条一条地读出这些微命令，从而生成计算机需要的各种控制信号，使相应需要控制的部件按照规定来执行。

采用微程序控制方式的控制器单元就成为微程序式控制器。微程序控制方式的控制器单元不是由组合逻辑电路生成的，而是通过微指令译码生成的。一条指令往往是由几个步骤分步来执行的，将每一步骤需要的操作命令编写在一条微指令中，若干的微指令组合成一段微程序来对应一条机器指令。在设计 CPU 时，根据系统需要，编制好各个微程序，然后将它们存储在专门的存储器中。微程序式的控制器由 IR 指令寄存器、PC 程序计数器、PSW 程序状态寄存器、时序系统、CM 控制存储器、微指令寄存器以及执行部件组成。在执行周期时，计算机从控制存储器中找到相应的微程序段，逐次取出对应的微指令，送入微指令寄存器中，译码后生成需要的微命令，控制各个部件完成操作。

2. 微指令

首先从指令周期的子周期说起，每一个子周期都是由一个甚至多个微操作的协同工作来完成的。根据节拍来划分，可以将一个节拍中的一组微操作称为一条微指令，而由这些微指令通过组合来完成特定功能的程序则称为微程序，微程序一般又被称为固件（Firmware）。

这一术语说明了微程序是介于软件与硬件之间的，因此，微程序在设计时，硬件设计会比组合逻辑来得容易得多，但软件设计又会比一般的软件程序来得复杂。

控制器的功能是对于每个微操作产生需要的控制信号。对于每一个控制信号，控制器可以使控制线处于关或者是处于开的状态，因此控制线的状态是可以由二进制来表示的。因此，对于每一个微操作，可以通过构造控制字的方式来表示它，而构造的控制字中的每一位表示的都是一个控制线的开关状态。由于每一个微操作都可以与一个控制字相对应，若把控制字组合起来，就可以用组合后的控制字来表示需要完成的微操作序列，这样就可以表示出需要执行的微指令和微程序了。但由于不同指令在周期的子周期中操作会有很多不同，如直接寻址的指令就不需要间址周期，然而使用间接寻址的指令又必须要有间址周期；又如不同的指令在执行阶段也会有很大的不同。因此在每个微指令对应的控制字中必须要添加一些其他的

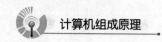

字段，如条件转移字段与地址字段等。

3. 微指令格式

微指令的格式可以分为两种典型格式，分别是水平微指令与垂直微指令。图 7-9 所示为两种典型指令格式示意图。

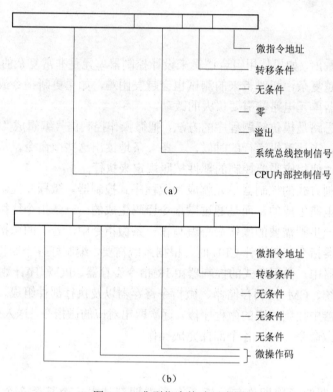

图 7-9　典型指令格式示意图
(a) 水平微指令格式；(b) 垂直微指令格式

1）水平微指令

按照编码方式的不同，水平微指令又可以分为 3 种，即全水平微指令、字段译码法水平微指令、直接和译码相混合水平微指令。

水平微指令的特点主要是能定义并执行多个并行微操作。在水平微指令中，包含了控制信号字段、微指令地址字段以及转移条件字段。具体执行方式如下。

（1）在控制字段中，打开所有位为 1 对应的控制线，关闭所有位为 0 对应的控制线。这样可同时完成一个或者多个微操作。

（2）根据转移条件字段，若条件字段为假，则顺序执行下一条微指令。

（3）同样根据转移条件字段，若条件为真，则执行地址字段所指示的指令。

2）垂直微指令

垂直微指令使用的是类似指令操作码的方式，在微指令字段中专门设置操作码字段，由操作码来确定指令的具体功能。表 7-2 所列为垂直微指令的示意。

表 7-2 垂直微指令示意

微操作码	地　址　码		其　他	微指令类别及其功能
0 1 2	3～7	8～12	13～15	
0 0 0	D			无条件转移指令，D 为转移地址
0 0 1	D		转移条件	条件转移指令
0 1 0	ALU（左输入）	ALU（右输入）		按 ALU 规定的功能，将运算结果送入暂存器
0 1 1	源寄存器	目的寄存器	其他控制	传送微指令
1 0 0	寄存器	移位次数	移位方式	按移位方式和移位次数对寄存器中的数据移位
1 0 1	寄存器	存储器	读写	完成寄存器和存储器之间的数据传送
1 1 0				未定义
1 1 1				

3）两种微指令的比较

（1）水平微指令的并行执行能力强，执行效率高，灵活性强，垂直微指令则较差。

在水平微指令控制中，设置有专门控制信息传送通道以及进行所有操作的微命令，因此在微程序的设计时，可以同时表达出比较多的并行操作的微命令，控制尽可能多的并行信息传送，因此水平微指令具有效率高、灵活性强的优点。

（2）水平微指令执行指令时间短，而垂直微指令执行时间较长。

上面说过，水平微指令的并行执行能力强，因此与垂直微指令比较，可以用较少的微指令来实现一条指令功能，从而缩短了执行所需要的时间。而且当执行的过程中，水平微指令的微命令是直接针对控制对象，而垂直微指令需要经过译码才能进行控制，译码的过程也会影响执行速度。

（3）水平微指令具有微指令字长、微程序短的特点，而垂直微指令则刚好相反，微指令字较短而微程序长。

（4）从使用的角度来说，水平微指令较难掌握，而垂直微指令相对比较容易掌握。

水平微指令与机器指令差别较大，一般需要对机器结构、数据通道、时序系统以及微命令很精通才能设计。

4. 微指令编码方式

微指令主要由两部分构成，分别是控制字段和地址字段，微指令的编码主要是指控制字段采用的表达方式。按照是否被编码，可以将微指令的编码方式分为两种，分别是直接表示与间接表示两种。图 7-10 所示为两种表达方式的示意图。以下介绍几种常用的编码方式。

1）直接表示法

直接表示法的特点是将控制字段中的每一位用来表示一个微命令。直接来对应一个微操作。例如，读写命令 R/W，可用一位二进制来表示，1 为读，0 为写。通过这种方式来表达最直接的优点就是直观，输出直接能用来控制，但这样微指令字会很长，信息的使用效率很低，通常会采取一些措施来解决这个问题，如仅部分使用直接表示法，或者在基本使用直接表示法的基础上采取一些办法减少总的指令长度。

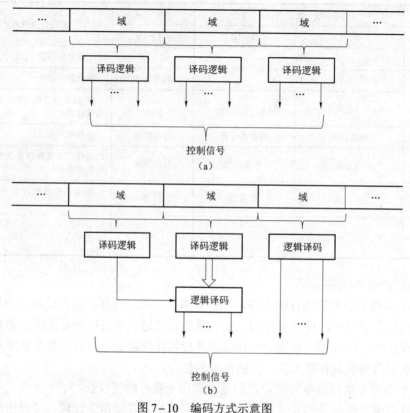

图 7-10　编码方式示意图

（a）直接编码；（b）间接编码

2）字段直接表示法

字段直接表示法是将一组互斥性的微命令组成一个字段，然后通过字段译码器对每一个微命令译码，译码输出作为操作需要的控制信号输出。

这种表示方法的基本分段原则是将同类操作的互斥性的微命令分为一组。同时为了提高信息的效率，而采用译码的方式来定义微命令的含义。但一组译码产生的信息是互斥的，也就是在某一个时间只有一个微命令有效。然而一次数据路径操作需要同时发出多个微命令，所以需要将一个微指令分成多段，分别译码。这样每组都可以提供一个有效的微命令，这样表示的一条微指令就可以同时提供多个微命令。每个小组所包含的微命令是相斥的，不会同时出现在一条微指令中。这就是微指令分段的第一个原则。

微命令每个小字段表示同一种类的操作，这种表示方法的微指令的结构会比较清晰，也比较容易编写微程序，也能够较为简单地修改扩充功能。例如，用一个小字段来表示部件 A 输入端口的选择，001 表示发送微命令 $R_1 \rightarrow A$，010 表示 $R_2 \rightarrow A$。又如用一个小字段来表示移位选择，00 表示数据直接传输，01 表示数据左移位，10 表示数据右移位。将同一种类的微命令放到一个小字段中表示，这是微指令分段的又一个原则。

采用字段直接表示法，可以用较少的二进制位数来表达更多的微命令信息。例如，3 位二进制译码后可以用来表示 7 个微命令，4 位二进制译码后可以用来表示 15 个微命令。通过这种表示方法可以减少指令字的长度，但由于增加了译码器电路，使得在执行的过程中速度会比直接表示法慢。在目前的控制器设计中，字段直接表示法使用比较普遍。

3）字段间接表示法

如果一个字段的含义不完全取决于本字段的编码，还需要由其他的字段来协同表达，则就称为字段间接表示法。这种表示下一种字段的编码会具有多重定义，会使得微指令编码更为灵活多样，可使信息的表示效率进一步提高。

4）混合表示法

混合表示方法是将直接表示法与字段直接表示法结合使用，以综合考虑指令字的长度、灵活性和执行的速度。

5. 微程序控制器单元的工作原理

1）控制存储器的组织结构

在微程序控制器单元中，计算机的每一条指令都能找到对应于控制存储器中的一个微程序。因此，在微程序控制器的设计中，最主要的任务就是编写每一条机器指令所对应的微程序。图 7-11 表示了控制存储器的组织结构。

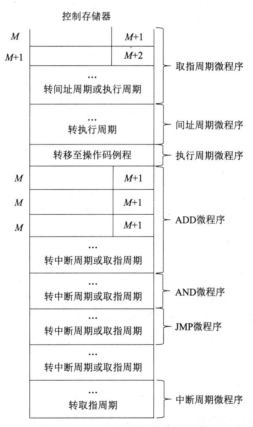

图 7-11　控制存储器的组织结构

在 4 个子周期中，取指周期、间址周期、中断周期所对应的微操作相对较为固定。因此可以将它们分别形成统一的微程序。比如将取指周期编辑为一个统一的微程序，这个微程序需要负责从 PC 程序计数器所指的存储单元中取出指令，并将其送往指令寄存器 IR 中。对于执行周期，由于每一条机器指令在执行周期中的微操作都有所不同，所以每条机器指令都会有对应的微程序。因此，在控制存储器中的指令数量就为机器指令的数量加取指周期微程序、间址周期微程序以及中断周期这三个微程序。

2）微程序控制器单元的结构

微程序控制器主要由控制存储器、顺序逻辑、控制地址寄存器以及控制缓冲寄存器组成。其各个部件的功能如下。

（1）控制存储器：用来存放实现指令的微程序。

（2）顺序逻辑：这个部件的主要功能是向控制地址寄存器送入接下来需要执行的微指令的地址，并向控制存储器发送读信号。

（3）控制地址寄存器：控制地址寄存器存放着接下来将被执行的微指令地址。

（4）控制缓冲寄存器：控制缓冲寄存器存放着由控制存储器读出的一条微指令信息，为接下来微指令的执行做准备。

图 7－12 所示为微程序控制器的基本结构示意图。

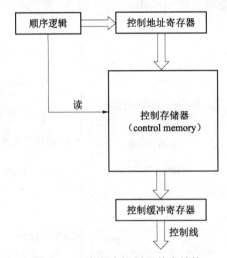

图 7－12　微程序控制器基本结构

3）微程序控制器单元的工作机理

控制器单元的主要作用就是执行指令并根据指令的不同以发送出各种不同的控制信号来控制机器有序地运作。为了能依据不同的指令来生成不同的控制信号，微程序控制器单元的主要工作就是执行微程序，根据不同的微程序生成相应的信号来控制机器。微程序控制器单元的工作机理如下。

（1）在执行一条指令时，顺序逻辑会发送出一个读命令给控制存储器，这时控制存储器会读取出由控制地址寄存器所指向的存储单元内的微指令。

（2）指向的微指令会被读取到控制缓冲寄存器中。

（3）根据控制缓冲寄存器的指令内容生成控制信号，并提供给顺序逻辑接下来要读取的指令地址。

（4）顺序逻辑根据提供的地址信息以及标志位 ALU，将新地址装入控制地址寄存器。

这个工作的过程会在一个时钟周期内结束。

通常，微指令被控制存储器读取后会直接给出下一条指令所在的地址。但这时会出现两种情况，如果微程序没有分支，则这个地址就是接下来微指令的地址；如果出现分支，也就意味着程序需要出现条件转移，这时微地址就必须根据特定的规则来形成。

6. 微地址的形成

通常，有两种方法形成微地址，这是保证微程序顺利执行的关键。

1）计数器方式

使用计数器方式与程序计数器产生地址的方式相似。在微指令顺序执行时，下一条指令的地址是当前指令地址叠增一个增量所产生的。而在微指令是非顺序执行时，则需要通过转移地址的方式，使得当前的指令完成后跳转到需要执行的指令地址上。

计数器方式的特点：顺序控制字较短，地址产生构造简单。但并行转移能力弱，速度不高，灵活性差。

2）多路跳转方式

多路转移是指一条指令具有多个转移分支的能力。多路跳转中，若微程序顺序执行没有分支时，接下来指令的地址由控制字段直接给出；若微程序有多个分支地址可供选择时，可根据控制字段的"判断条件"与"状态条件"选择其中的一个地址执行。"状态条件"可以有 n 位，可以实现跳转的路径有 2^n 条。

多路跳转方式的特点：能够以较短的控制字段配合来实现多路并行跳转，灵活性好，速度快，但转移地址的逻辑设计需要用组合逻辑的方法来设计。

7. 静态微程序与动态微程序

1）静态微程序设计

对于计算机的指令只有一组，且设计完成之后不需要进行改变也不方便改变的，这种微程序设计称为静态微程序设计。

2）动态微程序设计

如果控制存储器采用 EPROM 时，机器的指令系统可以通过改变微指令和微程序来改变，这种微程序的设计方式称为动态微程序设计。如果采用动态微程序设计的微程序，可以根据需要来改变微指令和微程序，因此不同类型的指令系统可以在一台机器上实现。这种技术称为仿真其他机器指令系统，以便扩大机器的功能。

第8章

中央处理器

本章会从 CPU 功能以及内部结构入手,详细讨论机器是如何完成一条指令的,以及讨论为了能提高数据处理能力系统所采用的流水技术。此外,本章还介绍了中断技术在提高效能方面的作用。

8.1 中央处理器的结构

8.1.1 中央处理器的功能

中央处理器实质包含了控制器单元与运算器单元两个部分,这里着重回顾一下控制器。对于冯·诺依曼结构的计算机来说,一旦程序送入存储器之后,计算机就会自动地完成取指令与执行指令的任务,控制器单元就是为了完成这个任务而存在的,其主要负责控制计算机各个部件执行程序序列,基本功能为取指令、分析指令和执行指令。

1. 取指令

中央处理器中的控制器单元必须具备自动从存储器中取出指令的功能。因此,要求控制器能够自动形成指令地址,并发送取指令的命令,将地址对应的指令取到控制器单元中。其中第一条指令的地址可以通过人工的方式制定或者由系统分配。

2. 分析指令

分析指令主要指两个内容:一是需要分析后知道完成这个指令需要些什么操作,也就是控制器单元需要发送些什么命令;二是需要分析出参与这次操作的操作数地址。

3. 执行指令

执行指令是根据分析指令中得到的操作命令以及操作地址要求,形成需要发出的操作控制信号序列，通过对 I/O 设备、存储器以及运算器等部件的操作来执行每条指令。

此外，控制器单元还需要能控制程序输入以及运算结果输出，也就是需要能控制计算机与 I/O 设备的信息交换，并且还要能对总线进行管理以及处理在运行过程中的异常情况和特殊请求。

总之，中央处理器必须要有能控制程序按规则运行的能力（指令控制），能产生各个指令写需求的控制命令（操作控制）以及在各个操作的过程中在时间上进行控制（时间控制）、与对数据进行逻辑运算和算术运算的能力（数据加工）以及中断处理能力。

8.1.2　中央处理器结构框图

中央处理器由 4 个部分组成。为了能够取指令，就必须有一个存放当前指令地址的专用寄存器；为了要分析指令，就必须要有存放当前指令的寄存器与对指令进行操作码译码的部件；为了执行指令，就必须要有能发出各种控制命令序列的控制部件 CU；为了要完成逻辑运算与算术运算，就必须要有能存放操作数的寄存器以及能处理运算的部件 ALU；为了能对异常情况以及特殊请求进行处理，就必须要有中断系统。因此，中央处理器总的来说由 CU 控制部件、中断系统、寄存器及 ALU 组成，如图 8-1 所示。CPU 内部结构如图 8-2 所示。

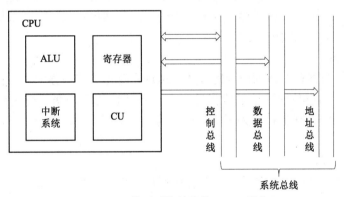

图 8-1　使用系统总线的 CPU 示例

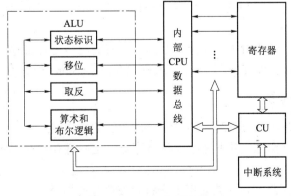

图 8-2　CPU 内部结构

8.1.3　中央处理器寄存器

在寄存器中，最上层的寄存器速度最快，容量最小，位价也最高，这些寄存器通常设置在 CPU 的内部。CPU 的寄存器可以分为两类：一类属于用户可见的寄存器；另一类属于状态与控制寄存器，这些寄存器用户是不可以进行编程的，它们只能被控制部件使用，用以控制 CPU 的操作，但也能被带有特权的操作系统所使用，从而控制执行程序。

1. 用户可见的寄存器

通常 CPU 在执行机器语言访问的寄存器均为用户可见的寄存器，按其特征可分为以下几类：

1）通用寄存器

通用寄存器可以由设计者指定完成许多功能，其可用来存放操作数，同样也可以用作满足寻址所需要的寄存器。例如，基址寻址需要的基址寄存器、变址寻址需要的变址寄存器以及堆栈寻址需要的栈指针，这些所需要的寄存器都可以用通用寄存器来代替。寄存器之间的寻址同样可以用通用寄存器来放置有效的地址。

2）数据寄存器

用于放置操作数的寄存器就称为数据寄存器，其在数值范围内应满足大多数据类型，有些计算机允许使用连读的寄存器存放双倍字长的值。当然也有些机器的数据寄存器只能用于保存数据，不能用于操作数地址的计算。

3）地址寄存器

用于存放地址的寄存器即为地址寄存器，地址寄存器具有很强的通用性，其可用于一些特殊的寻址方式，如在基址寻址的段指针中存放基地址的寄存器、在变址寻址中的变址寄存器以及堆栈寻址中的栈指针。为了满足最大的地址范围需要，地址寄存器其位数必须要足够长。

4）条件码寄存器

条件码寄存器中存放的是条件码，条件码对用户来说是半透明的。一般情况下条件码是中央处理器根据结果由硬件给出的位，如算术运算会产生零、溢出、正与负等结果。条件码可被检测，作为后续分支运算的条件依据。另外，某些条件码也可被用户设置，如最高位进位标志 C 可用指令对其置位和复位。将各个条件码放到单个或者多个寄存器中，就形成了条件码寄存器。

在一些计算机中，在调用子程序前，必须将所有的用户可见寄存器的内容保存起来，这种保存可由 CPU 自动完成，也可由程序员编程保存，视不同机器进行不同处理。

2. 状态与控制寄存器

在 CPU 中还有这样一类寄存器，它控制着 CPU 的操作或运算。在一些计算机中，这类寄存器大多对用户是开放的。以下介绍 4 种寄存器，这些寄存器在指令执行的过程中有非常重要的作用。

（1）IR：指令寄存器，其存放着接下来将要被执行的指令。

（2）PC：程序计数器，其存放着当前需要执行的指令地址，并且具备计数器的功能。当指令需要跳转时，程序计数器的值可根据需要改变。

（3）MAR：存储地址寄存器，其存放着接下来将要被访问的存储器单元地址。

（4）MBR：存储缓冲寄存器，其存放着接下来需要被写入存储器的数据，或者存放最近一次从存储器读出的数据。

通过这些寄存器，CPU 与主存储器之间可进行信息的传输。例如，将当前需要执行的指令地址从 PC 送至 MAR，并开启存储器做读操作，存储器指定的地址内容也就是指令就会被读取到 MBR 中，最后再经由 MBR 传送到 IR 中。

运算时在 CPU 内部必须给 ALU 提供运算数据，为此 ALU 需要能够直接访问 MBR 以及一些用户可见的寄存器，在 ALU 周边还有一些寄存器可供其使用，其主要用于 ALU 的输入/输出以及用于与 MBR 及一些用户可见的寄存器进行数据通信。

8.2　指　令　周　期

在一个指令周期里，有以下一些子周期，图 8-3 所示为带有中断的指令周期示意图。

（1）获得指令，将接下来需要被执行的指令从指令存储器中读取到 CPU 中。

（2）执行指令，CPU 解析获取的指令，并按照指令需求的规则执行相应的操作。

（3）中断指令，如果允许中断出现，那么 CPU 会保存当前执行的指令与地址，然后跳转到中断服务程序的地址中执行相应的中断指令。

指令在执行阶段会涉及单个甚至多个操作数，在取出每个操作数时都需要对存储器进行一次访问。其间可能会遇到需要间接寻址指令，在间接寻址中给出的是操作数本身的有效地址，因此在对存储器访问后获得的只是有效地址，在此之后还需要对存储器进行一次访问才能获得最终的操作数。

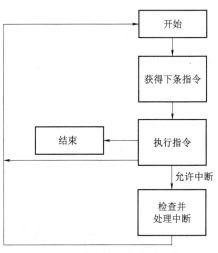

图 8-3　带有中断的指令周期

8.2.1　间接周期

若将间接寻址的过程也看作一个子周期，这样在含有间接寻址的指令周期中，其周期中共包含取指周期、间接寻址周期以及执行周期。若再加上中断周期，那么含有间接寻址的指令周期示意图如图 8-4 所示。

如果 CPU 在使用过程中采用中断的形式来与 I/O 设备进行数据通信，在 CPU 指令周期结束之前，都会对中断信号进行检测，检查是否有设备提出中断申请。若有，则 CPU 就会进入中断服务程序，也就是中断周期。图 8-5 所示为完整指令周期的示意图。

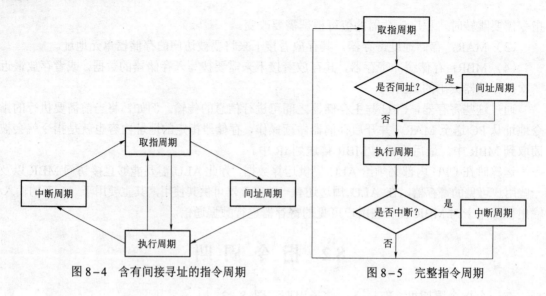

图 8−4　含有间接寻址的指令周期　　　　　图 8−5　完整指令周期

8.2.2　数据流

1. 取指周期数据流

PC 寄存器中存着当前需要执行的指令地址，该地址会被送到 MAR 寄存器中并放至地址总线，随后控制器单元 CU 会向存储器发送读命令，之后 MAR 所指向单元的内容也就是需要被执行的指令会经数据总线送到 MBR 中，其后送到 IR，同时控制器单元 CU 会控制 PC 寄存器内容加 1，生成接下来需要执行的指令地址。图 8−6 所示为取指周期数据流的示意图。

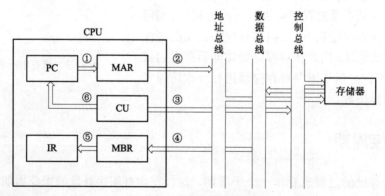

图 8−6　取指周期数据流

2. 间址周期数据流

在取指周期结束时，控制器单元 CU 会查验 IR 寄存器的内容，确认是否有间址操作，若需要进行间址，则 MBR 中的形式地址会被送往 MAR，并送到地址总线，之后控制器单元 CU 会向存储器发送读命令，以此获得最终的有效地址，并保存在 MBR 中。图 8−7 所示为间址周期数据流的示意图。

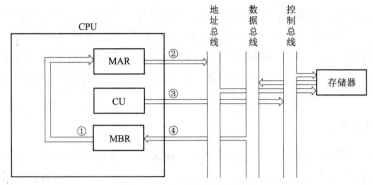

图 8-7 间址周期数据流

3. 执行周期数据流

在执行周期里数据流种类是多样的，因为在执行周期里不同的操作会对应有不同的数据流，如 CPU 内部寄存器的数据通信，又如对存储器以及 I/O 进行读写等。因此，对于执行周期的数据流是无法用统一图形描述的。

4. 中断周期数据流

CPU 进入中断周期后需要完成中断服务程序的各种操作，同样地，不同操作会有不同的数据流表示，也无法用统一的图形来描述。但在进入中断周期时，PC 寄存器中的当前指令地址必须被保存到存储器中，以便中断结束后能够返回原地址进行操作。这一过程的流程图如图 8-8 所示。

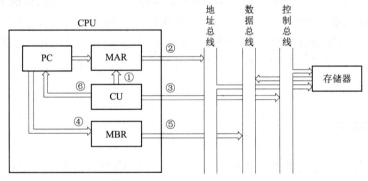

图 8-8 中断保存周期数据流

在图 8-8 中，由控制器单元 CU 将用于专门保存断点地址的特殊存储器地址送到 MAR 寄存器中，并将其送往地址总线，并且将 PC 寄存器中的断点地址送往 MBR。这时由控制器单元 CU 向存储器发送一个写指令，最后使得断点地址存储到存储器中。此外，控制器单元 CU 还需要将中断服务程序的地址送到 PC 寄存器中，为接下来中断服务程序的取指做准备。

8.3 指 令 流 水

为了提高访问存储器的速率，首先可以通过提高存储器的性能，其次可以通过改变结构来提高，如用多体、Cache 分级存储的方式来提高存储器的性价比。为了能够提高计算机与输入/输出设备信息通信的速率，可以用 DMA 的方式来协助 CPU 工作，也可以采用不同带宽的多总线形式将不同速度的输入/输出设备挂载在不同带宽的总线上来提高通信总线的瓶颈问题。为了能够提高运行速度，可以使用高速芯片以及快速进位链，或者改进算法等方式。为了进一步提高处理速度，一般情况下可以从提高器件的性能改进系统构架以及开发系统并行能力方面着手。

1. 提高器件性能

通常情况下，如果想提高整体机器的性能，通过提高器件的性能是一个重要的方式。计算机在软件与硬件技术以及计算机的整体性能获得突破进展时都伴随着器件的更新。尤其是在大规模集成电路的发展上，由于它具有集成度高、功耗低、可靠性高、体积小、价格便宜等优点，使研发人员可使用更为复杂的结构制造出性能更高、更可靠、价格更低的设备。但因半导体在集成度上越来越靠近物理极限，使得再想提高器件的速度会越来越困难。

2. 改进系统的结构、开发系统的并行性

对于并行的概念，包括同时性以及并发性两大方面。同时性指的是多个事件在相同时刻产生，并发性指的是多个事件在同一时间段产生。即在某一时刻或某一时间段上需要完成两个或者两个以上的相同性质或者不同性质功能，其时间上只要互有重叠，那么就有并行性的问题存在。

在并行性上有不同的等级，一般情况下分 4 个等级，即任务级或进程级、作业级或程序级、指令内部级以及指令之间级。前两级称为粗粒度，又称过程级；后两级称为细粒度，又称指令级。粗粒度并行性（Coarse-Grained Parallelism）通常情况下使用算法来实现，细粒度并行性（Fine-Grained Parallelism）通常情况下使用硬件来实现。从整体结构上看，粗粒度的并行性是使用多个处理机分别执行多个进程，最后由多个处理机以合作的形式完成同一个程序；而细粒度的并行性是指在处理机的指令级以及操作级的并行性，指令的流水作业在其中就是一个重要的技术。

8.3.1　指令流水

指令流水就好像是工厂流水线，流水线利用产品在不同阶段的过程不同这一特点，使不同阶段的产品分处在不同流水线上，也就是说，不同的流水线同时对不同阶段的产品进行各阶段的加工，这样做可以让效率大大增加。在指令执行的思想上如果使用流水线的思维，那么就引申出了指令流水概念。

从上述思维可以知道，如果计算机需要完成一条指令，实际上可以把一条指令分为多个小段分别完成。为了表达简单，暂且把一条指令的处理过程只分为取指与执行两个过程，在计算机中不同流水技术的取指令以及执行指令的过程都是重复出现，并且都是串行顺序执行的，如图 8-9 所示。

| 取指令1 | 执行指令1 | 取指令2 | 执行指令2 | 取指令3 | 执行指令3 | ⋯ |

图 8-9　串行指令执行示意图

图 8-9 中取出指令的过程由指令单元来完成，执行的过程由执行单元来完成。对其流程深入分析就会发现，这种顺序的执行控制起来虽然简单，但其中各个单元的利用率却很低，在指令单元工作的时候，执行单元是空闲的；相反，在执行单元工作的时候，指令单元是空闲的。如果在执行的过程中，执行单元不需要访问存储器，那么完全可以在执行的过程中指令单元先取好下一条指令，这样做可以让其指令单元与执行单元同时工作以提高执行效率，图 8-10 所示为两条指令的重叠，也称为指令二级流水。

图 8-10 指令二级流水

由指令单元取出指令，将其暂时存起来，若执行单元是空闲状态，则将暂时保存的指令传送到执行单元执行。同时，指令单元又可以取出接下来需要执行的指令并暂时保存起来，这个过程叫指令预取。不难发现，这样的工作方式可以加速指令执行。如果在运行的过程中取指阶段与执行阶段在时间上看完全重合，这就意味着指令周期会减少一半。这样看上去效率是可以加倍，但深入分析会发现这是不可能的。

（1）指令在执行的过程中所需要的时间会比指令单元取指令的时间要长，所以，取指单元会等待执行单元一些时间，也就是说，即使指令单元取出了接下来的指令存放在了缓冲区域中，指令也不能立马传送给执行单元执行，这时缓冲区域也不能空闲出来，必须等待执行单元执行完毕。

（2）如果在执行的过程中遇到了转移指令，那么接下来的指令是无法预知的，这时必须等待执行单元执行结束，看条件是否满足转移，才能决定接下来需要执行的指令地址，这个过程在时间上一定会有损失。

一般情况下，为了尽可能地减少在时间上的损失，计算机一般采用猜想法来实现，也就是说，当转移指令在执行单元执行的过程中，指令单元还是按照原来的顺序取下一条指令，如果这时转移没有成立，那么在时间上就不会有损失，若成立那么就丢弃当前指令转而去获取新指令。

使用这些方法，虽然在一定程度上降低了其潜在的执行效率，但依然可以获得一定的速度提升。为了让处理速度更快，可以使指令的过程分为更加细的几个步骤。

① 取指（FI）：将指令从存储器中取出且存放在指令单元的缓冲区域中。

② 指令译码（DI）：确定是何种操作以及形成操作数的地址。

③ 计算操作数地址（CO）：计算出操作数有效地址。

④ 取操作数（FO）：将操作数从存储器中取出。

⑤ 执行指令（EI）：执行相应的指令操作，并将操作所得结果送到目的地中。

⑥ 写操作数（WO）：把数据存入存储器中。

为了方便说明，将上面提及的各个步骤在时间上看作是相等的，可以得到指令六级流水示意图，如图 8-11 所示。在六级流水中，CPU 共有 6 个操作单元，同时可以对 6 条指令进行操作，大大加快了程序的运行速度。

在图 8-11 所示中共有 9 条指令。若其不采用流水技术，按照顺序来执行共需要 54 个时间操作单位，而采用了六级流水技术后只需要 14 个时间单位就可以计算出最后的结果。这样使得处理器的速度得到了很大的提高。而且图示中的每条指令都需要进行 6 个阶段的操作，但实际中并不是这样，如取操作数的指令并不需要写操作数阶段。在这里需要注意，在图示中假设存储器的访问之间没有冲突，其都可以并行完成，但其实如 FI、FO 以及 WO 这些阶段都是需要对存储器进行访问的，如果其在访问之间出现了访问冲突，那么它们就无法并行完成任务，虽然图示中允许了这些访问可以并行完成，但在多数的存储中是做不到的，从这一点出发会影响到流水线的执行性能。

当然，除了存储器冲突会影响到流水性能，其他的一些问题也同样会影响其性能，如其 6 个阶段的时间不均等或者执行过程中遇到需要转移的情况，这些都会影响到流水线的性能。

$\longrightarrow t$

时间单元	1	2	3	4	5	6	7	8	9	10	11	12	13	14
指令1	FI	DI	CO	FO	EI	WO								
指令2		FI	DI	CO	FO	EI	WO							
指令3			FI	DI	CO	FO	EI	WO						
指令4				FI	DI	CO	FO	EI	WO					
指令5					FI	DI	CO	FO	EI	WO				
指令6						FI	DI	CO	FO	EI	WO			
指令7							FI	DI	CO	FO	EI	WO		
指令8								FI	DI	CO	FO	EI	WO	
指令9									FI	DI	CO	FO	EI	WO

图 8-11　指令六级流水

8.3.2　流水线性能的影响因素

如果想让流水线具备可靠的性能，那么必须想办法使流水线可以畅通流动，也就是说，必须使得其充分地流水，并且不产生断流。但一般情况下在流水的过程当中会产生 3 种相关，使得流水线不产生断流非常困难，这 3 种相关分别是数据相关、结构相关以及控制相关。

结构相关是指当有多条指令不断进入流水线时，硬件的资源无法满足指令重叠执行时产生的。数据相关是若在重叠执行的流水线中，当后面接下来的指令会需要用到当前指令的结果时产生的。控制相关是指接下来流水线不按顺序地址执行如遇到分支或者其他需要使得 PC 值发生变化的指令时产生的。

依然是为了方便讨论，设流水线由 5 个部分组成，其分别为 IF 取指令、ID 指令译码/读取寄存器、EX 执行/访问存储器有效地址计算、MEM 存储器的访问、WB 结果写入寄存器。

不同种类的指令其各流水段需要的操作是不一样的，其中表 8-1 列举了 ALU 类型指令、访问存储器类（存数、取数）指令以及条件转移类型指令在其流水段中所需要的操作。

表 8-1　不同类型指令在各流水段中所进行的操作

流水段	指　令		
	ALU	取/存	转移
IF	取指	取指	取指

续表

流水段	指　　令		
	ALU	取/存	转移
ID	译码 读寄存器堆	译码 读寄存器堆	译码 读寄存器堆
EX	执行	计算访存有效地址	计算转移目标地址，设置条件码
MEM	—	访存（读/写）	若条件成立，将转移目标地址送 PC
WB	结果写回寄存器堆	将读出的数据写入寄存器堆	—

下面根据这个例子来分析 3 种相关在流水线中对工作的影响。

1. 结构相关

结构相关是指当有多条指令不断进入流水线时，硬件的资源无法满足指令重叠执行时产生的，因此也称其为资源相关。

一般情况下，很多计算机会将指令以及数据都保存在同一个存储器中，并且访问口只有一个，若在某时刻的周期内，流水线需要完成对操作数存储器访问的操作，同时也要完成另一条接下来需要执行指令的取指操作，这时就会产生访存上的冲突。在表 8－2 中，其第 4 个时钟周期，i 条指令（LOAD）中 MEM 段与 $i+3$ 条指令 IF 段就产生了访存的冲突。如果要解决冲突，可以使流水线在完成了前一指令对数据的存储器访问时，暂停一个周期的时间，再取接下来的指令的操作，如表 8－3 所示。

表 8－2　两条指令同时访存造成结构相关冲突

指令	时钟周期							
	1	2	3	4	5	6	7	8
LOAD 指令	IF	ID	EX	MEM	WB			
指令 $i+1$		IF	ID	EX	MEM	WB		
指令 $i+2$			IF	ID	EX	MEM	WB	
指令 $i+3$				IF	ID	EX	MEM	WB
指令 $i+4$					IF	ID	EX	MEM

表 8－3　解决访存冲突的方案

指令	时钟周期								
	1	2	3	4	5	6	7	8	9
LOAD 指令	IF	ID	EX	MEM	WB				
指令 $i+1$		IF	ID	EX	MEM	WB			
指令 $i+2$			IF	ID	EX	MEM	WB		
指令 $i+3$				停顿	IF	ID	EX	MEM	WB
指令 $i+4$						IF	ID	EX	MEM

如果想要处理访问存储器的冲突，还有一种方法是将操作数与指令分别存放在不同且独

立的存储器中，这样可以避免取指令以及取操作数时访问存储器的冲突。在一些计算机中也会采用指令的预取技术，如在 8086 处理器中设置了一个指令队列，指令会被预先取到这个指令队中来排队。指令预取的技术实现必须基于访问存储器时间很短的情况下，如在执行指令的过程中，取数据的时间非常短，因此执行指令的时候，存储器会有很多的空闲时间，这个时候，只要指令的队列有空位，就可将接下来的指令取出放到空位上。从而在时间上使得执行 i 指令时以及分析 $i+1$ 指令时时间上的重叠。

2. 数据相关

数据相关指的是流水线技术中由于指令的重叠操作，可能会改变对操作数的读写顺序，因而产生了数据的相关冲突。例如，一个流水线中需要执行以下两条指令：

ADD　X_1, X_2, X_3　；$(X_2)+(X_3)\rightarrow X_1$

SUB　X_4, X_1, X_5　；$(X_1)-(X_5)\rightarrow X_4$

其中的 SUB 指令中 X_1 的数据是 ADD 指令执行后的结果。如果是正常的读写顺序，应先由 ADD 指令执行后写入 X_1，之后由 SUB 指令再读 X_1。对于非流水线的情况下，一般情况都为这样的先写后读。但对于流水线，由于会重叠操作，使得读写顺序产生了变化，如表8-4 所示。

表8-4　ADD 和 SUB 指令发生先写后读（RAW）的数据相关冲突

指令	时钟周期								
	1	2	3	4	5	6	7	8	9
ADD	IF	ID	EX	MEM	WB				
SUB		IF	ID	EX	MEM	WB			

在表8-4 中，第 5 个时钟时刻，ADD 指令便可以将运算所得结果写入 X_1，但是发现 SUB 指令第 3 个时钟时刻就已经从 X_1 中读数了，使得原先先写后读的顺序变为了先读后写，因此在这里产生了先写后读（RAW）数据相关冲突。如果不采取任何措施，仍按这个顺序执行下去，就会使得操作所得结果产生错误。如果要解决这类数据相关所产生的冲突，可以使用后推法，也就是说，当遇到这类数据相关时，程序就停止后面指令的执行，直到前面的指令结果已经产生为止。需要执行以下程序：

ADD　X_1, X_2, X_3　；$(X_2)+(X_3)\rightarrow X_1$

SUB　X_4, X_1, X_5　；$(X_1)-(X_5)\rightarrow X_4$

AND　X_6, X_1, X_7　；$(X_1)AND(X_7)\rightarrow X_6$

OR　X_8, X_1, X_9　；$(X_1)OR(X_9)\rightarrow X_8$

XOR　X_{10}, X_1, X_{11}　；$(X_1)XOR(X_{11})\rightarrow X_{10}$

在上述程序段中，ADD 指令产生执行结果 X_1，后面的所有 4 条指令都需要使用 X_1 作为操作数，很明显，这时就产生了之前所说的 RAW 数据相关。表8-5 给出了没有对其进行处理的流水线情况，其中 ADD 指令会在 WB 段将计算结果存入 X_1 中，随后 SUB 指令、AND 指令、OR 指令在其 ID 段会从 X_1 中读取操作数，但这时 ADD 还未将执行后的结果存入 X_1。然而由于 XOR 指令的 ID 段在第六个时钟时刻，读取的时候 ADD 已经将数据存入了 X_1 中，因此不会受到影响。

表8-5 未对数据相关进行特殊处理的流水线

指令	时钟周期								
	1	2	3	4	5	6	7	8	9
ADD	IF	ID	EX	MEM	WB				
SUB		IF	ID	EX	MEM	WB			
AND			IF	ID	EX	MEM	WB		
OR				IF	ID	EX	MEM	WB	
XOR					IF	ID	EX	MEM	WB

如果使用之前所说的后推法，也就是将相关的指令推迟到所需要的操作数已经被写入到寄存器之后再开始执行的形式，这样就可以解决数据相关的问题冲突，表现形式如表8-6所示。

表8-6 对数据相关进行特殊处理的流水线

指令	时钟周期											
	1	2	3	4	5	6	7	8	9	10	11	12
ADD	IF	ID	EX	MEM	WB							
SUB		IF				ID	EX	MEM	WB			
AND			IF				ID	EX	MEM	WB		
OR				IF				ID	EX	MEM	WB	
XOR					IF				ID	EX	MEM	WB

3. 控制相关

引起控制相关的主要原因大部分是转移指令造成的。一般情况下，转移指令约是总指令的三成，相对于数据相关来说，控制相关会使得流水线丢失更多性能。在控制相关发生时，会使得流水线流动受到损失。若有转移指令执行时，程序会根据条件判断是否转移，PC的值可能会转移为需要执行的指令地址，也可能在原值基础上叠加为顺序执行的新地址。图8-12所示为发生了转移的指令流水效果。在这里假定指令3为一条转移指令，在指令2结束时指令3才能判断是否发生了转移，也就是看接下来是执行指令4还是指令转移后的指令15。由于程序无法提前判断出转移结果，程序会预先取出指令4准备执行，当最后发生转移时，提前对指令4、5、6、7做的操作都将作废。之后在第8个时钟时刻开始执行新的指令流水。就会发现在9~12时钟时刻里，实质上没有任何指令被完成，这就是由于控制相关导致的性能损失。

如要解决控制相关的问题，可以尽早地判断转移是否产生，从而更早地形成目的地的地址；提前获得预成功以及不成功方向上的指令；提高猜测准确率等方式。

时间单元	1	2	3	4	5	6	7	8	9	10	11	12	13	14
指令1	FI	DI	CO	FO	EI	WO								
指令2		FI	DI	CO	FO	EI	WO							
指令3			FI	DI	CO	FO	EI	WO						
指令4				FI	DI	CO	FO							
指令5					FI	DI	CO							
指令6						FI	DI							
指令7							FI							
指令15								FI	DI	CO	FO	EI	WO	
指令16									FI	DI	CO	FO	EI	WO

图 8-12　条件转移对于流水的影响

8.3.3　流水线的性能

一般情况下，衡量流水线性能的指标有吞吐率、加速比及效率。

1. 吞吐率

吞吐率（Throughput Rate）指的是单位时间内流水线完成指令以及输出结果的数量。吞吐率又可分为最大吞吐率或实际吞吐率。

最大吞吐率指的是流水线连续流动时达到稳定状态时的吞吐率。对于 m 段的流水线来说，如果各个段执行所需的时间均为 Δt，那么其流水的最大吞吐率为

$$T_{\text{pmax}} = \frac{1}{\Delta t}$$

流水线只有在连续流动的时候才能够达到最大吞吐率。在实际过程中，由于流水线开始阶段需要一定的时间建立，结束前有一段空当时间，或者因为一些相关问题导致流水无法连续流动，所以，在实际过程中吞吐率一般情况下都是小于最大吞吐率的。

实际吞吐率指的是流水线实际在完成 n 条指令时的吞吐率。对于有 m 段的指令流水线来说，如果各个段所需的时间均为 Δt，那么连续执行 n 条指令，除首条指令需要 $m\Delta t$ 的时间外，其他 $n-1$ 条指令，每隔 Δt 的时间就会产生一个输出结果，所以共需要 $m\Delta t + (n-1)\Delta t$ 的时间，实际吞吐率为

$$T_{\text{p}} = \frac{n}{m\Delta t + (n-1)\Delta t} = \frac{1}{\Delta t[1+(m-1)/n]} = \frac{T_{\text{pmax}}}{1+(m-1)/n}$$

当 $n > m$ 时，有 $T_{\text{p}} \approx T_{\text{pmax}}$。

图 8-11 所示的六级流水线中，若每段所需时间为 Δt，其最大吞吐率为 $\dfrac{1}{\Delta t}$，完成 9 条指令的实际吞吐率为 $\dfrac{9}{6\Delta t + (9-1)\Delta t}$。

2. 加速比

加速比（Speedup Ratio）指的是 m 段流水线其速度与相等功能非流水线结构的速度之比。

若流水线各段所需时间为 Δt，在流水线结构中，完成 n 条指令需要 $T = m\Delta t + (n-1)\Delta t$ 的时间，而在相等功能非流水线结构中则需要 $T' = nm\Delta t$ 的时间。因此加速比 S_p 为

$$S_p = \frac{nm\Delta t}{m\Delta t + (n-1)\Delta t} = \frac{nm}{m+n-1} = \frac{m}{1+(m-1)/n}$$

从计算公式中可以看出，当 $n > m$ 时，S_p 会越来越接近 m，也就是说，当流水线各个阶段所需时间相等，那么它的最大加速比就等于流水线的段数。

3. 效率

效率（Efficiency）指的是流水线中各个段的利用率。刚刚说过，流水线在执行的开始以及结束有建立时间以及空当时间，所以各个段其设备不会总处于工作状态，总会有空闲的时间。图 8-13 是 4 段流水线时空图，其每段所需时间均相等，即 Δt。图中 $mn\Delta t$ 为流水线各个段所在的工作时间时空区，然而流水线中各个段总的时空区为 $m(m+n-1)\Delta t$。一般情况下，流水线的效率用流水线各个段处于工作时间的时空区与流水线中各个段总的时空区之比来衡量。使用公式为

$$E = \frac{mn\Delta t}{m(m+n-1)\Delta t} = \frac{n}{m+n-1} = \frac{S_p}{m} = T_p\Delta t$$

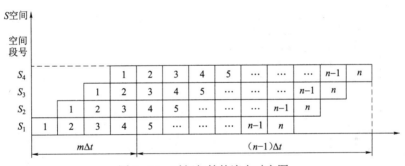

图 8-13　时间相等的流水时空图

8.3.4　流水线中的多发技术

计算机的结构由于流水线技术的产生有了重大革新，为了能够进一步发展，可以开发流水线的多发技术，想办法在一个时钟时刻内有更多的指令结果产生。常见多发技术有超流水线技术、超标量技术以及超长指令字技术。假设一条指令分为 4 个阶段，即取指（FI）、译码（ID）、执行（EX）和回写（WR）。图 8-14 至图 8-17 所示为多发技术与普通流水线之间的比较。

1. 超标量技术

超标量技术如图 8-15 所示。它指的是在每个时钟时刻内可以同时并发处理多条独立的指令，也就是说，可以并行执行的方式将多条指令编译并执行。

超标量技术的实现，处理机必须配备多个功能单元以及指令译码的电路，同时也要配备多个寄存器接口与总线，以此来实现同时对多个指令的操作，此外在程序编译时需要判断哪些指令可并行处理。

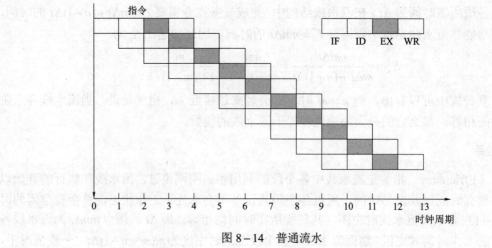

图 8-14 普通流水

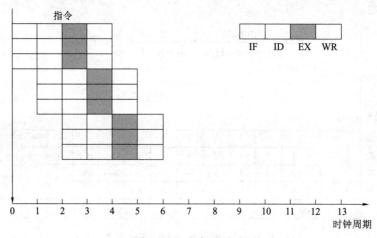

图 8-15 超标量流水

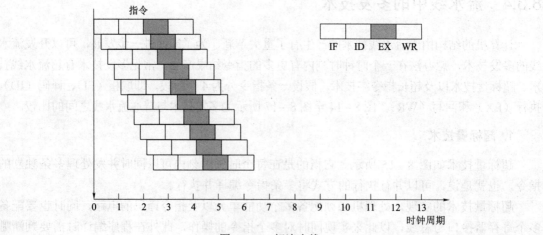

图 8-16 超流水线

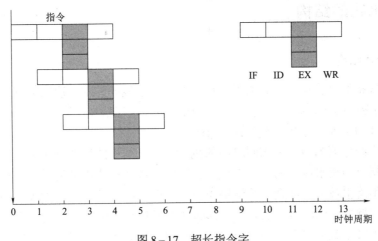

图 8-17 超长指令字

下面有两个程序段。

程序 1	程序 2
MOV BL，9	INC BX
ADD AX，1656H	ADD BX，AX
ADD CL，3EH	MOV DS，BX

在两个程序段中可以发现，左边的程序段其 3 条指令都是互相独立的程序，没有数据相关的情况发生，因此可以实现指令级并行。然而右边程序中 3 条指令有数据相关的情况发生，因此是不能够并行处理的。在使用超标量技术的计算机中，虽然不能另外安排指令执行的顺序，但其可通过在编译上的优化来实现，通过对高级语言翻译为机器语言的精心安排，可以将能够并行处理的指令通过搭配的方式，挖掘出更多的并行性。

2. 超流水线技术

超流水线技术指的是将流水线的寄存器插入流水线段中，就好像将流水线段再次分段，如图 8-16 所示。因此，使用超流水线技术的处理器其周期会比使用普通流水线的处理器其周期要短（见图 8-14），使得流水线以以往速度多倍的速率运行。同样地，超流水线的硬件也不能更改指令的处理顺序，依然需要通过在程序的编译上来优化执行效率。

3. 超长指令字技术

超长指令字技术与超标量技术有共同的地方，它们都使用了多指令在多处理单元中并行处理的体系，使得它们在一个时钟时刻内能流出更多指令，如图 8-17 所示。但也有不同的地方，超标量技术的指令都来自统一的指令流，但超长指令字是在编译时挖掘出指令的并行性后，把多条能够并行执行的指令组合并成一条多个操作码字段的超长指令，由这条超长指令控制超长指令技术的计算机中多个独立功能单元，每个操作码段控制一个功能单元，也就等同于执行了多个指令。超长指令比超标量具有更高的并行执行能力，但优化起来对编译器有更高的要求，并且对于 Cache 的需求更大。

8.3.5 流水线的结构

1. 指令流水结构

指令流水线指的是将执行指令的整个过程通过流水线的方式分段来处理，通常指令的执行过程为"取指令—指令译码—形成地址—取操作数—执行指令—回写结果—修改指令指针"几个部分，图 8-18 所示为指令流水的结构框图。

指令的流水线分解为多少个相同时间的执行段对计算机的性能有决定性的影响。在上述的描述中，将指令的流水线分为了 7 个段，假设每一段执行所需要的时间为一个时钟时刻，那么如果不使用流水技术，得到一个结果需要 7 个时钟时刻的时间。如果使用流水线并且没有因为相关等问题导致断流情况的发生，那么在首条指令得出结果需要 7 个时钟时刻，但接下来每一个时钟时刻就会得出一个结果。也就是说，如果在不断流的理想状况下，采用流水线比不采用流水线在执行速度上提高了 7 倍之多。

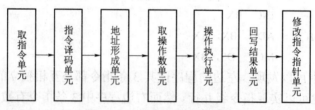

图 8-18　指令流水结构框图

2. 运算流水线

之前所说的流水线指的是指令级的流水。在实际的使用过程中流水技术也能适用于部件级。例如，在浮点数的加法运算上，可以将过程分为对阶、尾数加以及结果规格化 3 个部分，每一部分都有专门的电路来完成操作，并将所得结果存储在锁存器上，以提供给下一阶段输入使用。图 8-19 所示为浮点数的加法操作流水示意图。

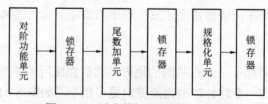

图 8-19　浮点数加法的操作流水线

8.4　中断处理

通常情况下处理器都会使用中断机制，中断可使一个当前正在执行的程序挂起，让申请中断的中断源得到处理，在中断处理结束后返回到原程序执行。

8.4.1　中断和意外

在 Pentium 的处理器中，有两种情况会让 Pentium 将目前执行的程序挂起去响应突发事件。这两种情况是中断与意外。在这两种情况发生时处理器会保存当前的进程上下文并转移到事先定义好的子程序上。中断的发生一般采用硬件的方式来实现，程序执行的过程中任何时刻都有可能会有中断产生，意外是通过软件产生的，是由执行指令引发的。

中断大致可分为以下两类：

（1）可屏蔽中断。这种中断由中央处理器 INTR 引脚来接收，当中断允许标志 IF 被置位的时候，处理器才认可可屏蔽中断。

（2）非屏蔽中断。这种中断由处理器 NMI 引脚来接收，这种信号无法通过某些控制位来阻止。

意外大致可分为以下两类：

（1）处理器确定的意外。在 CPU 尝试执行某条指令时却碰到一个错误引发了意外。

（2）编程意外。一些指令如 INTO、INT3、INT 和 BOUND 等，可以产生意外。

8.4.2　中断向量表

在 Pentium 处理器中断处理中使用了中断向量表。每一类中断在向量表中都分配了一个中断号，用中断号来对中断向量执行索引。在向量表中共可包含 32 位 256 个中断向量。

表 8-7 所示为中断向量号分配表。

表 8-7　中断向量号分配表

向量号	说　明
0	除法结果溢出或被除数为零
1	调试意外，包括和调试有关的各种陷阱与故障
2	NMI 引脚的中断
3	由 INT3 指令引起的断点，为调试用的一字节指令
4	由 INTO 确定的溢出，当处理器执行 INTO 的同时，OF 标志又已置位时发生
5	BOUND 范围被超出，BOUND 指令用于存储器的边界和一寄存器作比较，如果寄存器内容不在边界内则产生一个意外
6	没有定义的操作码
7	设备不可用，在缺乏设备的情况下，试图使用 ESC 或者 WAIT 指令而发生意外
8	双重故障，在同一指令周期内出现两个中断而且不可以串行处理
9	此向量号为保留号
10	无效的任务状态引发的意外，用来描述请求任务的段没有初始化或者无效
11	段不存在引发的意外，即需要的段不存在
12	堆栈故障引发的意外，在超过了堆栈段的限度时或者堆栈段不存在时引发
13	不引起另外意外的保护违反了约定时引发的意外

向量号	说　明
14	缺页发生的意外
15	保留号
16	浮点错误，由浮点运算指令产生
17	当一个奇数字节地址存取一个字或者一个非 4 倍字节地址存取一个双字时引发意外
18	机器检查，由型号说明
19～31	保留号
32～255	当 INTR 信号有效时提供的用户中断向量

在一个时刻如果出现了多个中断或者意外，CPU 会按照事先设计好的顺序来处理它们。在向量号分配表中并没有反映出其优先级，意外和中断优先级大致可分成以下 5 类。

（1）向量号 1，先前的指令上的陷阱。

（2）向量号 2、32～255，外部中断。

（3）向量号 3、14，取下一条指令的故障。

（4）向量号 6、7，译码的下一条指令。

（5）向量号 0、4、5、8、10～14、16、17，执行指令的故障。

8.4.3　中断管理

与程序中的子程序使用相类似，一个中断服务程序的执行，需要使用堆栈来保存当前处理的执行状况。在中断被处理器认可时将会按照以下步骤执行。

（1）如果在转换的过程中遇到特权级改变，则需要将当前堆栈中的段寄存器以及当前扩展栈指针 ESP 寄存器中的内容压到堆栈中。

（2）将状态标志寄存器中当前状态值压入堆栈中。

（3）清除中断 IF 与陷阱 TF 两个标志。

（4）将目前执行的代码段寄存器与目前执行的指令指针的数据压入堆栈中。

（5）如果在中断发生时还伴随错误代码，则错误的代码也需要被压入堆栈中。

（6）将中断向量中的内容取出，并分别装填到代码寄存器与当前指令指针寄存器中，然后由处理器继续执行中断服务子程序。

在中断返回时，中断服务子程序再执行一条 IRET 指令，则所有保存在堆栈上的值将被取回，处理器从断点处恢复执行。

第9章

总　　线

　　总线（Bus）实际上是传送信息（数据、地址、控制）的公共通道，在物理形式上是一组公用的导线和相应的驱动电路。总线是计算机各种功能部件之间传送信息的公共信息干线，它是由导线组成的传输线束。按照计算机所传输信息的种类，计算机的总线可以划分为数据总线、地址总线和控制总线，分别用来传输数据信号、地址信号、控制信号。总线是一种内部结构，它是 CPU、存储器、输入/输出设备传递信息的公用通道，主机的各个部件通过计算机总线连接，从而形成了计算机硬件系统。在计算机系统中，各个部件之间传送信息的公共通道称为总线，微型计算机是以总线结构来连接各个功能部件的。

9.1　总线的概念和作用

9.1.1　总线的概念

　　在计算机系统中，CPU、主存和外设是计算机的主要部件，各个部件之间能够进行有效的信息传输和通信，是与传输线路的功能分不开的。传输线路可以看作是沟通系统各部件的纽带和桥梁，能够实现系统各部件之间数据和控制信息的相互传送。现代小型或微型计算机系统的传输线路一般采用总线结构。这种结构是使用一组公用的信号线路作为各部件的公共信息通道。这种公用的信号线就称为总线。

　　总线具有低成本和多样性的优点，对于普通总线，通过定义统一的弧线方式就可以较容易地将各种新型设备连接起来，甚至是计算机系统间也可以方便地通过总线连接。可以说，总线是各个子系统之间共享的通信链路。同时，总线的实现是指将一个或多个部件的信息送到一个或多个部件。在计算机系统中，将不同的来源和目标的信息在总线上进行分时处理就可以了。在现代计算机中，总线的性能和配置基本上决定了这台计算机的性能，而且任何系统的扩展和模块的添加都要遵循所采用的总线规范。随着计算机技术的发展，总线技术也在

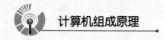

不断更新。

9.1.2 总线的作用

总线技术在大规模集成电路出现之前就运用于计算机中。总线在计算机中实现信息的控制和传输。在计算机中，微处理器都要和其他部件以及外围设备进行连接通信，但是，如果将微处理器和每个部件以及外围设备都用一组线路连接起来，那么连线就会错综复杂，而且随着部件及外设的不断增加，所需要的连接线路的数目将是非常可观的，在有限的电路布局空间内，这样的情况是难以实现的。为了简化硬件电路设计以及系统结构，常常使用一组线路，再配以适当的接口电路来实现各部件之间的互联，不论设备数量的多少和类型，只需要遵守相应的通信规则来使用这组线路，即可实现各部件之间的通信，这组公共的线路就称为总线。采用总线结构便于部件和外设的扩充，特别是制定了统一的总线规范后，部件和外设只需要依据总线的规范直接挂接到总线上就可以方便地实现系统的扩充和模块的添加。也就是说，部件和总线采用挂接的方式，在总线上添加和减少部件不会对计算机的整体性能造成影响。因此，总线技术的推出最初基于两个目的：减少系统中部件间的连线数量和便于系统的构成、扩充、更新。同时，对于各生产厂商来说，有了统一的总线标准，就没有必要像以前那样生产全套的部件，可以按照统一的标准设计、生产具有自己特色的计算机部件。对于用户来说，可以选用不同厂商的部件来组成自己所需要的系统。总线技术使得计算机的设计、生产走向标准化。

9.1.3 总线的分类

总线有多种类型，可以从不同的角度进行研究和讨论。不同的分类标准下可以将总线分成不同的类型，根据连接的距离和对象可分为片内总线、内部总线和外部总线；根据传输信息的类型可分为数据总线、地址总线和控制总线；根据传输方式的不同可分为串行总线和并行总线；根据使用权限的不同可分为专用总线和共享总线。

片内总线（Chip Bus）又称为元件级总线（Component Level Bus），是同一部件内的传输线路。例如，寄存器之间、寄存器与运算部件之间的数据传输线路和信息控制线路都属于片内总线。它的特点是距离短、控制简单、速率高。

内部总线（Internal Bus）是计算机系统内部的传输线路，如 CPU、主存、通道或接口之间的连接线路都是内部总线。内部总线较片内总线连接距离长、传输速率低。对于主机和外设之间的 I/O 总线，由于主机和外设的工作频率差距较大，因此传输速率也不尽相同。

外部总线（External Bus）又称通信总线，它是系统与系统之间的相互连线。例如，多机系统中各子系统之间、计算机系统与远距离终端以及其他仪器设备之间的连接线路都属于外部总线。外部总线的特点是距离远、速率差异大，信息的传送往往不能单靠传输线路连接，还需要借助通信等技术才能实现。

从发展历程来看，基本上可以分为单总线和多总线。

1. 单总线

总线是计算机系统中模块与模块之间进行信息交互的一束信号线路。将所有模块都连接到单一总线上就形成了单总线结构，如图9-1所示。

图9-1　单总线结构

单总线结构具有结构简单、便于扩充的优点，但是单独依靠一条共享的总线来实现各个模块之间的信息交换，必然会使此环节成为计算机性能的瓶颈，而且不能允许两个以上的模块在同一时刻交换信息，从而降低系统的整体效率，也不利于各个子系统的充分利用。所以为了提高数据的传输效率，并更好地协调CPU、主存、I/O设备之间的传输速率，多总线结构自然更受欢迎。

2. 多总线

在一个较复杂的计算机系统或多个模块组成的复杂系统中，由于扩展了较多的存储区、I/O接口等外部设备，各个模块在进行相互通信时，公用总线必然容易造成总线的堵塞，从而降低系统的吞吐率。较为合理的办法就是使用单独的总线，即系统总线来实现系统中主要功能模块的信息传递，而对于速度较低的、影响整体运行效率的扩展设备，如I/O设备等，使用另外的总线，即扩展总线来实现与其他模块的通信，这就形成了双总线结构，如图9-2所示。

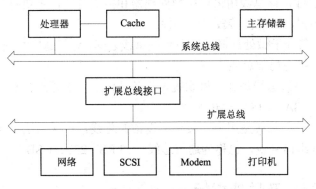

图9-2　双总线结构

随着图形处理技术和多媒体技术的广泛应用，在以Windows操作系统为主的图形用户接口进入个人计算机后，对高速图形描绘和处理有了新的要求，这使得外设速度也有了相当大的提高，当时的硬盘与控制器之间的数据传输率已经达到10 MB/s以上。对总线速度的要求一般应为外设速度的3～5倍，因此原有的扩展总线已经远远不能满足系统的需求。那么在系统总线和扩展总线之间增加一条高速总线，将图形、声音和网络等连接到高速总线上，而慢速的I/O设备仍然连接到扩展总线，这就形成了三总线结构，如图9-3所示。

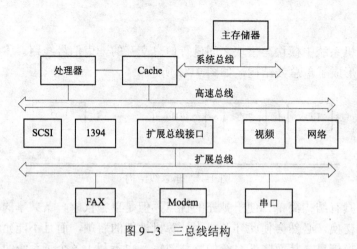

图 9-3 三总线结构

3. 总线层次结构

在微型计算机中,可以有多种总线形式共存。例如,486 主板上有 ISA 总线和 VESA 总线。按照总线的连接方式,可分为芯片级总线、插板级总线和系统级总线,这是总线层次结构的体现。具体地说,总线的层次结构可分为 3 层,即微处理器总线、局部总线(如 PCI)以及系统总线(如 ISA)。微处理器总线提供了系统原始的控制、命令等信号以及与系统中各功能部件传输信息的最高速度的通路,以印制电路板的形式分布在微处理器的周围。局部总线和系统总线都是作为外设和系统互联的扩展总线。实际上,局部总线是为了适应高速外设的需求而产生的总线层次,离微处理器较近。系统总线是为了延续老的、低速外设接口卡的寿命而保留的总线层次,与微处理器隔着局部总线。

按照总线的层次结构,总线可以分为以下 4 类。

(1)微处理器总线。该总线用来连接微处理器和控制芯片,主要有数据线、地址线、控制线,其负载能力不强,不能挂接较多的部件。

(2)局部总线。其介于微处理器总线和系统总线之间,为了适应高速外设的需求而产生,可以通过桥接电路来扩充局部总线。

(3)系统总线。系统总线是计算机系统内部各部件之间进行连接和通信的一组信号线,属于插板级总线,如 ISA、EISA、MCA 等。

(4)外部总线。外部总线是用来连接外部设备的总线,实现系统之间或计算机系统与外设之间互相通信的一组信号线,也称为通信总线,如 RS-232、USB 等。

9.1.4 总线的组成及性能指标

1. 总线的组成

总线实现各部件之间的互联和通信。通信的信息一般有数据、地址和控制信息。相应地,总线类型可划分为数据总线、地址总线、控制总线。

(1)数据总线(Data Bus)。数据总线可以用来传送数据、状态和控制信息,它的位数表明了总线的数据传输能力,反映了系统的数据处理能力。必要时可与地址总线实现分时复用,从而减少信号线数量，提高总线的利用率。

（2）地址总线（Address Bus）。地址总线可以传送地址信息，用来确定存储器或 I/O 端口的地址，它的宽度表明了系统的寻址能力，反映了系统的规模。

（3）控制总线（Control Bus）。控制总线可以传送各种控制信号，如时钟信号、中断信号、DMA 控制信号、仲裁信号等。控制信号控制的总线上的各种操作，是种类最多、变化最大、功能最强的信号。一个总线标准和另一个总线标准最大的不同就是控制总线，它能够表明总线标准是否具有高性能，也反映了总线的设计思想和控制技巧。

（4）电源线。电源线是电源显示系统中不可缺少的总线，它提供了总线接口卡以及部分外设的电源，决定这种线上使用的电源类型。常见的总线电源有 3.3 V、±5 V、±12 V 等。

2. 总线的信息传送过程

总线用来实现各部件的互联和通信，其传送的信息有数据信息、地址信息和控制信息。控制信息用来控制总线的各种操作，如对存储器的读/写、对端口的读/写、中断，直接存储器访问、仲裁等。但是，同一时刻，总线上只允许两个部件之间进行通信，如果有多个部件要求通信，可以通过仲裁信号来选择通信的部件，或者使用分时复用技术，即将总线时间分为许多段，一段时间完成某两个部件之间一次完整的信息交换，通常称为一个总线操作周期。在一个总线操作周期中，可以控制总线并启动数据传送的任何设备称为主控器或主设备，能够响应总线主控器发出的总线命令的任何设备称为受控器或从设备，总线的整个信息传送可以概括为以下 4 个过程。

（1）总线请求和仲裁过程。总线主控器接收总线请求信号，通过仲裁过程，决定在下一个总线操作周期中进行通信的部件。

（2）寻址过程。取得总线使用权的主部件发送地址信号找到接收信息的从部件，启动从部件接收信息。

（3）传送过程。主、从部件进行通信，信息在数据总线上传输。

（4）结束过程。主、从部件让出总线使用权，以提供其他部件使用。

对于只有一个主模块的单处理器系统，主模块自始至终都拥有总线使用权，因此，在使用总线传送信息时只需要寻址和传送两个过程。但是，对于包含中断功能、直接存储器访问方式或多个处理器的系统，必须要有总线控制设备来管理总线的使用权。

对于多个模块（或部件）连接到一条公用总线的情况，要使部件之间进行正确的、有效的信息传送，需要一些约定，需要对每一个发送的信息规定其信息类型和接收信息的部件，同时也需要对信息的传送定时以防止信息的丢失。为了让信息能够有效地发送，就需要经过选择判优以避免多个部件同时发送矛盾信息。总的来说，需要注意以下两个问题。

（1）对于共享同一总线的若干模块而言，任何时刻最多只能允许其中一个模块享有向总线输出信息的权利，即向总线执行写操作，其他模块只能执行读操作或者处于高阻浮空状态。如果同一时刻有多个模块向总线进行信息的输出，那么必然会使总线上的信息发生混乱，以致系统不能正常工作，这种情况称为总线冲突。为了使信息能够在总线上正确传送，需要从软、硬件两个方面制定相应的措施，即总线裁决。

（2）信息传输形式的规定。此规定主要包括信息传输开始和结束的规则、信息传输的速率及格式。关于总线信息传输形式的规定有很多，但是均有共同性的一般概念。

用于控制信息传送同步的信号称为总线握手信息,包括信息传送开始和结束两个主要的信号,可用某种形式的电位变化来标志这些时刻。如果在一组总线上传送的信息具有非常复杂的含义,那么需要相应复杂的时序同步来加以控制,即正确标明整个总线操作周期中的开始和结束,而且要标明在此操作周期中的各个子周期的开始和结束。最简单的握手信号是采用系统时钟信号,利用时钟的上升沿和下降沿来标明一个总线操作周期的开始和结束。但在很多复杂的情况下,这种简单的同步信号是不能满足需求的,因此,为了满足传输的要求,出现了许多非同步的握手信号。简单来说,借助总线进行信息传输时,只有在接收方已经做好接收准备的条件下,发送方才能进行发送操作,并在结束确认信息已被接收的条件下才结束此操作周期。

用于保证正确识别和可靠、无丢失地接收所传送信息的概念称为总线约定或总线协议。它主要涉及信息的传输速率以及传输格式。对于传输速率而言,如果是串行总线,那么就需要严格要求发送方和接收方的发送速率保持一致。如果是并行总线,那么就需要保证前一次发送与下一次发送的时间间隔满足接收要求。对于传输格式而言,当信息格式符合预先的规定时,就认为需要执行某种操作。例如,在多个模块共享同一总线的情况下,任意两个模块进行信息传输时,首先通过信息的格式来判定总线是否被占用,然后通过握手信息的格式来裁定起始信号,最后才是实质内容的传送。同时,信息格式还广泛应用于对传送内容的纠错和检验。具体而言,即发送方将一组信息发送完毕之后会附加发送对这组信息的验证信息,接收方在接收完全部信息后,会依据预先约定的格式对内容信息进行验证处理。借助同一总线进行信息传送的所有模块必须遵循统一的规定才能保证信息的正确发送和接收。

3. 总线的性能指标

影响总线性能的因素有许多,其中最重要的因素介绍如下。

(1)总线宽度。总线宽度指总线能同时传送的数据位数,用位(bit)表示,如总线宽度为 16 bit 表示总线具有 16 bit 数据传送能力。现常用总线宽度有 32 bit、64 bit。

(2)总线时钟频率。总线时钟频率指总线的工作频率,即总线中各种信号的定时基准。一般情况下,总线时钟频率越高,其单位时间内数据传输量就越大,但是不完全成比例。通常用 MHz 表示,常见频率有 33 MHz、100 MHz 等。

(3)总线带宽。总线带宽又称为总线的最大数据传输速率,是指在总线上每秒钟能传输的最大字节量,用 MB/s 表示,即每秒钟能处理多少兆字节。可以通过总线宽度和总线时钟频率计算得到总线带宽,即

总线带宽(最大数据传输速率)= 总线时钟频率×总线宽度/8

如 PCI 总线的宽度为 32 bit,总线时钟频率为 33 MHz,那么总线的最大数据传输速率为 132 MB/s。总线是用来实现数据信息传输的,无论采用何种措施来提高总线的性能,最终还是反映到数据传输速率上,最大数据传输速率是影响总线性能的诸多指标中最重要的。

9.2 总 线 仲 裁

共享同一总线的若干模块,如果需要同时获取总线上传送的信息,即对总线进行读操作,那么会增加总线的负载,而不会影响总线上的信息状态,所以就无须对总线进行占有权的判

定。如果其中只有一个主控模块（如 CPU），那么总线的占有权归属于此主控模块，由它来控制总线上的信息传输。在若干模块中出现两个或两个以上的主控模块时，就会出现两个或两个以上的主控模块企图同时向总线发送数据，即对总线进行写操作的情况。例如，模块 A 向总线发送了一个逻辑信号 0，同时模块 B 向总线发送了一个逻辑信号 1，显然这会产生总线冲突，导致一些模块丢失数据，从而发生信息传输错误。在这种情况下，必须通过总线占有权判断来确定哪个主模块能够拥有总线的使用权，以避免总线冲突。

挂接到同一总线上的若干模块有主动和被动两种形态。例如，CPU 在不同时间既可以作为主模块也可以作为从模块，而存储器只能作为从模块，顾名思义，主模块拥有主动权，能够启动一个总线周期，从模块只能响应主模块的请求，而且每次总线操作只能有一个主模块拥有总线使用权，但是在同一时间里可以存在一个或多个从模块。在多个请求者同时提出总线请求，即提出向总线传输信息的请求时，总线有权判断，即总线仲裁机制，会合理地控制和管理这些需要占用总线的申请者，一般采用优先级或公平策略来仲裁应该获得总线占有权的申请者。例如，在多处理器系统中对 CPU 模块的请求采用公平策略来裁决，而对 I/O 模块的请求则使用优先级策略。

按照总线仲裁电路位置的不同，仲裁方式可以分为集中仲裁和分布仲裁两类。

9.2.1　集中仲裁方式

集中总线仲裁方式是将总线的控制逻辑集中在一起，借助中央仲裁器来实现总线使用权的判定。集中总线仲裁方式主要有 3 种，即链式查询方式、定时查询方式以及独立请求方式。

1. 链式查询方式

链式查询方式所使用的基本原理是，信号链式地通过各个模块以裁决拥有总线使用权的模块。显然，各个模块使用总线的优先级是与其物理位置相关联的，排在前面的模块与其后续的模块比起来，拥有更高的优先级。集中式链式查询方式的结构如图 9-4 所示。

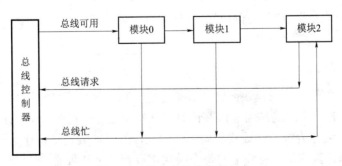

图 9-4　集中式链式查询方式

此结构中有 3 类辅助信号，即总线请求、总线可用及总线忙。总线请求信号是各个模块为了申请使用总线而向总线控制器，即中央仲裁器发出的信号；总线可用信号是总线控制器在收到总线请求信号后所发出的信号，用于链式查询申请使用总线的模块，从而将总线使用权赋予该模块，其他申请使用总线的模块只能等待，然后重新发出总线申请信号；总线忙信号用于维护总线可用信号，在总线忙信号建立后，总线控制器就不会再响应其他模块的总线请求，即表明总线的使用权已被占用。

链式查询方式的工作原理是围绕总线请求、总线可用以及总线忙这3种信号展开的。共享同一总线的所有模块都可以向总线控制器发送总线请求信号，并建立总线忙信号。当其中某个模块需要使用总线进行信息传输时，会向总线控制器发送总线请求信号，此时，如果总线忙信号没有建立，即总线使用权没有被其他模块占用，那么总线控制器就会响应此请求信号，并发出总线可用信号。总线可用信号串行地依次经过所有模块，排在前面的模块就会优先接收到总线可用信号。如果此模块没有发出总线请求信号，那么总线可用信号继续向下传递，直至发出总线请求信号的模块。当总线可用信号终止于某模块时，会建立总线忙信号并去除总线请求信号。这时此模块便可成为主控设备，能够使用总线进行信息传输。在整个信息传输期间，由总线忙信号来维持总线可用信号的建立。在信息传输结束时，该模块去除总线忙信号，总线可用信号随之消失，此时，总线上的所有模块又可以向总线控制器发送总线请求信号，开始新一轮的总线分配过程。

根据集中式链式查询方式的总线分配逻辑可以看出，在查询链中，离总线控制器最近的设备具有最高的优先级，离总线控制器越远，优先级越低。因此，此查询方式是通过模块的优先级位置来实现的。集中式链式查询方式根据自身的结构特点，以及适用场景显示出了特有的优缺点。

集中式链式查询方式的优点是借助很少几根线路就可以按照一定的优先次序来实现总线的仲裁，其总线分配方法简单，控制器结构与线路数量及共享总线的模块数并无关联，而且这种链式结构很容易扩充设备。同时它也具有自身的一些缺点。正是由于总线上的所有模块都是以链式方式连接在一起，所以对查询链的故障很敏感。如果某个模块发生了故障，那么在其后续的模块都不能正常工作。鉴于查询量的优先级是固定的，如果优先级高的模块频繁地发出总线请求，那么优先级低的模块可能长期不能获得总线使用权。而且，此方式需要链式地查询一系列模块，直至发出总线请求信号的模块，所以此种总线分配逻辑效率很低。同时，在对总线上的模块进行增删改动时，需要考虑总线的长度限制，约束了总线扩展设备的灵活性。

虽然集中式链式查询方式具有自身的一些缺点，但是其应用还是很广泛的，对于其缺陷可以通过各种方式加以缓解。

2. 定时查询方式

对于共享同一总线的所有模块而言，并实地查询哪些模块需要使用总线，就称为定时查询方式。集中式定时查询方式是通过设置计数器来实现定时查询的。根据计数器位置的不同，定时查询方式可以划分为统一计数式和局部计数式，统一计数式是将计数器集中设置在总线控制器中，而局部计数式是在总线上的每个模块都设置一个计数器。其结构分别如图9-5和图9-6所示。

对于集中式统一计数定时查询方式而言，与集中式链式查询方式有些类似，拥有3类辅助信号，即总线请求、总线忙、定时查询计数。总线请求信号以及总线忙信号，与链式查询方式中的总线请求信号和总线忙信号具有相同的含义。定时查询计数由总线控制器在接收到总线请求信号后发起，并开始计数。借助3类辅助信号就可以实现集中式定时查询方式。总

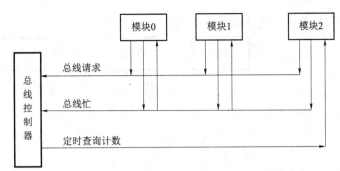

图 9-5　集中式统一计数定时查询方式

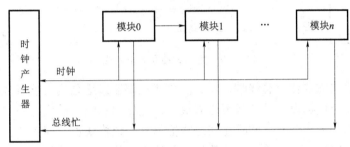

图 9-6　集中式局部计数定时查询方式

线上的某个模块需要使用总线时，会向总线控制器发送总线请求信号，如果总线忙信号在此时没有建立，总线控制器就响应此请求，发出定时查询计数信号并触动计数器开始计数。当计数值与发出请求的模块信号（地址）一致时，表明已查询到发出总线请求的模块。此时，此模块建立总线忙信号并停止查询。然后，此模块就可以使用总线进行数据传输，数据传输完毕后，去除总线忙信号，开始新一轮的定时查询逻辑。

对于集中式局部计数定时查询方式而言，拥有两类辅助信号，即时钟信号及总线忙信号。在此方式下，总线上的所有模块都设置了一个计数器，总线控制器只是一个时钟发生器，用来给各个模块的计数器提供计数脉冲。当计数器的值与发出总线请求的模块号一样时，该模块就建立总线忙信号，并阻止总线控制器发出时钟脉冲。此时，该模块成为总线上的主控设备，可以使用总线进行信息传输。当信息传输结束时，撤销总线忙信号，控制器又可以继续发送计数脉冲。

集中式定时查询方式也是通过优先级来进行总线仲裁的，但是此优先级可以依靠程序来确定。如果计数器从 0 开始计数，那么与链式查询方式类似，计数值小的优先级高。如果计数器从中止点开始计数，那么类似一种循环算法，各模块使用总线的概率相等。与链式查询方式相比，其优先级容易由程序来设定，而且，当总线上的某模块发生故障时也不会影响到其他模块。但是，此查询方式是依靠计数值来查询发出总线请求模块的，所以总线上的模块数量受到编址能力的限制，而且对干扰和时钟失效敏感。在小型低速系统中，集中式定时查询方式使用比较广泛。

3. 独立请求方式

总线上的所有模块都有各自的总线请求信号线以及总线可用信号线，并公用总线忙信号线，总线控制器根据设定的仲裁策略来判定哪个模块能够拥有总线使用权，此种方式称为独立请求方式。集中式独立请求方式的结构如图9-7所示。

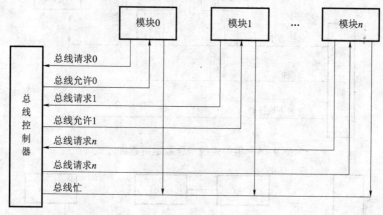

图9-7 集中式独立请求方式

当总线上的模块需要使用总线时，就会向总线控制器发送总线请求信号，总线控制器接收到请求信号后，会根据设定的仲裁策略来决定首先使用总线的模块，并发送总线可用信号到该模块，撤销总线请求信号，同时建立总线忙信号，该模块也就拥有了总线的使用权。当该模块完成信息传输后，会去除总线忙信号，总线可用信号随之消除，总线控制器便开始确定下一个能够使用总线的模块。

集中式独立请求方式依靠总线控制器对请求使用总线的模块进行总线仲裁，这会加快总线分配速度，而不用一个模块接一个模块地进行查询。对优先级的确定也非常灵活，可以预先设定模块的优先级高低，也可以通过程序来改变优先级顺序，还可以采用屏蔽策略来禁止某些无效模块的总线请求。不过，这种方法采用的控制线路数量较大，随着模块的增多，总线控制器会变得复杂。但是，独立请求方式灵活的总线仲裁的特点，还是受到了业界的欢迎。

9.2.2　分布仲裁方式

分布式总线仲裁方式是将总线控制逻辑分散连接到总线上的各个模块中，以实现总线使用权的仲裁。分布式仲裁方式不需要中央仲裁器，在总线上潜在的主控模块中都有各自的仲裁信号和仲裁器。根据集中仲裁方式的划分种类，分布仲裁方式也有相应的类型。

对于链式查询方式而言，参照集中式链式查询结构，将其总线忙信号去掉，总线请求以及总线可用信号共用一条信号线路，就形成了分布式链式查询方式的结构，图9-8所示为静态电平分布式链式查询方式的结构。

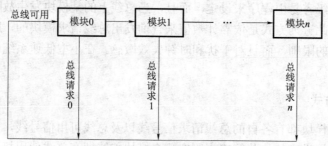

图9-8 静态电平分布式链式查询方式

分布式链式查询方式依靠总线请求信号以及总线可用信号来实现总线裁决。当总线可用信号处于低电平时，表明总线上的模块可以请求使用总线。在总线上的某个模块建立总线请求时，总线可用信号变为高电平。此时，该电平链式地在所有模块上进行查询，直至发出总线请求信号的模块。该模块也就成了主控设备，可以使用总线进行通信传输，同时也维持着总线请求信号。在结束信息传输时，总线请求信号将被去除，总线可用信号变为低电平，这表明总线空闲且又可以接收申请。这种方法借助静态电平来确定总线的状态，也可以通过电平的跳变来实现。总线可用跳变电平也会链式地对总线上的模块进行查询，在发起总线请求的模块停止流转。该模块接收跳变电平便成为总线主控设备，并有权使用总线。

分布式链式查询方式与集中式链式查询方式在特性上类似，分配算法简单，容易扩充设备，而且控制线路数量少，但是对总线上模块的故障非常敏感，模块获得总线使用权的优先级不容易改变且不灵活。

对于定时查询方式而言，分布式定时查询方式的结构如图 9-9 所示。

分布式定时查询方式具有 3 类辅助信号，即总线可用、总线响应和定时查询代码。定时查询代码用于传输表明地址或优先级的代码。这类查询方式在系统启动时就要求总线上的某个模块占用总线。当占用总线的模块释放总线使用权时，会将一个新的代码置于定时查询代码信号线路上，这时，总线可用信号有效。如果这个代码与某个请求使用总线的模块信号或者优先级相符合，那么就建立总线响应信号，同时去除定时查询代码以及总线可用信号，该模块也就拥有了总线使用权。

从其结构以及实现逻辑上可以看出，对总线上模块的故障并不敏感，如果其中的某个模块发生故障，并不会影响其他模块的正常工作。但是，与分布式链式查询方式相比较，控制线路数量要多。

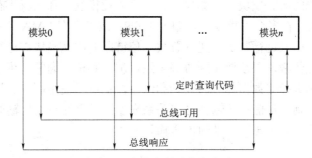

图 9-9　分布式定时查询方式

对于独立请求方式而言，分布式独立请求方式的结构如图 9-10 所示。

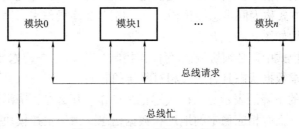

图 9-10　分布式独立请求方式

总线上的所有模块共享同一总线请求信号和总线忙线路。与集中式独立请求方式的总线仲裁方式类似，分布式独立请求方式会依据各个模块上预先设定的仲裁策略来判决拥有总线使用权的模块。当某些模块需要使用总线时，会发出总线请求信号。在总线忙信号未建立时，各个模块根据自身的仲裁器对总线请求信号进行裁决。如果从总线请求信号线路上获得信号的优先级比自己的总线请求信号优先级高，那么就放弃总线请求；否则继续维持总线请求信号。这样的总线仲裁逻辑构成了分布式独立请求方式。

总之，分布式独立请求方式在控制逻辑方面比集中式简单，但是对干扰和时钟失效比较敏感。该方式一般应用在小型系统中。

9.3 总线操作和定时

总线是各个模块间相互通信的公共通路，是实现各模块可靠通信的基础。完整的信息传输周期围绕申请、寻址、数据传输以及结束这4个阶段来展开。当总线上的某个模块需要使用总线时，会向总线仲裁器提出总线使用请求，经总线仲裁器裁决，由哪一个模块获得下一个总线传输周期的控制权，获得总线使用权的模块借助地址总线发出从模块（准备与之通信的模块）的地址，如存储器地址、I/O 地址等，然后通过译码就可以选中从模块，从而建立起主从模块间的通信链路，此时，主从模块就可以使用总线进行信息传输了。对于读操作而言，主模块将读取由从模块放入数据总线上的数据；对于写操作，主模块通过数据总线将数据写入从模块。具体来说，主模块可以理解为总线控制器的 CPU，从模块可以理解为存储器或 I/O 设备。最后，在一次完整信息传输结束后，主、从模块会将相关信息从总线上去除，让出总线使用权，以提供给其他模块使用。

在共享同一总线的所有模块中，如果只有一个主控模块，那么就不存在总线申请、分配和去除；反之，如果存在多个主控模块，如多个 CPU 或者含有 DMA 的系统，就需要依靠总线仲裁器来对总线使用权进行判决。建立总线通信链路的主从模块在进行信息传输时，要保证信息正确、有效地传输，必须要做到协调一致、配合到位。通常，可以采用一定方式借助握手信号的电平变化来指明数据传送的开始和结束，也可以使用同步、异步或半同步的方式来实现总线传输的控制。从信息传输的时序关系来看，一个完整的传输周期表现出了3种传输模式，即同步传输、异步传输和半同步传输。

9.3.1 时钟同步定时方式

在总线上，模块之间的信息传输周期是固定的，时钟脉冲就是控制各项传输操作的唯一标准。这种总线传输方式称为同步总线传输。可以借助读/写操作来对同步总线传输模式进行详细说明，其典型结构如图 9-11 所示。

在同步总线传输模式中，必须协调读/写操作控制与数据状态一致，这样才能保证信息传递的正确性。这就要求数据状态具有一段相对稳定的时间。

如果时钟周期 T 的下降沿表示对从模块进行写操作，那么在下降沿到来之前，地址总线以及数据总线上就应该拥有相应稳定的地址和数据信息。由于主控模块提供写操作需要的数据信息，所以可以提前将其放置在数据总线上。在主控模块对从模块进行写操作后，即 T 的

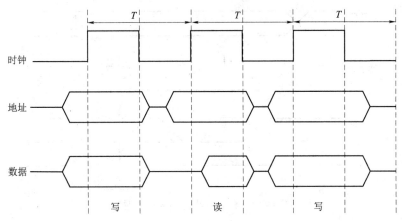

图9-11 同步总线传输的定时关系

下降沿到来之后，地址信息和数据信息将保持一段时间，然后就可以从各自的总线上去除了。如果时钟周期 T 的下降沿表示对从模块进行读操作，同样地，地址和数据信息在下降沿到来前就需要达到稳定状态。由于读操作是在地址信息有效译码后才使得数据状态有效，所以数据状态稳定时间较短，而且到来也相对较晚。

由此可见，采用同步总线传输时，每个时钟脉冲所需要执行的操作都有明确的规定。主从模块之间的时间配合需要强制同步，即主从模块都必须在限定的时间内完成预定的操作，而且这种约束在所有主从模块中都有效。同步传输模式具有约束明确、统一、模块间配合简单的优点，但是它却对所有模块强制要求采用同一时限，这样就会使设计缺乏灵活性，对模块各方面的要求也变得更加严格。如果共享同一总线的模块中存在着快慢不同的模块，那么为了符合同步总线传输模式的要求，必须降低时钟脉冲的频率来满足总线上响应最慢的受控模块的需求。即使主模块很少访问从模块，整个系统操作速度也不可避免地被拖慢。

9.3.2　异步定时方式

如果共享同一总线的模块具有不同的传输速率，那么就不适合采用同步总线传输模式。因为总线会以模块中最低的传输速率作为信息的传输标准，这样肯定会影响整个系统的工作效率。如果对于高速模块进行高速操作，对于低速模块进行低速操作，并借助请求和应答信号来协调，那么就可以实现在同一总线上具有不同传输速率模块的共存，与同步总线传输模式相比，在灵活性设计方面就显得更有优势。这种传输模式称为异步总线传输模式。现假设总线上的主控模块 A 具有高速的传输速率，从模块 B 为低速的受控模块，以读/写操作来诠释异步总线传输模式的功能逻辑。

对于读操作而言，异步总线传输的实现逻辑如图9-12所示，图中以序号来描述工作过程，低电平有效。

主控模块 A 需要读取从模块 B 上的数据时，会首先将从模块 B 的地址信息以及读操作命令放在相应的信号线路上。地址信号线路上的地址信息经过译码等判定后，从模块 B 就会被选中。在读操作命令也被识别的情况下，从模块 B 依据自身的信息传输速率将数据传送到数据信号线路上，直至数据达到稳定状态后才在应答信号线路上发出应答信息，即将应答信号

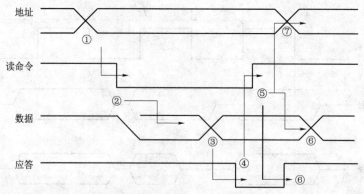

图 9-12　异步总线传输读操作时序

设置为低电平。这时，主控模块 A 接收到应答信号后就开始执行读操作，获取数据总线上的数据。由于读操作信号与读操作请求信号在时序上同步，所以可以使用读操作请求信号来表示读操作信号。主控模块 A 依据自身的信息传输速率执行完读操作之后会使读操作请求信号失效，从模块 B 的应答信号也随之失效，这表明从模块 B 已经知道主模块 A 读取完数据，从而结束一个信息传输周期。

而写操作时，与读操作的实现逻辑相似，都是利用请求和应答信号来实现异步传输。其逻辑如图 9-13 所示，图中序号表示工作过程，低电平有效。

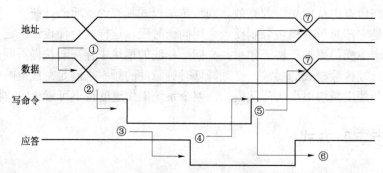

图 9-13　异步总线传输写操作时序

主控模块 A 需要将数据写入从模块 B 时，会向从模块发出写操作命令并提供地址，因为是写操作，主控模块 A 也会同时将数据提前放到数据通道上。上述动作都是以主控模块自身的传输速率进行的，从模块 B 不会及时做出响应。地址信息被译码、写操作命令被识别后，被选中的从模块 B 才会发出应答信息，当然是以自身速率回应。主控模块 A 在收到应答信号后便开始执行写操作。写操作在执行完毕后，会使写操作信号失效，从模块 B 也会识别该信号，即可获知写操作已完成。这样便实现了一个完整的写操作异步传输。

从对读/写操作的异步总线传输过程的分析可以看出，请求和应答信号是成对且互相约束的。只有在应答信号有效的情况下，主控模块才能进行相应的操作。如果应答信号变成有效状态后没有恢复高电平，即变成失效状态，那么就不能完成一个信息传输周期。一条线路状态的变化引起另一条线路状态的变化，这种关系称为互锁关系。这种类型的异步传输模式也可以称为全互锁异步总线传输模式。

全互锁异步总线传输模式具有一定的可靠性，能够根据总线上的各个模块信息传输速率的不同来自行控制信息的传输速率，从而使得总线的信息传输周期不是固定值，也增加了设计的灵活性。但是请求和应答信息的多次传输带来了较大的传输延迟，因此，又出现了一种结合同步和异步的半互锁总线传输模式，也可称为半同步总线传输模式。

9.3.3　半同步定时方式

同步总线传输模式要求共享同一总线的所有模块具有相同的信息传输速率，如果存在不同，就不能保证信息正确、有效地传输，设计上缺乏灵活性。异步总线传输模式允许总线上的模块拥有不同的信息传输速率，但是进行信息传输的主从模块之间不加区分地借助请求信号和应答信号来推进传输操作的过程，增加了传输线路，也增加了传输延迟。结合同步和异步优点的半同步总线传输模式，不但保留了同步传输模式的基本特性（地址、数据及命令信息都是严格按照预先约定的某个时钟脉冲的上升沿或下降沿发出），而且也保存在某个时钟脉冲的前沿或后沿进行判断、检测或接收。虽然从整体上看，整个传输过程属于同步的性质，但是一个传输周期是属于伪同步，即半同步性质。半同步总线传输模式的实现逻辑如图 9-14 所示，其中低电平表示信息有效。

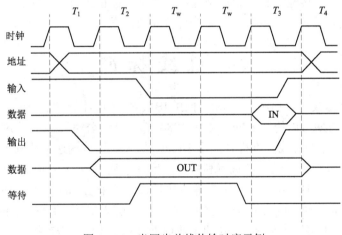

图 9-14　半同步总线传输时序示例

由图 9-14 可以看出，半同步总线传输模式使用等待信号来替代请求和应答信息，从而实现了异步总线传输的性质。输入信号的功能可以理解成主控模块需要读取从模块的数据，而输出信号的功能可以理解成主控模块需要将数据写入从模块。它们的低电平表示数据在数据总线上的有效性。以读/写操作为例来进一步描述半同步总线传输模式的工作过程。可以设定总线上的主模块在 T_1 时刻发出地址信息，T_2 时刻发出操作命令，即读或写命令，T_3 时刻进行数据传输，T_4 时刻结束一个传输周期。如果从模块的信息传输速率比主控模块的信息传输速率还要快，即从模块能够在主控模块的一个时钟周期里完成响应，那么从模块就不发送等待信号，整个信息传输逻辑就与同步总线传输逻辑一样；如果从模块的信息速率比主控模块的信息传输速率慢，那么等待信号就发生作用，在这种情况下，当主控模块完成 T_1、T_2 时刻的操作之后，从模块由于工作速度慢，不会马上给出响应，只能在主控模块执行 T_3 时刻的操作之前通知其等待，即发送等待信号让其有效，直到从模块做好接收数据的准备，或者将数

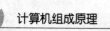

据稳定地放入数据总线，然后再撤销等待信号。对于主控模块而言，在执行完 T_1、T_2 时刻的操作之后，并不会去执行 T_3 时刻的操作，而是采样等待信号，如果等待信号有效，那么就会自动插入等待周期，直到等待信号失效再来执行 T_3 时刻的数据传输。这样的操作模式，从整体上看是同步传输，其实是加入了等待信号的异步传输，但又不是全互锁关系，只是使用一条单方向的状态传递的等待信号来替代请求和应答信息的传递，延长主控模块的操作时间，从而实现了半同步总线传输模式。

在半同步总线传输模式下，对于具有相同信息传输速率的主控模块而言，它们之间的通信可以看成是同步总线传输，对于具有不同信息传输速率的主从模块而言，可以通过等待信号插入等待周期，强制延长主控模块的操作时间，从而保证主控模块能够在固定的时钟脉冲沿采样等待信号，并根据插入等待周期而延长整个传输周期的时间间隔。

半同步传输模式适用于包含了具有不同信息传输速率模块的场景，具有很好的设计灵活性。在控制逻辑方面，虽然比同步模式复杂，但是同异步模式相比，却显得更加简单，而且总线上的所有模块都工作在统一的时钟频率之下，从整体上看，所有模块都是同步工作的，可靠性较高。当然，如果时钟频率太高，起始信息的传输就可能发生错误；同时，对于速度慢的设备而言，必须适时发出等待信号提供给主模块采样，才能保证信息正确、有效地传输。总的来说，半同步总线传输的真正含义是地址、命令信息起止同步，数据的发送与接收异步，通过加长发送与接收信息之间的周期间隔来保证正常地传输。

9.4 总线标准

最早的计算机总线可以追溯到 1981 年由 IBM 公司设计的 PC-Bus，它的总线宽度是 8 bit，即一个时钟周期可以传送 8 bit 数据。1984 年，IBM 公司又推出了 AT-Bus（Advance Technology-Bus），它的总线宽度提升到了 16 bit，最大数据传输速率达到了 5 MB/s。IBM 公司为了赢得市场，公布了总线全部规范和机器的硬件结构，效果就如预期一样，该设备迅速占领了计算机市场，同时也出现了一大批兼容机厂商。后来由 Intel 公司、IEEE 和 EISA 集团共同设计了与 IBM 公司推出的 AT 总线相似的、经过标准化的 ISA（Industrial Standard Architecture）总线，也可以称为 8/16 bit 的工业标准结构，其总线带宽提升到了 16 MB/s。IBM 公司为了垄断市场，在 1987 年推出了与 ISA 总线不兼容的 MCA（Micro Channel Architecture）总线，其数据宽度是 32 bit，配有总线仲裁机制，支持 16 个总线主控器，在传输速率和稳定性上比 ISA 总线有了很大提高，在当时确实是一种高性能的总线，但是由于与 ISA 总线不兼容，使得采用 ISA 接口技术的外围设备卡无法在采用 MCA 总线的机器上使用，因此，采用 MCA 总线的计算机没有在市场上得到广泛使用。为了与 IBM 公司的 MCA 技术抗衡，AST、Epson、HP 等 9 家公司联合推出了与 ISA 总线兼容并且具有 MCA 全部功能的扩展 ISA 总线，即 EISA 总线。EISA 总线的数据带宽为 32 bit，支持多处理器结构，具有较强的 I/O 扩展能力和负载能力，最大数据传输速率为 33 MB/s，该总线得到了广泛的应用。

随着微处理器和系统总线的发展，计算机的应用领域也在拓展，如复杂的图像处理、多任务操作系统以及多媒体应用等。这些都需要在处理器和外设之间进行大量极高速的数据传输和处理，而 EISA 等系统总线此时已无法满足需求，成为处理器与外设之间数据传输的瓶颈。为了提高高速图像显示在总线上的传输效率，VESA（Video Electronics Standard Association）

与 60 多家显示接口制造商联合推出了一种全开放的通用局部总线标准 VL_Bus。VL_Bus 是在处理器与 EISA 等传统系统总线之间另开辟一条总线，该总线具有较高的数据传输速率，采用该局部总线显示接口可以与微处理器同步工作，在 80486 系统中得到了广泛应用。但是 VL_Bus 同样存在许多不足。例如，其数据线和地址线直接与微处理器相连，加重了微处理器的负载，即要求微处理器具备推动 VL_Bus 的功率，处理器本身会因此过热。VL_Bus 制约着 CPU 的速度，使得基于 VL_Bus 的周边设备卡不能完全与系统兼容，而且 32 bit 总线不能扩展到 64 bit。20 世纪 90 年代，随着图形处理技术和多媒体技术的广泛应用，与 Windows 操作系统为主的图形用户接口进入个人计算机后，对高速图形描绘和处理以及高速 I/O 处理能力有了新的要求，这时的外设速度也有了相当大的提高。例如，当时的硬盘与控制器之间的数据传输速率已经达到 10 MB/s 以上。对总线速度的要求一般应为外设速度的 3～5 倍，因此原有的 ISA 总线、EISA 总线已经远远不能满足系统的需求。在这种情况下，Intel 公司于 1991 年下半年首先推出了 PCI（Peripheral Component Interface）总线，并与 IBM、AST 等 100 多家公司联合成立了 PCI Special Interest Group（PCI SIG）。PCI 总线是一种先进的局部总线，处于处理器原来的系统总线之间，由一个桥接电路来实现对这一层的管理，实现上下之间的接口，来实现数据传送，而且与 VL_Bus 不同，它是独立于处理器的。PCI 总线支持总线主控技术，即允许智能设备在需要时取得总线控制权来加速数据传输。在一个系统中可以存在多条 PCI 总线。随着 3D 等相似技术的出现，为了提高视频带宽、增强 3D 图形描绘能力，Intel 公司推出了 AGP（Accelerated Graphics Port）标准，AGP 并不是严格意义上的系统总线，而是一个图形显示接口标准。

随着高速 I/O 设备数量的增加，提高 PCI 总线传输速率越来越困难，PCI 桥电路带负载能力问题成为新的瓶颈。

随着计算机系统的发展，总线也在不断更新，也只有不断改进总线技术，计算机才能不断发展。根据总线的发展历程以及现代计算机系统对总线的需求，可以预测总线将朝着两个方向发展：一是将高速设备尽量挂靠在局部并行总线上；二是提高串行传输速度，用串行总线部分替代并行总线。提高传输速率、降低成本是对总线的最终要求。

第10章

<<<<<<

输入/输出系统

中央处理器（CPU）和主存储器（MM）构成计算机的主体，称为主机。主机以外的大部分硬设备都称为外部设备或外围设备，简称外设。它包括常用的输入/输出设备、外存储器、脱机输入/输出设备等。

自20世纪80年代以来，个人计算机和工作站为代表的微型机迅速普及，计算机应用领域有了突破性的进展，外部设备开始向多样化、智能化的方向发展。I/O设备是实现计算机系统与外部世界（如人或其他电子、机械系统）之间进行信息交换或信息存储的装置。由于在现实世界中，人们常用数字、字符、文字、图形、图像、影像、声音等形式来表示各种信息，而计算机直接处理的却是以信号表示的数字代码。因而，需要输入设备将现实世界各种形式表示的信息转换为计算机能够识别、处理的信息形式，并输入计算机；利用输出设备，将计算机处理的结果以现实世界所能接受的信息形式输出，以便为人或其他系统所用。

本章将介绍目前常用的外围设备并简要叙述它们的工作原理，按设备在系统中的功能与作用来分，I/O设备可以大致分为五类，下面将具体介绍。

10.1 输入/输出设备概述

1. 输入设备

输入设备将外部的信息输入主机，通常是将操作者所提供的外部世界的信息转换为计算机所能识别的信息，然后送入主机。目前广泛使用的输入设备主要有以下几种。

（1）用于字符输入的设备，包括键盘、联机手写识别器等。

（2）用于图形输入的设备，包括数字化仪、鼠标器、跟踪球、操纵杆、图形输入板等。

（3）用于图像输入的设备，包括摄像机、扫描仪等。

（4）其他类型的设备，包括数/模转换、声音输入等。

（5）特殊的输入设备，包括磁盘、磁带及光盘等。

2. 输出设备

输出设备将计算机处理的结果从数字代码形式转换成人或其他系统所能识别的信息形式。常用的输出设备有以下几种。

（1）以输出字符为主的设备，如行式打印机、点阵式打印机、喷墨和激光打印机、显示器。

（2）以输出图形为主的设备，如绘图仪、显示器、喷墨及激光打印机。

（3）以输出图像为主的设备，如显示器、喷墨及激光打印机。

（4）其他类型的设备，如声音输出设备等。

（5）特殊的输出设备，如磁盘、磁带等。

3. 外存储器

外存储器是指主机之外的一些存储设备，如磁带、磁盘、光盘等，在前面章节中已讲述过。

4. 终端设备

与计算机网络的用户端相连接的设备，称为终端设备。另外，在大型计算机系统中，通过通信线路连接到主机的输入/输出装置，也是一种终端设备。用户通常通过终端设备在一定距离之外操作计算机，通过终端输入信息或获得结果。利用终端设备，可使多个用户同时共享计算机系统资源。终端也是一个比较复杂的概念，在不同系统、不同场合有不同的含义。具有一定的数据处理能力的终端称为智能终端，而只负责输入/输出的终端称为哑终端。与主机距离较近的终端称为本地终端，如在一个计算中心机房的终端；与主机距离较远的终端称为远程终端。远程终端往往要通过公共通信线路（如电话线）利用调制解调器等通信设备与主机交换信息。

5. 其他含义的 I/O 设备

在某些特定应用领域中，要用到一些特殊的 I/O 设备，如在工业控制应用中的数据采集设备——仪表、传感器、A/D 和 D/A 转换器等。

还有一类脱机设备，即数据制备设备，如软磁盘数据站，它是一种数据输入装置，为了不让数据输入占用大、巨型主机的宝贵运行时间，大批数据输入往往采取脱机输入方式，即先在专门的输入装置上人工按键输入，结果存入磁盘或磁带中，然后将磁盘或磁带联机输入主机。

10.2　键　　盘

在计算机系统中，键盘是最基本、最常用的输入设备。键盘的种类也是五花八门，从通用键盘到某些专用的小键盘，甚至也有键盘上标有几千个汉字的专用汉字输入键盘。通用计算机系统使用的往往是按标准字符键排列的通用键盘。这种键盘上包含着字符键与一些控制功能键。

本节的重点在于介绍按键编码的基本原理与实现方法。

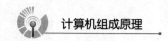

10.2.1　硬件扫描键盘

在键盘上，各键的安装位置可根据操作的需要而定；但在电气连接上，可将各键连接成矩阵，即分成 n 行 × m 列，每个键连接于某个行线与某个列线的交叉点处。通过硬件扫描或软件扫描，识别所按下的键的行列位置，称为位置码或扫描码。如果由硬件逻辑实现扫描，这种键盘称为硬件扫描键盘，或称为电子扫描式编码键盘，所用的硬件逻辑可称为广义上的编码器。

如图 10-1 所示，硬件扫描式键盘的逻辑组成为键盘矩阵、振荡器、计数器、行译码器、列译码器、符合比较器、ROM、键盘接口、去抖电路等。

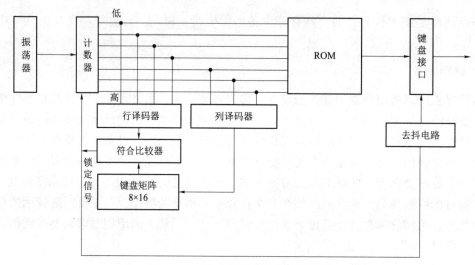

图 10-1　硬件扫描式键盘原理框图

假定键盘矩阵为 8 行 × 16 列，可安装 128 个键，则位置码需要 7 位，相应地设置一个 7 位计数器。振荡器提供计数脉冲，计数器以 128 为模循环计数。计数器输出 7 位代码，其中高 3 位送给行译码器译码输出，送至键盘矩阵行线。计数器输出的低 4 位经列译码器送至符合比较器。键盘矩阵的列线输出也送至符合比较器，二者进行符合比较。

假定按下的键位于第 1 行、第 1 列（序号从 0 开始），则当计数值为 0010001 时，行线 1 被行译码器的输出置为低电平。由于该键闭合，使第 1 行与第 1 列接通，则列线 1 也为低电平。低 4 位代码 0001 译码输出和列线输出相同，符合比较器输出一个锁定信号，使计数器停止计数，其输出代码维持为 0010001，这就是按键的行列位置码或称为扫描码。用一个只读存储器 ROM 芯片装入代码转换表，按键的位置码送往 ROM 作为地址输入，从 ROM 中读出对应的按键字符编码或功能编码，由 ROM 输出的按键编码经接口芯片送往 CPU。更换 ROM 中写入的内容，即可重新定义各键的编码与功能的含义。

在实现一个键盘时，要注意的一个问题是，键在闭合过程中往往存在一些难以避免的机械性抖动，使输出信号也产生抖动，所以图 10-1 中有去抖电路。另一个需要注意的问题是重键，当快速按键时，有可能发生这样一种情况，前一次按键的键码尚未送出，后面按键产生了新键码，造成键码的重叠混乱。在图 10-1 中，是依靠锁定信号来防止重键现象的。在扫描找到第一次按键位置时，符合比较器输出锁定信号，使计数器停止计数，只认可第一次按键产生的键码，仅当键码送出之后，才解除对计数器的封锁，允许扫描识别后面按下的键。

硬件扫描键盘的优点是不需要主机担负扫描任务，当键盘产生键码之后，才向主机发出中断请求，CPU 响应中断方式，接收随机按键产生的键码。现已很少用小规模集成电路来构成这种硬件扫描键盘，而是尽可能利用全集成化的键盘接口芯片，如 Intel 8279。

10.2.2　软件扫描键盘

为了识别按键的行列位置，可以通过执行键盘扫描程序对键盘矩阵进行扫描，这种键盘称为软件扫描键盘。

如果对主机工作速度要求不高，如教学实验用的单板机，可由 CPU 自己执行键盘扫描程序。按键时，键盘向主机提出中断请求，CPU 响应后转去执行键盘中断处理程序，其中包含键盘扫描程序、键码转换程序及预处理程序等。如果对主机工作速度要求较高，希望尽量少占用 CPU 处理时间，可在键盘中设置一个单片机，由它负责执行键盘扫描程序、预处理程序，再向 CPU 申请中断并送出扫描码。现代计算机的通用键盘大多采用第二种方案。

现以 IBM–PC/XT 机使用的键盘为例，说明软件扫描键盘的工作原理。

IBM–PC 机的通用键盘采用电容式无触点式键，共 83～110 键，连接为 16 行×8 列。采用 Intel 8048 单片机进行控制，以行列扫描法获得按键扫描码。键盘通过电缆与主机板上的键盘接口相连。以串行方式将扫描码送往接口，由移位寄存器组装，然后向 CPU 请求中断。CPU 以并行方式从接口中读取按键扫描码。在图 10–2 中，虚线左边是键盘逻辑，右边是位于主机板上的接口逻辑。

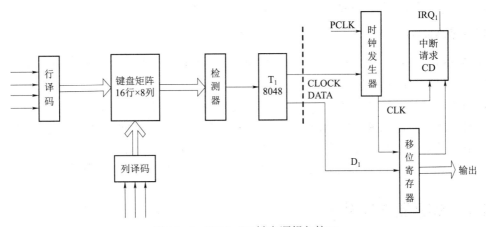

图 10–2　IBM–PC 键盘逻辑与接口

由 8048 输出计数信号控制行、列译码器，先逐列为 1 地步进扫描。当某列为 1 时，若该列线上无键按下，则行线组输出为 0；若该列线上有键按下，则行线组输出为 1。将每次扫描结果串行送入 8048 的 T_1 端，检测当哪一列为 1 时，键盘矩阵行线组输出也为 1，即表明该列有键按下。然后再逐行为 1 地步进扫描，由 8048 的 T_1 端判断当哪一行为 1 时，列线组输出也为 1，即判断哪行按了键。8048 根据行、列扫描结果便能确定按键位置，并由按键的行号和列号形成对应的扫描码（位置码）。

键盘向主机键盘接口输送的是扫描码。当键按下时，输出的数据称为接通扫描码，而该键松开时，输出的数据称为断开扫描码。PC 系列中不同机型的键盘，接通和断开的扫描码有所不同，如 PC/XT 机键盘与 AT 机键盘扫描码就不一样，因此不能互换使用。现以 PC/XT 机键盘为例，说明这两种扫描码。

在 PC/XT 机键盘中，接通扫描码与键号（键位置）是等值的，用 1 B（两位十六进制数）表示，如 M 键，键号为 50（十进制），接通码为 32H；断开扫描码也是 1B，是接通扫描码加上 80H 所得，如 M 键按下后又松开，则先输出 32H，再输出 B2H。PC/XT 机键盘的拍发速率是固定的，即当一个键按下 0.5 s 后仍不松开，将重复输出该键的接通扫描码，其速率是 10 次/s。

10.3 显 示 设 备

显示设备是计算机系统必备的输出设备之一，软件设计与执行的结果往往以字符或图形的形式在屏幕上显示出来，供操作人员观察。显示器屏幕上的字符、图形不能永久记录下来，一旦关机，屏幕上的信息也就消失了，所以显示器又称为"软复制"装置。

显示设备子系统的硬件组成一般包括显示器件（或称显示器）及其控制器和接口。在微机系统中显示控制器与接口往往合为一个整体，称为显示器适配卡或显卡。其软件组成有包含在操作系统中的驱动程序以及专门支持各种图形功能的图形软件包等。

显示器按照发光原理可分为以下两大类。

1. 发光器件

外加电信号，发光器件将产生光辐射，从而发光，如阴极射线管（CRT）、发光二极管（LED）、等离子显示器件（PDP）和场致发光板（ELD）等。

2. 光调制器件

这类器件本身不发光，工作时需另设光源。在外加电信号作用下，器件的局部区域的光特性发生变化，引起光线透过或反射，显示屏幕上收到的是器件形成的调制光，即随电信号而变化的光。属于这类器件的有液晶显示（LCD）、电化学反应显示等。

就目前情况而言，CRT 显示器的清晰度与分辨率较高，大多数显示终端仍以 CRT 显示器为主。液晶显示器呈平板状，且易于微型化，广泛应用于便携式计算机与各种数字显示仪表中。发光二极管显示器可构成巨型显示屏幕，广泛用于机场、车站、商店的大屏幕显示。

10.3.1 常见显卡标准

显示器适配卡（也叫显卡）是显示器与主机之间的接口电路，负责将主机发送的待显示的信号送给显示器。工业上为了便于生产，制定了一些显卡标准。早期的显卡标准有 CGA、EGA 等。现在常用的标准有 VGA、TVGA、XGA 等。

1. VGA 标准

VGA 是英文 Video Graphics Amy 的缩写，该标准的特点之一是采用数/模转换器增强彩色显示能力。这个 DAC 具有 256 个 18 bit 长的彩色寄存器，每个寄存器说明三基色 RGB（红、绿、蓝）的组合情况。每种基色占用该寄存器的 6 bit，有 64 种色彩，共可形成 256 K（64^3）种颜色组合。图形显示下的 4 bit 像素值，可选用 16 个调色寄存器中的一个。通过将调色寄存器的值送到 DAC，选择 256 个彩色寄存器中的一个，这个 18 bit 长的寄存器产生 3 个模拟量（R、G、B）输出到模拟监视器，可在 256 K 颜色中选择最多 256 种色彩显示。

在图形方式下，VGA 标准可支持的分辨率是 640×480、16 种色彩或 320×200、256 种色彩。

2. XGA 标准

XGA（eXtended Graphics Array）的中文含义是扩展图形阵列。XGA 显卡有 3 种模式，即 VGA 模式、132 列文本模式和扩展图形模式。

XGA 显卡完全兼容 VGA 显示模式，速度更快。132 列文本模式，每屏可显示 132×43、132×50、132×60 个字符，每个字符水平方向可由 8 个像素组成。扩展图形模式支持高分辨率方式，允许在屏幕上显示更多的窗口及清晰的文字。可提供 1 024×768 分辨率，显示 256 种颜色，有 16 位真彩色工作方式，允许直接从摄像机及 CD–ROM 输入彩色图像，经 XGA 显卡在彩显屏幕上显示出真彩色图像。扩展图形能力方面，XGA 显卡中增加了画专用线、填充区域、像素块传递、裁剪、映射屏幕等功能，通过图形协处理器，加快了处理图形的速度。

3. SVGA 标准

SVGA 指 Super VGA，不同公司的产品有不同的叫法。如 Trident 公司的 Super VGA 产品称为 TVGA、Western Digital 公司的产品称为 PVGA（因其商标为 Paradise），它们均是兼容 VGA 的全部标准，并扩展了若干字符和图形显示的新标准，具有更高的分辨率和更多的色彩选择。SVGA 标准所支持的分辨率有 800×600、1 024×788、1 280×1 024、1 600×1 200，上述各种分辨率下能显示的最大颜色数都为 16.7 M。

10.3.2 CRT 显示器

1. CRT 显示器的分类

按屏幕表面曲度来分，CRT 显示器可分为以下 4 种类型。

1）球面显像管

早期的显像管多为球面显像管，屏幕中间呈球形。这种显像管价格便宜，但其缺点也很明显，随着观察角度的改变，球面屏幕上的图像会发生歪斜，而且在边角上的图像会有些变形，非常容易引起外部光线的反射，从而降低对比度。目前只有 14 英寸（1 英寸=2.54 厘米）的显示器仍然使用这种传统的球面显像管。

2）平面直角显像管

平面直角显像管采用扩张技术，使传统的球面显像管在水平和垂直方向向外扩张。这种显像管与传统的球面显像管相比，可以获得一个比较平坦的画面，大大缓和了屏幕四角的失真，使得图像更加逼真，同时能更好地防止光线的反射和眩光。平面直角显像管广泛使用于

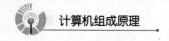

15 英寸以上的显示器中。

3）柱面显像管

柱面显像管的屏幕表面呈柱面，沿水平方向是曲线形状，垂直方向则为平面，图像看起来更具立体感，可视面积较大。柱面显像管采用的栅格式荫罩板在屏幕的垂直方向上完全地实现了笔直，只是在水平方向上还有点弧度。

由于柱面显像管所能达到的显示质量又上了一个新台阶，画面更加细腻、鲜艳，失真也不明显。因此，各个显示器生产厂商纷纷推出基于柱面显像管的显示器。

4）纯平显像管

从 1998 年开始，Apple、三星、索尼、三菱等厂商先后推出真正的平面显像管产品，即纯平显示器。这种显像管在水平和垂直两个方向上都是笔直的，整个显示器外表面就像一面镜子那样平，而且屏幕图形和文字的失真、反光都降低到了最低限度。与视角大约 160° 的普通显示器相比，纯平显像管具有更宽的视角，理论上可达到 180°。

2. 光栅扫描原理

彩色 CRT 的整体结构是由电子枪、视频放大驱动器及同步扫描电路三部分组成，其结构如图 10-3 所示。

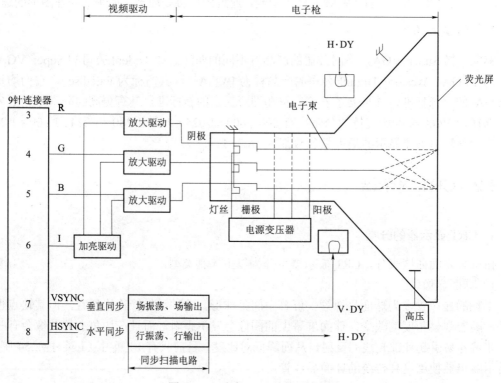

图 10-3　彩色 CRT 结构示意图

当阴极射线管的灯丝加热后，由视频信号放大驱动电路输出的电流驱动阴极，使之发射电子束，故俗称"电子枪"。彩色 CRT 由红、绿、蓝三基色的阴极发射的三色电子束（其强度由视频信号的有、无控制），经栅极、加速极（第一阳极）和聚焦极（第二阳极），并在高压极（第三阳极）的作用下，形成具有一定能量的电子束，向荧光屏冲射。在垂直偏转线圈和水平偏转线圈经相应扫描电流驱动产生的磁场控制下，三色电子束就会聚到荧光屏内侧金属荫罩板上的某一小孔中，并轰击荧光屏的某一位置。此时，涂有荧光粉的屏幕被激励而出现红、绿、蓝三基色之一或由三基色组成的其他各种彩色点。荧光屏的发光亮度随加速极电压增加而增加。但通常是控制阴极驱动电流（由加亮驱动电路实现）使亮度发生变化。

同步扫描电路接收来自视频显示接口的垂直同步 VSYNC 和水平同步 HSYNC 信号，经各自的振荡电路和输出电路的控制，最终产生垂直锯齿波扫描电流与水平锯齿波扫描电流，如图 10-4（a）所示，分别驱动相应的偏转线圈，使电子束在偏转磁场的作用下进行有规律的扫描。扫描规律是这样的：电子束从屏幕的左上角开始，沿着略微倾斜的水平方向从左至右匀速地到达右上角，在此后以极高的速度返回到左端下一行的开始位置。这一正扫和一回扫构成了一个水平扫描周期。然后，继续上述的水平扫描周期，一行又一行地扫描，直至到达屏幕最末一行的右下角。接着，又以极高的速度返回到屏幕左上角开始处，这一正扫和一回扫构成了一个垂直的扫描周期。

在不断重复水平扫描周期和垂直扫描周期的过程中，除在各自的回扫期间，通过水平消隐和垂直消隐信号抑制电子束的发射外，在整个正扫期间可使屏幕形成一条一条的水平扫描线（称其为光栅），这种有规律的扫描运动称为"光栅扫描"，如图 10-4（b）所示。

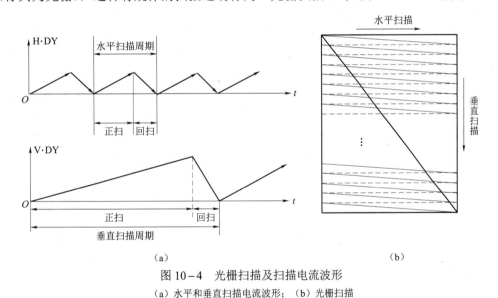

（a）　　　　　　　　　　　　　　　　（b）

图 10-4　光栅扫描及扫描电流波形

（a）水平和垂直扫描电流波形；（b）光栅扫描

由此可见，扫描的线数由水平扫描的频率和垂直扫描的频率确定，即

$$水平扫描频率 \div 垂直扫描频率 = 扫描线数$$

或

$$垂直扫描周期 \div 水平扫描周期 = 扫描线数$$

按照上面的式子可知，若要增加屏幕上的扫描线数，一种方法是提高水平扫描的频率，另一种方法是降低垂直扫描的频率，或者两者兼而有之。当水平扫描线上要显示的点数一定时，提高水平扫描的频率会导致点频的提高，这就要求扫描电路和视频电路应具有更高的频率特性。另外，垂直扫描的频率也就是电子束对屏幕进行刷新的频率，当屏幕刷新的频率降

低时，屏幕上会出现闪烁。

在电视机中，垂直扫描的频率希望和电网的频率同步，用以消除电网的纹波干扰。因此，为了在不提高水平扫描速度的条件下增加扫描线数，而采用隔行扫描方式，达到把扫描线数加倍的目的。这样，一幅画面占用垂直同步的两个周期，即 1 帧画面由两场组成。两场的扫描线相互交错，第一场扫描奇数线，第二场扫描偶数线。实际上，隔行扫描使屏幕上每个点的刷新周期加长一倍，因而易于导致画面的闪烁，同时也使线路的复杂性略有增加。

3. 视频显示的一般原理

在监视器上显示图像，实际上是在光栅扫描的过程中，将图像信号分解成按时间分布的视频信号去控制电子束在各条光栅位置上点的亮度和色彩。为使图像稳定且不消失，必须确保视频信号的发送规律在时间上与水平和垂直同步扫描电流保持一致。同时，要把一帧图像存放在显示缓存中，以帧频的速率用缓存的内容刷新屏幕。现以 CGA 显示标准为例，说明视频显示的一般原理。

CGA 支持的显示器可实现字符显示和图形显示两种功能。不论哪种显示，一帧图像的信息要存入显示缓存 VRAM（Video RAM）中。

1）字符显示

此时，显示缓存 VRAM 存放一帧待显示的字符代码。这些字符排列次序与在屏幕上的显示位置密切相关。一个屏幕被划分成若干字符行，每个字符行又划分成若干字符列。于是，屏幕显示字符的位置由字符行地址与字符列地址确定，而两者组成的字符行列地址，即是访问 VRAM 的实际地址。

由 VRAM 中取出的一个字符代码作为字符发生器 ROM 的地址，即可从 ROM 获取相应的字符点阵信息。这些信息按当前扫描的位置被送到移位寄存器，然后串行输出视频信号，如图 10-5 所示。

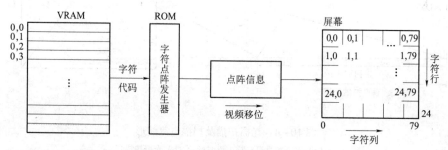

图 10-5　字符显示时 VRAM 信息

2）字符点阵图形的形成

在 CRT 显示器中，画面上的字符或图形都是由若干个点组成的，每个字符横向、纵向均占有一定的点数，称为字符的点阵结构。常用的字符点阵结构有 5×7 点阵、5×8 点阵、7×9 点阵等。5×7 点阵即每个字符由横向 5 个点纵向 7 个点，共 35 个点组成。其中，需要显示的部分为亮点，不需要显示的部分则为暗点。字符点阵结构所包含的点数越多，所显示的字迹就越清晰，而且字符曲线表示得更逼真，所以用 7×9 点阵可以形象地显示小写字符。

在 CRT 显示器中，用来产生字符点阵图形的器件称为字符发生器。它有专用的芯片，如 Apple-II 所用的 2513，采用 5×8 点阵、能产生 64 种字符的点阵信息。也可以用通用 ROM

作为字符发生器，如 PC 机，用 8 KB ROM 存放 256 种字符的点阵代码，有 3 套字体，即每个字符可采用 7×9、7×7、5×7 点阵。

图 10-6 是 2513 芯片的逻辑框图。该芯片的核心部分是一个 ROM，存储 64 种字符的点阵码。每个字符排成 5 列×8 行的点阵形式，如图 10-7 所示。点阵图中，字符（如 H）需要显示的点（亮点）均用代码 1 表示，不需要显示的点（暗点）则用代码 0 表示。每个字符都以这种点阵图形的代码形式存放在 ROM 中，一行代码占 1 个存储单元，因此一个字符的点阵代码占 8 个存储单元，每个单元 5 位。

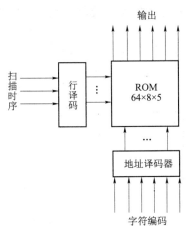

图 10-6　2513 芯片的逻辑框图

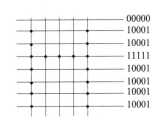

图 10-7　5×8 字符点阵图形与点阵代码

64 个字符以各自编码的 6 位作为字符发生器的高位地址，当需要在屏幕上显示某字符时，按该字符的 6 位编码访问 ROM，选中这一字符的点阵，该字符的点阵信息是按行输出，并且要与电子束的扫描保持同步。因此，可用 CRT 控制器提供的扫描时序（扫描线序号）作为字符发生器的低 3 位地址，经译码后依次取出字符点阵的 8 行代码。例如，字符 H 的 6 位 ASCII 码是 001000，以这 6 位编码作为高位地址访问 ROM，选中字符 H 的点阵代码。当扫描线序号为 000，即电子束扫描屏幕上该字符位置的第一条光栅时，字符发生器输出该点阵图形的第一行代码；序号为 001 时，扫描第二条光栅，输出第二行代码；……；直到序号为 111，即扫描字符位置的最后一条光栅时，字符 H 的 8 行代码全部输出完毕。

在屏幕上，每个字符行一般要显示多个字符，而电子束在进行全屏幕扫描时，是沿屏幕从左向右的方向扫描完一行光栅，再扫描第二行光栅。按照这种扫描方式，在显示字符时，并不是对一排的每个字符单独进行点阵扫描（即扫描完一个字符的各行点阵，再扫描同排另外字符的各行点阵），而是采用对一排的所有字符的点阵进行逐行依次扫描。例如，某字符行欲显示的字符是 ABC…T，当电子束扫描该字符行第一条光栅时，显示电路根据各字符编码依次从字符发生器取出 A、B、C、…、T 各个字符的第一行点阵代码，并在字符行第一条扫描线位置上显示出这些字符的第一行点阵；然后再扫描下一条光栅；依次取出该排各个字符的第二行代码，并在屏幕上扫出它们的第二行点阵。如此循环，直到扫描完该字符行的全部光栅，那么每个字符的所有点阵（如 8 行点阵）便全部显示在相应的扫描线位置上，屏幕上就出现了一排完整的字符。当显示下一排字符时，重复上述的扫描过程。

为了使屏幕上显示的字符不挤在一起，易于辨认，一排的各个字符之间要留出若干点的空位置，作为字符间的横向间隔，这些点都是消隐的；在行与行之间也要留出若干条扫描线作为行间的纵向间隔，这些线也是消隐的。例如，PC 机的显示器一般采用 7×9 字符点阵，而字符所占区间为 9×14 点阵。换句话说，字符间的横向间隔是两个消隐点，行间的纵向间隔是 5 条消隐线。

　3）图形显示

　　此时，VRAM 存入的是一帧待显示的图形信息。这些图形信息的排列次序与在屏幕上显示的位置也是密切相关的。一个屏幕被划分为几百至几千个水平点和几百至几千个垂直点，于是屏幕上显示的一个点位置由点行地址与点列地址确定。两者的组合——点行列地址即是对应 VRAM 中的一个字节或字节中的相应位。

　　由 VRAM 中取出的一个图形字节不需要访问 ROM，而是直接送入移位寄存器，然后串行输出视频信号，如图 10-8 所示。

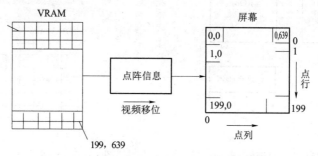

图 10-8　图形显示时 VRAM 信息

　　由图 10-5 与图 10-8 不难得出以下结论。

　　（1）在字符显示时，屏幕显示字符的行列规格即表示 VRAM 的最小容量（单位为 B）。

　　考虑到字符显示时要根据显示属性反映字符框的前景色和背景色，存放一个字符代码（包括显示属性）要占 VRAM 两个字节。于是，若设 VRAM 容量为 V，则有

$$V_{min} = 2N_c N_r$$

式中　N_c——每帧字符列数；

　　　　N_r——每帧字符行数。

　　若 VRAM 的实际容量大于 V_{min}，则 VRAM 可同时存放几帧的字符内容，如字符显示规格为 80 列×25 行，VRAM 最小容量 V_{min} 为 4 KB。若 VRAM 实际装配 16 KB，则可存放 4 帧字符代码。这样，通过编程随意控制 VRAM 内各帧的指针，即可在屏幕上显示不同帧中的字符内容。

　　（2）在图形显示时，VRAM 的最小容量不仅取决于一帧内总点数，而且取决于每个点可选择的色彩数。如图 10-8 所示，屏幕上一个点对应 VRAM 内一个二进制位，表示该点信息非 1 即 0，只能是黑白（单色）显示。若要增加每点的色彩选择，如一点使用两位，可有 4 种色彩组合。若保持 VRAM 容量不变，则允许屏幕上显示的总点数下降，即分辨率指标在此情况下降低 50%。

　　由此，可得到 VRAM 容量与屏幕分辨率和点色彩数之间的关系，即

$$N = \frac{VRAM容量}{垂直点数×水平点数}　位/点$$

式中 N——每点的二进制位数，2^N 即为点色彩数。

例如，若配置 16 KB VRAM，它共有 128 000 位，则在分辨率 320×200 规格下，$N=2$，即每点有 4 种色彩可选；而在分辨率 640×480 规格下，$N=1$，即每点仅仅有两种色彩可供选择。

4. CRT 显示器的性能指标

1）点距

点距是指 CRT 上呈三角形排列的红、绿、蓝 3 个像素点中心位置与相邻红、绿、蓝三点中心位置的距离。点距越小，同样大小的屏幕上的像素就越多，就可以显示更细腻的画面。点距的减小受 CRT 上的荫罩加工工艺精度的限制，目前最小的点距约为 0.20 mm。常见的 CRT 点距主要有 0.39 mm、0.31 mm、0.28 mm 和 0.25 mm。

2）分辨率

分辨率也称为清晰度，是指可以显示出的水平和垂直像素的个数，其值通常与显示标准相对应。在显示器的分辨率指标中常给出最高分辨率。目前 14 英寸的显示器通常为 1 024×768（逐行扫描），15 英寸以上的显示器能达到 1 280×1 024、1 800×1 280，甚至更高。

3）水平扫描频率

这是指显示器能同步锁定并正常显示的输入水平同步信号的频率。对单频显示器来说，它是一个固定值（如 CGA 为 15.7 kHz、EGA 为 21.7 kHz、VGA 为 31.5 kHz）。对双频、多频显示器来讲，它是几个值或为一定的范围。

目前典型的显示器水平扫描频率主要有 35.5 kHz、38 kHz、48 kHz、56 kHz、66 kHz 等几种，最高的可达 120 kHz 以上，比电视（15.625 kHz）高出几倍至十几倍。

从 VESA 标准来看，14 英寸显示器要达到 1 024×768 分辨率下的逐行扫描，其水平扫描频率不能低于 48.4 kHz。15 英寸显示器达到 1 280×1 024 分辨率下的逐行扫描，其水平扫描频率应在 64 kHz 以上。17 英寸以上的大屏幕显示器，水平扫描频率应至少在 80 kHz 以上。

4）垂直扫描频率

垂直扫描频率即刷新频率，指显示器能适应的垂直同步信号的频率。这个参数决定了每秒所能显示的画面数。每种显示标准都有一定的垂直同步频率，显示器应具有较宽的垂直扫描频率，以适应更多的显示标准。一般来说，超过 72 Hz 就无闪烁感，当前的显示器垂直扫描频率为 45～250 Hz。

5）视频带宽

它指每秒钟电子枪扫过的图像点的个数，即单位时间内每条扫描线上显示的频点数总和。这个指标对 15 英寸以上的大屏幕显示器相当重要，因为视频带宽往往与显示器的分辨率成正比。

带宽的大小有一定的计算方法，视频带宽＝行数×列数×垂直刷新频率，而在实际应用时，带宽的计算公式中加上一个 1.3 的参数。例如，如果一台显示器可以在 1 280×768 分辨率和 85 Hz 刷新频率下正常显示，就可以计算出显示器的视频带宽为 1 280×768×85×1.3＝108 MHz。当然，也可以根据显示器的带宽计算出显示器在最大分辨率下的刷新频率等参数。与行频相比，视频带宽更具有综合性，也更能直接反映显示器的性能。

低档显示器的视频带宽多为 110 MHz，甚至更低；中档产品可以达到 135～160 MHz；

而高档产品则可以达到 200 MHz 甚至更高。

6）显示范围

显示范围指屏幕上显示的有效区域，通常用水平（mm）×垂直（mm）来表示。显示范围应尽可能大些，当然这与 CRT 本身尺寸成正比。但也与 CRT 管子类型有关，由于球面像差等因素，使屏幕边缘聚焦难与中心兼顾而变差，故不能把屏幕边缘用作显示区，因此 15 英寸以上显示器现多采用平面直角 CRT，以尽量扩大显示范围。

7）失真度

失真度指屏幕上显示位置与规定偏离的程度，包括几何失真、线性失真等。几何失真包括枕形失真、桶形失真、梯形失真、平行四边形失真和倾斜失真等。任何显示器在不同场合下都会有或多或少的失真，一般都提供人工调节手段（在显示器上设置调节旋钮）。

10.3.3 液晶显示器

液晶显示器中所使用的液晶是一种介于固态和液态之间的物质，是具有规则性分子排列的有机化合物，如果把它加热会呈现透明状的液体状态，把它冷却则会出现结晶颗粒的混浊固体状态。正是由于它的这种特性，所以称之为液晶（Liquid Crystal）。

1. 液晶显示器的分类

常见的液晶显示器可分为平板显示器、双扫描液晶显示器、无源矩阵液晶显示器和有源矩阵液晶显示器。由于 TFT（Thin Film Transistor）型液晶显示器具有反应速度快、对比度好、亮度高、可视角度大、色彩丰富等特点，因此，TFT 型已经成为目前液晶显示器的主流产品。

2. 液晶显示器的显示原理

从液晶显示器的总体结构来看，TFT 液晶显示屏通常包括玻璃基板、彩色过滤层、配向膜、偏振玻璃等制成的夹板，共有两层，称为上下层，两个夹层中间填充着液晶分子。

在光源设计上，TFT 显示采用"背投式"照射方式。在液晶显示屏背面有一块背光板（或称匀光板）和反光膜。背光板是由荧光物质组成的，可以发射光线，其作用主要是提供均匀的背景光源。

背光板发出的光线穿过第一块偏振玻璃之后进入包含成千上万水晶液滴的液晶层。液晶层夹在两块玻璃板之间，玻璃板厚约 1 mm，表面有槽。两个平板玻璃上的槽互相垂直（相交成 90°），也就是说，若一个平面上的分子南北向排列，则另一平面上的分子东西向排列，而位于两个平面之间的液晶分子被强迫进入一种 90° 扭转的状态。由于光线顺着液晶分子的排列方向传播，所以光线经过液晶时也被扭转 90°。在这两块平板玻璃外边各有一块偏振玻璃（又称极化滤光器或极化滤光片），偏振玻璃是一种只让一个方向的光线通过，而阻断其他所有光线的玻璃，这两块偏振玻璃的偏振角度相互垂直，因此从一个偏振玻璃射入的光线通过液晶体后被扭转 90°，正好从另一个偏振玻璃射出，如图 10-9 所示。

由于液晶分子中的电子结构具有很强的电子共轭运动能力，当液晶分子受到外加电场的作用时，便很容易被极化，产生感应偶极性，从而改变液晶的排列形式。因此，在玻璃板与液晶材料之间还有透明的电极，电极分为若干行和若干列，它与像素对应，电极的多少决定

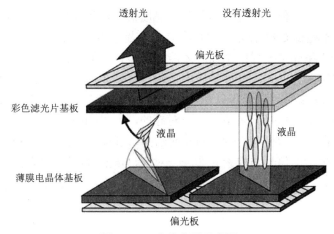

图 10-9　光线穿透示意图

了液晶显示器的分辨率。在行与列的交叉点上，电荷使一些液晶分子发生扭曲，使光波经过时也发生了弯曲。当光线到达第二块偏振玻璃时，有的彩色光透过，而有的光线没有透过，从而在显示屏幕上形成图像。

因此，通过改变玻璃板与液晶材料之间透明电极的电压，进而驱动液晶改变排列形式，即改变其旋光状态，最终控制光线是否能够通过第二块偏振玻璃，在屏幕上显示出不同的图像。

彩色 LCD 中，每一个像素都由 3 个液晶单元格构成，其中每一个单元格前面都分别有红色、绿色或蓝色的过滤器。这和 CRT 显示器中 3 支电子枪射向 3 个不同的荧光粉点是类似的，通过不同单元格的光线就可以在屏幕上显示出不同的颜色，通过三原色光的组合得到所需要的彩色光。

3. 液晶显示器的技术指标

1）LCD 的尺寸标示

液晶显示器的尺寸标示与 CRT 显示器不同，液晶显示器的尺寸是以实际可视范围的对角线长度来标示的。尺寸标示以 cm 或 in 为单位。

2）点距与分辨率

液晶显示器的点距不像 CRT 显示器那样比较难以捉摸，其点距与可视面积有很直接的对应关系，可以很容易地直接通过计算得出。以 14 in 的液晶显示器为例，其可视面积一般为285.7 mm×214.3 mm，14 in 的液晶显示器的最佳（也就是最大可显示）分辨率为 1 024×768，可以算出此液晶显示器的点距是 285.7/1 024 或者 214.3/768，等于 0.279 mm。同理，可以在已知某液晶显示器的点距和最大分辨率的情况下算出该液晶显示器的最大可视面积。

液晶显示器的点距与 CRT 显示器的点距有些不同。由于技术原因，采用荫罩管的 CRT显示器其中心的点距要比四周的小；荫罩管的 CRT 显示器其中间的点距（栅距）与两侧的点距（栅距）也不同。目前，CRT 厂商在标称显示器的点距（栅距）时，标的都是该显示器最小的（也就是中心的）点距。而液晶显示器整个屏幕任何一处的点距都是一样的，从根本上消除了 CRT 显示器在还原画面时的非线性失真。

3）最佳分辨率

液晶显示器属于数字显示方式，其显示原理是直接把显卡输出的模拟信号处理为带具体地址信息的显示信号，任何一个像素的色彩和亮度信息都是与屏幕上的像素点直接对应的。因此，液晶显示器不能像 CRT 显示器那样支持多个显示模式，液晶显示器只有在显示与该液晶显示器的最佳分辨率完全一样的画面时才能达到最佳效果，而在显示小于最佳分辨率的画面时，液晶显示采用两种方式：一种是居中显示，比如显示器的最佳分辨率是 $1\,024 \times 768$，在显示 800×600 分辨率时，显示器只是以中间那 800×600 个像素来显示画面，周围则为阴影，在这种方式下，由于信号分辨率是一一对应的，所以画面清晰，唯一的缺憾就是画面太小；另一种是放大显示，就是将该 800×600 的画面通过计算放大为 $1\,024 \times 768$ 的分辨率来显示。由于此方式处理后的信号与像素并非一一对应，虽然画面大，但是比较模糊。目前，市面上的 13 in、14 in、15 in 的液晶显示器的分辨率都是 $1\,024 \times 768$，17 in 的分辨率为 $1\,280 \times 1\,024$。

4）刷新率

LCD 显示器的刷新在原理上与 CRT 是不一样的。LCD 是对整幅画面进行刷新，而 CRT 则是将画面分成若干扫描线来进行刷新的，这导致后者会出现画面闪烁的问题，而 LCD 即使在较低的刷新率（如 60 Hz）下，也不会出现闪烁现象。因此，刷新率对于 LCD 来说并不是个重要的指标，更大的刷新频率只意味着 LCD 可以接收并处理更高频率的视频信号，对画面效果不会有多大提高。

5）亮度

液晶显示器的亮度以平方米烛光（cd/m²）或者 nit 为单位，市面上的液晶显示器由于背光灯的数量比笔记本电脑的显示器要多，所以亮度看起来明显要比笔记本电脑的亮。液晶显示器的亮度普遍在 150 cd/m² 以上。

6）对比度

对比度是体现液晶显示器是否具备丰富色彩级别的直接参数。对比度越高，还原画面的层次感就越好，即使在观看亮度很高的照片时，黑暗部位的细节也可以清晰体现。目前，市面上的液晶显示器的对比度普遍为 150:1～500:1，高端的液晶显示器则远远不止这个数。

7）可视角度

液晶显示器的可视角度包括水平可视角度和垂直可视角度两个指标。水平可视角度表示以显示器的垂直法线（即显示器正中间的垂直假想线）为准，在垂直于法线左方或右方一定角度的位置上仍然能够正常地看见显示图像，这个角度范围就是液晶显示器的水平可视角度；同样，如果以水平法线为准，上下的可视角度就称为垂直可视角度。

一般而言，可视角度是以对比度变化为参照标准的。当观察角度加大时，该位置看到的显示图像的对比度会下降；当角度加大到一定程度，对比度下降到 10:1 时，这个角度就是该液晶显示器的最大可视角。一般主流 LCD 的可视角度为 120°～160°。

8）响应时间

响应时间是液晶显示器的一个重要参数，指液晶显示器对于输入信号的反应时间。组成整块液晶显示板的最基本的像素单元"液晶盒"，在接收到驱动信号后从最亮到最暗的转换是需要一段时间的，而且液晶显示器从接收到显卡输出信号后，处理信号，把驱动信息加到晶体驱动管也需要一段时间，在大屏幕液晶显示器上尤为明显。

液晶显示器的这项指标直接影响到对动态域面的还原。与 CRT 显示器相比，液晶显示器由于过长的响应时间，导致其在还原动态画面时有比较明显的拖尾现象（在对比强烈而且快速切换画面时十分明显）。在播放视频节目时，画面没有 CRT 显示器那么生动，响应时间是目前液晶显示器尚待进一步改善的技术难关。

9）色彩数量

与 CRT 显示器类似，液晶显示器的每个像素也由 R、G、B 三基色组成。低端的液晶显示板只用 6 bit 表示各个基色，每个独立像素可以表现的最大颜色数是 $2^{18} = 262\ 144$ 种。高端液晶显示板可用 8 bit 表示每个基色，能表现的最大颜色数为 $2^{24} = 16\ 777\ 216$ 种，这种显示板显示的画面色彩丰富、层次感好。

10.4 打 印 设 备

10.4.1 概述

打印设备是计算机的重要输出设备之一，它能将机器处理的结果以字符、图形等人们所能识别的形式记录在纸上，作为硬复制长期保存。为适应计算机飞速发展的需要，打印设备已从传统的机械式打印发展到新型的电子式打印，从逐字顺序打印发展到成行或成页打印，从窄行打印（每行打印几十个字符）发展到宽行打印（每行打印上百个字符），并继续朝着不断提高打印速度、降低噪声、提高印刷清晰度、实现彩色印刷等方向发展。

打印设备品种繁多，根据不同的工作方式、印字方式和字符产生方式，可将打印设备分为以下几种类型，如图 10-10 所示。

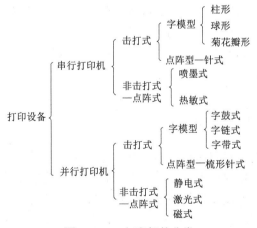

图 10-10　打印机的分类

1. 串行打印和并行打印

按工作方式的不同，打印设备可分为串行打印机和并行打印机两类。

串行打印时，一行字符按顺序逐字打印，速度慢，衡量打印速度的单位是字符/秒。

并行打印也称为行式打印，一次同时打印一行或页，打印速度快，常用行/秒、行/分钟或页/分钟作为速度单位。

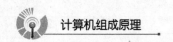

2. 击打式打印和非击打式打印

按印字方法的不同，又可将打印设备分为击打式打印机和非击打式打印机。

击打式打印机是通过字锤或字模的机械运动推动字符击打色带，使色带与纸接触，从而在纸上印出字符。当色带与纸接触的瞬间，若字符和纸处于相对静止状态，则称为"静印"方式。有的打印机（如快速宽行打印机）则多采用"飞印"方式印字，以提高打印速度。字符被字轮带动高速旋转，在击打的瞬间，字符和纸之间有微小的相对位移，故称为"飞印"或"飞打"。

非击打式打印机具有打印速度快、噪声小（或者无噪声）、印刷质量高等优点，它们通过电子、化学、激光等非机械方式来印字。例如，激光打印机、磁打印机等，利用激光或磁场先在字符载体上形成潜像，然后转印在普通纸上形成字符或图形；喷墨打印机不通过中间字符载体，由电荷控制直接在普通纸上印字。静电印刷机以及热敏、电敏式印刷机等，则通过静电、热、化学反应等作用，在特殊纸上印出图像。

3. 字模打印和点阵打印

按字符产生方式来划分，打印设备有字模型和点阵型两类。

字模型是将字模（活字）装在链、球、盘或鼓上，用打印锤击打字模，将字符印在纸上（正印），或者用打印锤击打纸和色带，使纸和色带压向字模实现印字（反印）。字模型用在击打式打印机中，印出的字迹清晰，但组字不灵活，且不能打印图形、汉字等图像。

点阵式打印机不用字模产生字符，而是将字符以点阵形式存放在字符发生器中。印字时，用取出的点阵代码控制打印头中的针在纸上打印出字符的点阵图形。常用的字符点阵为5×7、7×9、9×9，汉字点阵为24×24。点阵式打印机组字灵活，可以打印各种字符、汉字、图形、表格等，且打印质量越来越高。针式打印机及所有非击打式打印机均采用点阵型。

目前，广泛用于各种计算机系统的打印设备主要是宽行打印机、点阵针式打印机、激光打印机及喷墨打印机等。本节简单介绍点阵打印机、行式打印机、激光打印机和喷墨打印机的基本工作原理。

10.4.2　点阵打印机

点阵打印机是一种击打式打印机，它是靠打印头打击色带，色带与纸接触，在纸上印出字符。绝大多数点阵打印机使用的打印纸是连续的，即上千张打印纸头尾相连接在一起。打印纸的两边有小孔，可以方便地使打印纸进入打印机。每张纸相连处都有分割线，用户很容易地把打印纸分成标准大小（如 8.5 in × 11 in）。许多点阵打印机既支持纵向打印，也支持横向打印。

点阵打印机中的打印头一般有 9～24 根针。针数越多，表明印出每个字符的点越多，字符质量自然就越高。

大多数点阵打印机的速度是 300～1 100 字符/秒，速度与所要求的打印质量有关。税务、银行、医院等部门的票据打印一般使用的都是这类打印机。

下面简述点阵打印机的结构及工作过程。

1. 基本结构

从一台点阵打印机完成的基本功能而言，其内部结构可分为以下几部分。

1）接口控制部件

该接口的功能是接收系统的打印控制命令和打印数据，并返回打印机的操作状态。

2）中央控制部件

该部件是打印机的核心。目前由以微处理器为中心的控制电路所组成，它的构成及功能包括以下内容。

（1）8 bit 微处理器。完成的功能包含两个方面：一是按打印控制命令和接收的打印数据完成指定的打印功能，并将打印机状态返回给系统和操作面板；二是控制直流伺服电机和步进电机的动作，完成辅助打印功能，如回车、走纸等。

（2）行缓存 RAM。其容量通常为几千字节，有的配置几十万字节，用于存放一行待打印的点阵数据。若是字符打印，则系统发送的打印数据是字符码，打印机接收后到其内部的 ROM 点阵发生器检索，并取出相应的点阵数据存放于此；若是图形打印，则系统发送的打印数据本身便是点阵数据，即直接存放于此。

（3）点阵发生器 ROM。其容量通常也为几千字节或几万字节，用于 ANK 字符（字母、数字、片假名）的点阵发生器。在打印机处于字符方式下，它的功能是根据系统发送的打印数据，由 ROM 检索出相应的点阵数据保存在行缓存 RAM 中。此外，打印机内部微处理器执行的所有程序均固化在此。

3）打印头及打印驱动部件

该部件接收行缓存 RAM 中打印的点阵信息。根据信息1或0，打印驱动电路驱使打印头的相应针动作或不动作。

4）打印机控制部件

该部件由以下若干个机构组成。

（1）小车驱动机构。小车拖着打印头，按直流伺服电机旋转方向做水平正向或反向运动。

（2）走纸机构。步进电机每旋转一步，驱使滚筒顺时针旋转一个角度（由行距控制，可变）。同时，通过纸牵引器使打印纸向前移动，某些型号的打印机还可使打印纸向后移动。

（3）色带旋转机构。环形色带装在色带盒内。当小车在伺服电机作用下运动时，使色带驱动轴也随之做同一方向的旋转，带动色带在色带盒内周而复始地循环。

（4）编码器。安装在直流伺服电机上的编码器记载小车的当前位置，其检测值提供中央控制部件控制直流伺服电机旋转方向，从而使小车驱动部件驱使打印头到达下一目标位置。

（5）伺服电机与步进电机。伺服电机控制小车驱动机构，步进电机控制走纸机构。

5）操作面板及电路

操作面板上的按钮与指示灯随不同的打印机而异。但总的功能包括电源接通、联机或脱机、自检、报警、走纸控制等。

2. 工作过程

打印机被初始化后，如无故障则进入接码阶段，接码工作的任务就是接收主机发来的数据。在读入一个数据后，首先判断是功能码还是字符代码，如果是功能码，则转入相应的功能码处理程序。若是字符代码，则把字符代码送入行缓存 RAM 中，此字符代码经地址译码到字符发生器 ROM 中，找到相应打印码的字符点阵，再存入行缓存 RAM 中；若在图形方式下打印，则接收的就是图形点砖数据，直接存放在行缓存 RAM 中。当接收到的功能码是打印命令（CR、FF、VF、LF 等），或行缓冲打印区已满，则进入打印处理程序。

打印处理程序首先确定第一个连续打印的首、尾指针（查找打印的缓冲区，将第一个和最后一个非空白的打印码地址送入打印码首尾取数指针中）。之后按照行缓存 RAM 中字符或图形编码驱动打印头击打色带，在打印纸上打出信息。一行打印完毕后，启动走纸电机驱动打印纸走纸一行。若是自左到右的正向打印，则先进行奇数针打印，之后进行偶数针打印。若反向打印，奇偶针的打印顺序与正向打印相反。为了提高打印速度，在打印处理程序中还将一定长度的空格码（如连续 5 个空格码）作为无动作的处理，使字车以较快速度通过此区，以缩短打印时间。

10.4.3 喷墨打印机

喷墨打印机是一类非击打式的串行打印机，它将微小的墨水滴喷射到打印纸上印出字符和图形。喷墨打印机可打印彩色或黑白文件，分辨率一般为 600 点/英寸或更高，可以输出高质量的文本或高分辨率的图像。

喷墨打印机按工作原理可分为固态喷墨和液态喷墨两种。固态喷墨是美国泰克（Tektronix）公司的专利技术，它使用的相变墨在常温下为固态，打印时墨被加热液化后喷射到纸张上，并渗透其中，附着性相当好，色彩极为鲜艳。但这种打印机昂贵，适合于专业用户选用。

通常所说的喷墨打印机指的是采用液态喷墨技术的打印机。液体喷墨打印机技术在原理上又分成两种：一种是连续喷墨方式；另一种是间断喷墨方式。连续喷墨方式连续不断地喷射墨流，但不需要打印时，由一个专用的腹腔来储存喷射出的墨水，过滤后重新注入墨水盒中，以便重复使用。这种机制比较复杂。而间断喷墨方式比较简化，它仅在打印时喷射墨水，因而不需要过滤器和复杂的墨水循环系统。

这种间断喷墨方式的驱动部分又有两种不同的技术，一种是压电式间断喷墨，另一种是热敏式间断喷墨。压电式间断喷墨方式采用一种特殊的压电材料，当电压脉冲作用于压电材料时，它产生形变并将墨水从喷口挤出射在纸上。下面以热敏式间断喷墨为例简述喷墨打印机的工作原理。

图 10-11 是热敏式喷墨打印机的工作原理。热敏式间断喷墨方式采用一种发热电阻，当电信号作用其上时，迅速产生热量，使喷嘴底部的一薄层墨水在华氏 900 °F 以上的温度下保持百万分之几秒后汽化，产生气泡，随着气泡的增大，墨水从喷嘴喷出，并在喷嘴的尖端形成墨滴。喷嘴末端安装的压电晶体高频振荡，使墨滴喷出的速度达每秒 10^5 滴。墨滴的直径只有 0.5 mm，小墨滴克服墨水的表面张力喷向纸面，形成打点。当发

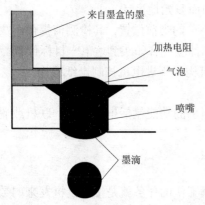

图 10-11　热敏式喷墨打印机的工作原理

热电阻冷却时，气泡自行熄灭，气泡破碎时产生的吸引力就把新的墨从储墨盒中吸到喷头，等待下一次工作。各墨滴之间距离只有 0.1 mm。

喷嘴安装在墨盒里，步进电机带动墨盒沿打印纸的水平方向运动，而打印纸相对于喷嘴纵向前进，从打印机控制器传来的要打印信息经过打印机的字符发生器转化为点阵信息，用于控制墨滴的运动轨迹，这样就在打印纸上印出了图像。

彩色喷墨打印机通常有两个墨盒：一个黑色墨盒用于打印黑白图像；另一个彩色墨盒中包括青色、品红和黄色 3 种颜色的墨水。4 种颜色（包括黑色）的墨水按照一定比例组合即可产生多种颜色，印出彩色图像。

10.4.4　激光打印机

激光打印机具有打印质量高、速度快、安静的特点，但与喷墨打印机相比，其价格高、便携性差，所以通常安装在办公室，几台计算机利用网络共享一台激光打印机。由于彩色激光打印机价位更高，所以大多数激光打印机都是黑白或灰度打印机，用于打印文本或简单的图像。激光打印机的分辨率为 600～1 200 dpi，每分钟可打印 4～20 张纸。

激光打印机利用激光扫描技术将经过调制的、载有字符点阵信息或图形信息的激光束扫描在光导材料上，并利用电子摄影技术让激光照射过的部分曝光，形成图形的静电潜像。再经过墨槽显影、电场转印和热压定影，便在纸上印刷出可见的字符或图形。

1. 主要组成部分

激光打印机主要由打印控制器和打印装置构成。

1）打印控制器

打印控制器负责接收从主机传来的打印数据，并把这些数据转换为图像。控制系统对激光打印机的整个打印过程进行控制，包括控制激光器的调制，控制扫描电机驱动多面棱镜匀速转动，进行同步信号检测，控制行扫描定位精度；控制步进电机驱动感光鼓等速旋转，保证垂直扫描精度，使激光束每扫描一行都与前一行保持相等的间距。此外，还对显影、转印、定影、消电、走纸等操作进行控制。接口控制部分接收和处理主机发来的各种信号，并向主机回送激光打印机的状态信号。

控制电路的简化框图如图 10－12 所示。打印机装有一个激光二极管，它能快速接通或断开，从而在打印机上形成要打印的点或空白。打印开始时，控制电路扫描存储器中的内容，在每一个打印点中，电路确定是打印还是空白。当要打印点时激光二极管便接通。

2）打印装置

它是一组电子与机械相结合的系统，它能把打印控制器生成的点阵图形打印出来。打印装置有自己的处理器，用来控制引擎和电路。打印装置由以下部件构成：激光扫描装置、感光鼓、硒鼓、显影装置、静电滚筒、黏合装置、纸张传送装置、清洁刀片、进纸器和出纸托盘，如图 10－13 所示。下面简单介绍其中一些主要部件的工作方式。

（1）激光扫描装置。

激光扫描装置是激光打印机的核心部件，它是激光写入部件，也称激光打印头。由光源、光调制器、光学系统和光偏转器等构成。

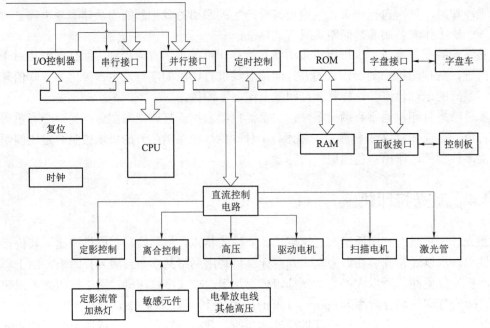

图 10-12　控制电路的简化框图

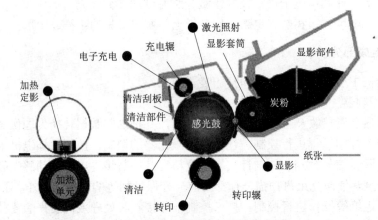

图 10-13　激光打印机内部构造示意图

①　光源。作为光源的激光，除特殊机型外，早年的大型高速设备都用 He-Ne 激光。近年来，大力发展中的低速机型多用半导体激光。He-Ne 激光在早年之所以是应用最多的一种光源，其原因就是这种激光器具有长寿命、高可靠性能、低噪声、低成本的优点。它的寿命可达 1 万小时以上，输出稳定度可达 95% 以上，噪声一般都能控制在 1% rms（root-mean-square）左右。

随着半导体激光器性能的改进，激光式打印机的光源越来越多地采用这种光源。半导体激光器的芯片可做到 0.5 mm 以下，包括散热板在内也不超过数厘米，由于可以直接调制激光器的驱动电流，能实现高达 GHz 频率的高速调制，而且不需要光调制器，因此可以实现小型化，容易降低造价，已成为当前激光打印机的主要光源。

②　光调制器。根据打印信息对激光束的调制方法，有利用电光效应的 EO 调制器，也有

利用声光效应的 AO 调制器。

EO 调制器的调制频带可达到 GHz 数量级，能进行高速调制，但存在温度特性不稳定的问题。为稳定工作需采取温度补偿措施，而且成本高，因而目前的激光式打印机都不采用这种调制器。AO 调制器的调制频率可达 30 MHz 左右，特性稳定，价格也较便宜，因此所有采用气体激光的打印机几乎都使用这种调制器。

③ 光学系统。为使激光束在感光体上生成打印所需的印点，需要一套复杂的光学系统。这套光学系统的组成大致有为使散射的光束变细的聚焦透镜、为扩大光束的扩展透镜以及光束整形透镜等一组透镜群。其中，有对偏转器等角速度扫描的光束，使其在感光体表面形成等速直线扫描的光束的门透镜，有为缓和对偏转器的精度要求的转镜界面校正透镜。

采用半导体激光器时，因为发出的是一种椭圆形散射的光束，为提高光束的利用效率，需设计相应的耦合透镜。由于半导体激光器发出的光束是不规则的，同一种耦合透镜不一定适用于所有的半导体激光器。

④ 光偏转器。光偏转器也是为实现激光扫描记录的重要部件之一。作为固体偏转器有 EO 偏转器和 AO 偏转器，都是比较理想的偏转器，机械偏转器有检测电流的检流偏转镜和能高速转动的多面转镜。检流偏转镜的实用扫描频率只能达到几百赫兹。为能实用，需提高至数千赫兹，因而多数激光式打印机大多都采用多面转镜。

（2）感光鼓。

感光鼓是成像的核心部件，它一般是用铝合金制成的一个圆筒，鼓面上再涂敷一层感光材料（如硒－碲－砷合金或硒等）。通常情况下，感光涂层是很好的绝缘体，如果在感光鼓的外表面上加负电荷，这些电荷会停留在上面不动。然而一旦感光鼓某一部分受光照射，该部分就变成导体，它表面分布的电荷就会通过导体排入地，而未受光照部分的电荷依然存在。激光打印机工作时，首先将感光鼓在黑暗中均匀地充上负电荷。当激光束投射到鼓表面的某一个点时，这个点的静电便被释放掉，这样在感光鼓的表面便产生一个不带电的点，从而形成字符的静电潜像。感光鼓以一种相对缓慢但又绝对恒定的速度旋转，使激光能够在感光鼓的表面形成连续的、没有空隙的纵向投射。

（3）硒鼓。

硒鼓是用来盛炭粉的装置。有些打印机的硒鼓与感光鼓装在一起，被称为"打印组件"。炭粉是从许多特殊的合成塑料炭灰、氧化铁中产生的。炭粉原料被混合、熔化、重新凝固，然后被粉碎成大小一致的、极小的颗粒。炭粉越细微、越均匀，所产生的图像就越细致。

（4）显影装置。

实际上就是一条覆盖有磁性微粒的滚轴。这些带有磁性的微粒附着在滚轴的表面，就像一个极为精细的"刷子"。这条滚轴分别与感光鼓和硒鼓紧靠在一起，当滚轴滚动时，滚轴表面的小颗粒先从硒鼓那里"刷"来一层均匀的炭粉，然后这些炭粉在经过感光鼓时便被吸附到感光鼓的表面。打印机的显影装置有对炭粉进行充电的功能，因为若想使炭粉只被感光鼓表面不带有静电的那部分（即被激光扫描过的点位）所吸附，必须使炭粉带有电荷，使感光鼓的表面吸附炭粉，形成了一个极为清晰的图像，下一步的工作便是将这个图像转印到纸张上。

（5）纸张传送装置。

纸张传送装置是激光打印机最重要的机械装置。这个装置通过两根由马达驱动的辊轴来实现对纸张的传送。纸张由进纸器开始，经过感光鼓、加热辊轴等部件，最后再被送出打印机。激光打印机中的滚动设备，如感光鼓、磁性辊轴和送纸辊轴的转动必须是同步进行的，它们的速度必须保持一致，才能确保精确地打印输出。

（6）黏合装置。

纸张通过传送装置经过感光鼓时，感光鼓表面所附着的炭粉又被吸附到纸的表面，这时纸的表面虽然由炭粉形成了图像，但是这些炭粉对纸张的吸附力并不很强，稍强一点的风就可以把这些炭粉吹离纸的表面。为了使炭粉永久地附着在纸张表面，必须对炭粉进行黏合处理。炭粉的原料是合成塑料炭灰，这种材料在高温状态下可以熔化，熔化后的炭粉再凝固，就可以永久地黏在纸张表面，在激光打印机内部有两根紧靠在一起的非常热的辊轴，它们的作用便是对从其间经过的纸张加热，使炭粉熔化从而黏合在纸张的表面，加热后的纸张最后输出到打印机的出纸托盘，这时整个打印过程宣告结束。

2. 激光打印过程

激光打印机的工作原理与静电复印机类似，二者都采用电子照相印刷技术。激光打印机的打印过程分以下 7 步进行。

1）充电

预先在暗处由充电电晕靠近感光鼓放电，使鼓面充以均匀负电荷。

2）曝光

主机输出的字符代码经接口送入激光打印机的缓冲存储器，通过字符发生器转换为字符点阵信息。调制驱动器在同步信号控制下，用字符点阵信息调制半导体激光器，使激光器发出载有字符信息的激光束。这种激光束是发散的，经透镜整形成为准直光束，并照射在多面转镜上，再通过聚焦镜将反射光束聚焦成所需要的光点尺寸，然后光束沿感光鼓轴线方向匀速扫描成一条直线。

当充有电荷的鼓面转到激光束照射处时，便进行曝光。由于激光束已按字符点阵信息调制，使鼓面上显示字符的部分被光照射，而不显示字符的部分不被光照射。光照部分电阻下降，电荷消失，其他部位仍然保持静电荷，于是在鼓面形成一行静电潜像。转镜每转过一面，由同步信号控制重新调制激光束，并在旋转的鼓面上再次扫描，形成下一行静电潜像。

3）显影

当载有静电潜像的感光鼓面转到显影处时，磁刷中带有负电荷的墨粉便按鼓面上静电分布的情况，被吸附在鼓面上的静电潜像上，从而在鼓面显影成可见的字符墨粉图像。

4）转印

墨粉图像随鼓面转到转印处，在纸的背面用转印电晕放电，使纸面带上与墨粉极性相反的静电荷，于是墨粉便靠静电吸引而黏附到纸上，完成图像的转印。

5）分离

在转印过程中，静电引力使纸紧贴鼓面。当感光鼓转至分离电晕处时，用电晕不断地向纸施放正、负电荷，消除纸与鼓面因正、负电荷所产生的相互吸引力，使纸离开鼓面。

6）定影

转印到纸上的墨粉图像如不经处理，就会很容易被抹掉。因此在墨粉中还加有含高分子的有机树脂成分，它在高温状态下可以熔化，熔化后的墨粉再凝固，就可以永久地黏在纸张表面。所以与感光鼓脱开的打印纸还要经过一对定影热辊（即黏合装置）。上轧辊装有一个高温灯泡，当打印纸通过这里时，灯泡发出的热量使墨粉中的树脂溶化，两个轧辊之间的压力又迫使熔化后的墨粉进入纸的纤维中，将墨粉紧密地黏合在纸上，形成最终的打印结果，这一过程称作定影。定影轧辊上涂有特氟龙涂料，防止加热后墨粉黏在上面。还有一块涂有硅油的抹布，将黏在轧辊上的多余墨粉和灰尘抹掉。

　　7）消电、清洁

　　完成转印后，感光鼓表面还留有残余的电荷和墨粉。当鼓面转到消电电晕处时，利用电晕向鼓面施放相反极性的电荷，使鼓面残留的电荷被中和掉。感光鼓再转到清扫刷处，刷去鼓面的残余墨粉。这样，感光鼓便恢复原来的状态，可开始新的一次打印过程。

　　由于要将打印的内容转换为位图形式，所以驱动激光打印机的软件较复杂。便宜的激光打印机由相连的计算机完成格式的转换，之后将转换好的位图发送给打印机。而价格高的激光打印机内部嵌入了微处理器，转换过程由打印机中的微处理器完成。较昂贵的打印机可以接收 PostScript 格式的文件。PostScript 是 Adobe 公司开发的页面描述语言，已成为桌面印刷系统的标准。

10.5　I/O 系统组织

　　输入/输出系统简称 I/O 系统，是一个计算机系统中实现主机与外界数据交换的软件、硬件系统。在早期计算机系统中，人们集中精力研究如何提高 CPU 执行指令的速度、扩大主存储器的容量、提高主存储器的读写速度和可靠性等，而对输入/输出设备、输入/输出方法与接口技术没能给予足够的重视，导致 I/O 系统落后于主机技术。随着计算机硬件系统和软件系统的发展，人们逐渐认识到要充分发挥主机的性能，高效率、高可靠性地处理信息，必须有合理的输入/输出系统与接口部件，并且要配备先进的输入/输出设备。

　　通过以上学习可知，现代计算机系统的外围设备种类繁多，各类设备都有各自不同的组成结构和工作原理，与系统的连接方式也各有所异，外设的工作速度差别也很大。因此，计算机的 I/O 系统就成为整个计算机系统中具有多样性和复杂性的部分。本节主要讨论 I/O 系统的组织问题，以便对 I/O 系统的设计与实现提供一些有益的思路。

10.5.1　系统需要解决的主要问题

　　计算机系统中的 I/O 系统主要解决主机与外部设备间的数据交换的问题，使外围设备与主机能够协调一致地工作。这里的"协调一致"有两层含义：一是实现处理机与外部设备在数据处理的速度上能够相互匹配；二是实现处理机与外部设备并行工作，以提高整个计算机系统的工作效率。以上两点就是在计算机系统的硬件组织和实现角度上需要 I/O 系统解决的主要问题。我们知道许多外部设备功能的实现与处理机有很大不同，它不仅依靠微电子技术，还广泛涉及电、光、声、机械以及化学乃至生物等多学科的技术，如打印机就是这样。因此，外部设备的工作速度一般要比处理机的工作速度慢很多，那么如何实现它们之间的速度匹配呢？主要是靠缓冲技术。那么又如何实现处理机与外部设备并行工作呢？关键是减少处理机对外部设备的直接控制，甚至处理机干脆不再干预外部设备的控制，而交由专门的硬件装置去实现对外部设备的管理与监督。为了减少处理机对外部设备的控制干预，在计算机发展的过程中，人们先后发明了直接存储器访问技术、I/O 通道技术。上述技术在实现原理与手段以及各自所适应的工作场合，都有所不同。

10.5.2　I/O 系统的组成

在现代计算机系统中，I/O 系统由 4 个部分组成，即扩展总线、I/O 设备接口控制器、I/O设备以及相关控制软件。计算机 I/O 系统典型结构如图 10-14 所示。

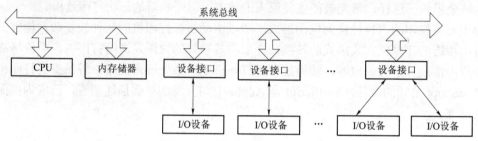

图 10-14　计算机 I/O 系统典型结构

虽然系统总线作为公共信息通路，通常起到连接处理机、主存储器和外围设备的作用，但实际上外围设备并不能直接连接到系统总线上，需要通过扩展总线以及 I/O 接口控制器来实现 I/O 设备与主机两者之间的连接。这样做的理由有两个：其一，因为现代计算机系统的主机与外设工作速度相差很大，需要分流 CPU 和内存之间以及外设和内存之间的数据流，因此需要引入扩展总线，这一点已在上面做了讨论；其二，由于系统总线（也包括扩展总线）中的控制总线所定义的控制信号往往被定义成通用的或标准的信号，也就是说，并非专门为某一个（或某类）I/O 设备的控制而定义，而就一台具体的 I/O 设备而言，它会根据自己控制需要设置专用的控制信号，如 CRT 显示器需要 R、G、B 和亮度控制信号，而键盘仅仅需要主机送来的选通信号等。因此，I/O 接口控制器的功能之一就是要负责利用适当的手段，译码处理机送来的用于控制外设的命令字，进而向它所控制的外设提供外设所需要的控制信号。此外，接口控制器也需要接收外设返回的状态，并以此为依据进一步将其组织成设备状态字，提供给处理机查询；同时 I/O 接口还要在一定程度上负责数据的缓冲，从而实现处理机与外设之间的速度匹配。要说明的一点是在某些机器中，通常会将一些通用的公共接口逻辑电路（如中断控制逻辑、DMA 控制逻辑）从各个设备的接口控制器中抽取出来，集中安置在系统底板上，为所有的接口控制器服务，这样可以大大简化接口控制器的设计，也便于系统实现标准化、模块化。

在现代计算机系统中，基于成熟的大规模集成电路技术，在许多 I/O 设备的控制器中（如磁盘控制器、激光打印机）往往会采用专用的微处理器（一种由大规模集成电路技术实现的 CPU），用于有关 I/O 设备的控制，这样就会有相应的设备控制程序的存在，即由传统的单纯由硬件电路实现的 I/O 设备控制接口，演变为由软件、硬件相互配合的 I/O 设备控制接口。

10.5.3 主机与外围设备间的连接方式与组织管理

在现代计算机中，主机与外围设备的连接方式大致可分为总线方式、通道方式、I/O 处理机（IOP）方式。

1. 总线型连接方式

在这种方式中，CPU 通过系统总线与内存储器、I/O 接口控制器相连接口控制器实现对外围设备的控制，如图 10 - 14 所示。

这种连接方式是目前大多数中、小型计算机包括微型计算机所采用的连接模式，其优点是系统模块化程度较高、I/O 接口扩充方便。缺点是系统中部件之间的信息交换均依赖于总线，总线容易成为系统中的瓶颈，因而不适于系统需要配备大量外围设备的场合。另外，实际上一个 I/O 接口控制器未必仅仅控制一台 I/O 设备，有些种类的 I/O 接口控制器可以控制多台 I/O 设备，比如多用户卡以及图形工作站上的可以支持两台显示器的显卡都属于这类情况，一般一块多用户卡通常可以控制 4 台以上终端的工作。

2. 通道控制连接方式

通道控制连接方式主要用于大型机（Mainframe）系统中，一般用在所连接外设数量多、类型多及速度差异大的系统中，最早为 IBM 360 系列机所采用。其控制连接方式如图 10 - 15 所示。

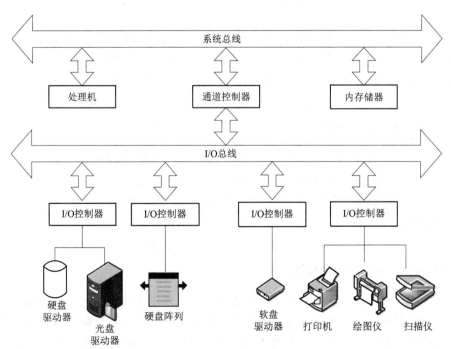

图 10 - 15　通道控制连接方式

通道控制器是一种专门负责 I/O 操作的控制器，它通过执行由专门的通道指令编制的并

存放在内存之中的通道程序来实现对外设的控制。在这种 I/O 控制方式下，由通道控制器控制实现主存储器与外部设备之间的直接数据变换，CPU 不再负责具体的 I/O 控制，实现了处理机与通道控制器和外设的并行工作。

从连接角度看，通道控制器的一端与系统总线相连，另一端则控制一条 I/O 总线，设备控制器及其所控制的设备则连接到 I/O 总线上，构成了主机、通道、I/O 接口（设备控制器）和外设的四级连接方式。

通道的功能及实现方法具有较大弹性，在逻辑功能划分上也可有多种变化，有的将通道控制器置于 CPU 之中，称为结合型通道；有的则置于 CPU 之外，称为独立型通道。通道程序可放在主存储器中，也可放在各自带有的局部存储器中。

3. I/O 处理机控制连接方式

I/O 处理机（I/O Process，IOP）与通道相比，有更强的独立性，它与主机中 CPU 所采用的体系结构无关，可视为一种专用的 CPU。I/O 处理机一般都有自己的指令系统，可以通过编制程序实现对 I/O 设备的控制，因而适应性强、通用性好。其程序的执行可与 CPU 并行进行，可使 CPU 彻底摆脱对 I/O 的控制任务。

I/O 处理机可大可小，大的如在巨型机系统中，外围处理机可以是一台通用的小型机或中型计算机，也称为前端处理机；小的则为一块大规模集成电路芯片，如 Intel 公司的微处理器 8089。主机与 I/O 处理机之间可通过高带宽总线或高速专用互联网络实现互联。

10.5.4　I/O 信息传送的控制方式

I/O 数据传送的控制方式也称为信息交换方式，它与主机和外围设备之间的连接方式有很大的关系，各种方式也有其不同的适用对象和应用场合，也需要相应的硬件来支持。

按 I/O 控制的组织方式及处理机干预数据传送控制的程度，可以把 I/O 控制分为以下两大类。

1. 由程序控制的数据传送

这种控制方式是指在主机和设备之间的 I/O 数据传送需要通过处理机执行具体的 I/O 指令来完成，即由处理机执行 I/O 程序，实现对整个 I/O 数据传送过程的全程监督与管理，一般在总线型连接方式中采用。由程序控制的数据传送可进一步分为直接程序控制方式（Programmed Direct Control，PDC）和程序中断传送方式（Programmed Interrupt Transfer，PIT）。

2. 由专有硬件控制的数据传送

采用这类 I/O 控制方式都会在系统中设置专门用于控制 I/O 数据传输的硬件装置，处理机只要启动这些装置，就会在这些装置的控制下完成 I/O 数据传输，而具体的 I/O 数据传输过程无须处理机控制。由专有硬件控制的数据传送可具体分为程序控制方式、直接存储器存取（DMA）方式、通道控制方式和 I/O 处理机控制方式。有关 I/O 数据传送控制方式的详细讨论，将在本章稍后的部分给出，只讨论前 3 种方式。

10.6 I/O 接 口

接口通常指设备（硬件）之间的界面。主机与外部设备或其他外部系统之间的接口逻辑，称为 I/O 接口。I/O 接口能完成主机与外部设备相互通信所需要的某些控制，如数据缓冲（实现速度匹配）、命令转换、状态传输及数据格式转换等。

前面已经提到，由于 I/O 设备与主机在技术特性上有很大差异，它们都有各自的时钟及独立的时序控制逻辑和状态标志，I/O 设备与主机在工作速度上也相差很大，因此两者之间操作定时往往采用异步方式。另外，主机与外部设备在数据格式上也可能会有所不同，主机采用二进制编码表示信息，而外设大多采用 ASCII 编码。从这些差异来看，当主机与外设相连时，必须要有相应的逻辑部件来解决两者之间的操作同步与协调、工作速度匹配以及数据格式的转换等问题，这些问题需要通过设置相应的接口逻辑来解决。

在现代计算机中，为实现设备间通信，不仅需要由硬件逻辑构成接口部件，还需要相应的软件，即形成意义更为广泛的接口概念，即接口技术。软件之间交接的部分称为软件接口。硬件与软件相互作用，所涉及的硬件逻辑与软件，又称为软硬接口。I/O 接口也称为输入/输出控制器或 I/O 模块。

10.6.1 I/O 接口的基本功能

I/O 接口处于系统总线与外围设备之间，主要目的是解决总线的标准控制信号与外设要求的个性化控制信号之间的矛盾。具体包括以下几个方面：① 数据缓冲，即实现速度匹配；② 数据格式转换；③ 电平匹配与时序协调；④ 交换控制/状态信息。一个 I/O 接口的典型结构如图 10-16 所示。

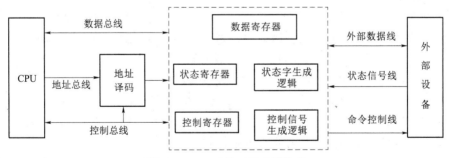

图 10-16 I/O 接口的典型结构

通常 I/O 接口的基本功能可概括为以下几个方面。

1. 数据传送与数据缓冲、隔离和锁存

在接口电路中，一般设置一个或几个数据缓冲寄存器（数据锁存器），每个寄存器部分配有 I/O 地址。在数据传送过程中，先将数据送入数据缓冲寄存器，然后再送到目的地，如外设（输出）或主机（输入）。这一部分控制逻辑提供主机与设备之间的数据通路以及数据的缓冲装置，实现速度上的匹配。

由于外设的工作速度较慢，而处理机和总线又十分繁忙，所以在输出接口中，一般要对输出的数据实施锁存（采用锁存器电路），以便工作速度相对较慢的外设能有足够的时间处理主机送给它的数据；在输入接口中，即使不安排数据锁存，至少也要实施数据隔离（如采用三态门电路），只有当处理机选通某个 I/O 接口时，才允许某个选定的输入设备将数据发送到数据总线上，其他的输入/输出设备此时应该与数据总线隔离。如果安排数据锁存的话，同样要实施数据隔离，只不过输入的数据将被锁存到输入数据缓冲寄存器中。有时接口中设置的数据锁存器既可用于输入操作也可用于输出操作，可以通过设置读/写控制信号来区分数据的流向；有时也可以分别设置数据输入缓冲寄存器和数据输出缓冲寄存器，但两者使用同一个I/O 端口地址，也可以通过设置读/写控制信号来区分它们。

2. 实现数据格式转换、电平转换及数字量与模拟量的转换

计算机主机系统采用二进制数字编码来表示信息，而 I/O 设备有时采用模拟量来表示信息，如电流、电压等。这就需要将模拟信号转换成数字信号（输入），或将数字信号转换为模拟信号（输出）。再有，外设有时采用 ASCII 编码来表示信息，接口就要负责实现 ASCII 编码与二进制编码之间的转换。另外，还可能有串行数据格式与并行数据格式之间的转换。因为主机一般采用并行格式处理、存储数据，而主机在与某些接口设备（如 USB、RS-232 这类串行通信接口设备）交换信息时需要使用串行数据格式，因此接口也要负责实现数据的并行格式与串行格式之间的转换。再者，I/O 设备使用的电源与主机所使用的电源往往不同，电平信号有可能不同，如 RS-232 接口采用了 ±12 V 电平，而主机内的总线采用 ±5 V 的电平，因此电平转换是必需的。

3. 主机与外设之间的通信联络控制

主机与外设之间的通信联络控制一般包括命令译码、状态字的生成、同步控制、设备选择以及中断控制等。

主机发给外设的命令通常采用命令编码字的格式，而实现对外设控制的物理信号有时需要采用电流、电压等模拟量的形式，因此接口电路需要对主机送来的命令字译码并形成外设所需的信号形式。同理，外设回送给接口的状态也可能是采用模拟形式的信号，接口也需要对这些信号进行编码，形成状态字，以便主机通过读取状态字来了解命令执行情况。接口为此要设置控制（命令）寄存器和状态寄存器，如图 10-17 所示。

当主机或外设将数据发送到接口后，接口需要给出数据已经"就绪"的信号，通知对方可以取走数据进行处理，即由该信号实现同步控制。

设备选择信号用来指示选中的设备，它通常作为数据选通信号被送到三态门电路的控制端上，使三态门电路脱离高阻状态，以便选中的设备可以参与数据交换。因此，每个设备接口中都有一个专门的设备选择电路。

如果系统中采用中断方式控制主机与外设之间的信息交换接口，则应有中断控制逻辑。该逻辑负责实现中断请求信号的产生与记录、中断的屏蔽、中断优先级的排队以及生成、发送中断向量码（用来标识中断源及中断类型）等。

如果系统中采用 DMA 方式控制主机与外设之间的信息交换，则接口中就应有 DMA 控制逻辑。该逻辑负责发送 DMA 请求、实现 DMA 优先级的比较、系统总线的申请以及系统

总线的接管与释放等。

4. 寻址

在一个计算机系统中，通常会连接多个外设，为了对 I/O 设备进行选择，必须给众多的外围设备编址，也就是给每个设备分配一个或多个地址码，也称为设备号或设备码。然而外设是接在相应的 I/O 接口上的，因此处理机对设备的寻址实质上就是对 I/O 接口中寄存器的寻址，设备号或设备码实际上就是该设备控制器上某个寄存器的地址，也称为端口地址。地址总线上的地址信号经有关译码器译码后产生设备号，进而选择相应的外设寄存器。

对 I/O 端口编址的方法分为两种：一种是单独编址方式，也称独立编址方式，如图 10-17 所示；另一种是存储器映射方式，也称存储器统一编址方式，如图 10-18 所示。独立编址方式是指存储单元与 I/O 接口寄存器的地址分别编址，各自有自己的译码部件。在 CPU 设计上要实现专门的 I/O 指令及相应的总线控制程序，以此区分地址总线上的地址是存储地址还是 I/O 端口地址，如 IBM PC 微型计算机系统中就采用了此种方式。在 IBM PC 微型计算机系统中，内存单元的地址最多有 1 M 个，I/O 接口的地址有 1 024 个，各自独立编址。在 IBM PC 中部分 I/O 端口地址分配如表 10-1 所示。

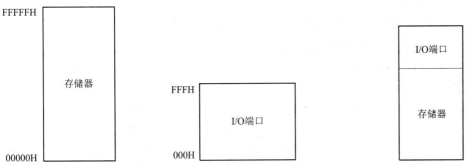

图 10-17 I/O 设备独立编址方式   图 10-18 存储器映射的 I/O 设备编址方式

表 10-1   IBM PC 中部分 I/O 端口地址分配

输入/输出设备	占用地址数	地址（十六进制）
硬盘控制器	16	320～32F
软盘控制器	8	320～32F
彩色图形显示适配器	16	3D0～3DF
异步通信控制器	8	3F8～3FF

这种编址方法的优点是：I/O 端口与存储器单元都有各自独立的地址空间，各自的地址译码与控制电路会相对简单一些，同时由于设置了 I/O 指令，使机器语言或汇编语言源程序中的 I/O 部分较为明显，程序的结构比较清晰，便于阅读、修改程序。其缺点是通常为 I/O 指令设计的寻址方式与存储单元访问指令中的寻址方式相比要单调一些，但一般不会给程序

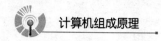

的编制带来不便。

存储器映射方式是从主存储器地址空间中分出一部分地址作为 I/O 端口地址，即存储单元与 I/O 端口寄存器处在一个统一的地址空间中，如图 10–18 所示。这样由于能访问存储单元的指令都能够访问到 I/O 端口，所以在这种方式下不需要在 CPU 中设置专门的 I/O 指令及相应的总线控制时序，从而简化了 CPU 控制器的设计、实现。当访问存储器的指令中出现被 I/O 映射的地址码时，表示当前访问的对象不是存储单元而是 I/O 端口。由于通常对访问存储单元的指令会设计较多的寻址方式，因而 I/O 程序编制较为方便、灵活。但这种方式的缺点也很明显：一是存储器的空间被占用；二是机器语言或汇编语言源程序中的 I/O 部分难以阅读、修改及维护。

10.6.2　I/O 接口的分类

I/O 接口的类型取决于 I/O 设备的特性、I/O 设备对接口的特殊要求、CPU 与接口（或 I/O 设备）之间的信息交换方式等因素。早期 I/O 接口电路的各个部分分散在 CPU 和 I/O 设备中，采用大规模集成电路技术后，使接口部件向着标准化、通用化、系列化方向发展。归纳起来，I/O 接口大致可分为以下几种。

1. 串行接口与并行接口

按照数据传送格式可将接口分为串行接口和并行接口两大类。在并行接口中，主机与接口、接口与 I/O 设备之间都是以并行方式传送信息，即每次传送一个字节（或一个字）的全部代码，因此并行接口的数据通路宽度是字或字节宽度的数倍。当外部设备与主机系统距离较近时，通常选用并行接口。

在串行接口中，I/O 设备与接口之间是一位一位地串行传送数据的，而接口和主机之间则是按并行方式交换数据。因此在串行接口中必须设置具有移位功能的数据缓冲寄存器，以实现数据格式的串—并转换。此外还需要有同步定时脉冲信号来控制信息传送的速率，以及根据字符编码格式，在连续的串行信号中识别出所传输数据的措施。采用串行方式工作的 I/O 设备主要有中低速的扫描仪、绘图仪等，计算机网络的远程终端设备、大型主机系统的终端设备以及通信系统的终端设备通常也会采用串行数据传送方式。串行数据传送方式的优点是需要的物理线路少、成本低，有利于实现远距离的数据传输；缺点是数据传输速度相对较慢、控制较为复杂。

2. 同步接口与异步接口

按时序的控制方式可将接口分为同步接口和异步接口。同步接口一般与同步总线相连，接口与总线的数据传送由统一的时钟信号来同步。这种接口的控制逻辑较为简单，但要求 I/O 设备与 CPU、主存在速度上必须能够很好地匹配，这在某种程度上限制了所使用的 I/O 设备的种类与型号。在实际应用中，考虑到系统的灵活性，一般允许 I/O 操作总线周期的时钟脉冲个数可以在一定范围内变化，即总线时段的长短可以不统一划分。

异步接口与异步总线相连，接口与系统总线之间采用异步应答方式。通常把交换信息的两个设备分为主设备和从设备。例如，把处理机作为主设备，而某一 I/O 设备作为从设备。

主设备首先提出要求交换信息的请求信号，经总线和接口传递到从设备，从设备完成主设备指定的操作后，又通过接口和总线向主设备发出应答信号，整个信息交换过程总是这样请求、应答地进行着。而从请求到应答的间隔时间由操作的实际时间决定，而非系统定时节拍的硬性规定，如 DEC 公司的 PDP–11 系列机就是采用这种接口的机器。

无论是同步接口还是异步接口，接口与 I/O 设备交换信息一般都是采用异步方式，但前面小节提到的具有总线特性的接口有时也可采用同步方式，如 ATA 接口就是这样。

3. 直接程序控制、程序中断和直接存储器存取接口

按信息传送的控制方式可将接口分为直接程序控制 I/O 接口、程序中断 I/O 接口以及直接存储器存取方式 I/O 接口等。这里提到的几种信息传送的控制方式下面将会给出详细的讨论。

在实际应用中，I/O 接口体现为多样性，即并非严格按上述情况划分，比如在程序中断 I/O 接口中也包含有一般的接口模块，可以按直接程序控制 I/O 接口方式工作；有一些接口，如磁盘，既有中断 I/O 方式接口，也有 DMA 控制方式接口，两者协同工作，实现磁盘的 I/O 控制。

10.7　程序控制方式

程序控制下的数据传送可以分为两种，即直接程序控制方式和程序中断传送方式。其共同特点是数据传输操作需要在处理机上执行的 I/O 指令来实现。此时数据传输的大致过程如下：输入数据时，CPU 首先执行输入指令，即启动输入操作总线周期，将 I/O 接口数据缓冲寄存器中的数据取到 CPU 的累加寄存器中，接下来 CPU 再执行一条写存储单元的指令，即启动写存储器总线周期，将累加寄存器中存放的输入数据写到内存某个单元中；输出数据时，CPU 首先执行一条读存储单元的指令，即启动读存储器总线周期，将内存某个单元中存放的待输出数据取到 CPU 的累加寄存器中，接下来 CPU 执行一条输出指令，即启动输出操作总线周期，将累加寄存器中存放的待输出数据写到设备接口的数据缓冲寄存器中。从上面的工作过程可以看出，内存与外设交换一个数据需要使用两次总线，即总线要执行一个访问存储单元的总线周期和一个 I/O 总线周期。下面分别详细介绍这两种工作方式。

10.7.1　直接程序控制方式

I/O 操作是计算机处理中非常重要的操作，如何实现对 I/O 设备的有效控制，以更好地满足用户的输入/输出要求，是设备管理中非常重要的问题之一。在计算机技术的发展过程中，I/O 控制方式也在不断地发展，对 I/O 控制的要求主要是基于尽量减少主机对 I/O 控制的干预，把主机从繁杂的 I/O 控制事务中解脱出来，以更多地完成其数据处理任务。

按照 I/O 控制功能的强弱，以及和 CPU 之间联系方式的不同，可把 I/O 设备的控制方式分为 4 种，这 4 种控制方式代表了 I/O 控制发展的 4 个阶段，从程序直接控制方式发展到中断驱动方式，再到 DMA 控制方式、通道 I/O 控制方式，每种控制方式都对前一种方式存在的问题进行了解决，提高了 CPU 和外围设备并行工作的程度，大幅度地提高了计算机执行

效率和系统资源的利用率。

I/O 程序直接控制方式如下。

程序直接控制方式也称为询问方式，它是早期计算机系统中的一种 I/O 操作控制方式。在这种方式下，利用输入/输出指令或询问指令测试一台设备的忙/闲标志位，根据设备当前的忙或闲的状态，决定是继续询问设备状态还是由主存储器和外围设备交换一个字符或一个字。图 10-19 所示为一个数据的输入过程。当在 CPU 上运行的现行程序需要从 I/O 设备读入一批数据时，CPU 程序首先设置交换的字节数和数据读入主存的起始地址，然后向 I/O 设备发送读指令或查询标志指令，I/O 设备将当前的状态返回给 CPU。如果 I/O 设备返回的当前状态为忙或未就绪，则测试过程不断重复，直到 I/O 设备就绪，开始进行数据传送，CPU 从 I/O 接口读一个字或一个字符，再写入主存。如果传送还未结束，再次向设备发出读指令，重复上述测试过程，直到全部数据传输完成再返回现行程序执行。

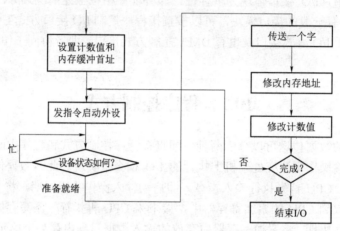

图 10-19　I/O 设备数据的输入过程

为了正确完成这种传送，通常要使用 3 条指令：查询指令，用来查询设备的状态；传送指令，当设备就绪时，执行数据交换；转移指令，当设备未就绪时，执行转移指令转向查询指令继续查询。

在程序直接控制方式中，一旦 CPU 启动 I/O 设备，便不断查询 I/O 设备的准备情况，终止原程序的执行。另外，当 I/O 准备就绪后，CPU 还要参与数据的传送工作，此时 CPU 也不能执行原程序，由于 CPU 的高速性和 I/O 设备的低速性，致使 CPU 的绝大部分时间都处在等待 I/O 设备完成数据的输入/输出循环测试和低速的传送中，造成对 CPU 资源的极大浪费。由此可见，在这种设备控制方式下，CPU 和 I/O 设备完全处在串行工作状态，使主机不能充分发挥效率，整个系统的效率很低。

10.7.2　程序中断传送方式

程序中断方式简称为中断方式，它是目前几乎所有计算机系统都具有的一种重要的工作机制。当主机启动外设后，无须等待查询，而是继续执行原来的程序，外设在做好输入/输出准备时，向主机发出中断请求，主机接到请求后就暂时中止原来执行的程序，转去执行中断服务程序对外部请求进行处理，在中断处理完毕后返回原来的程序继续执行。显然，程序中断不仅适用于外部设备的输入/输出操作，也适用于对外界发生的随机事件的处理。程序中断在信息交换方式中处于最重要的地位，它不仅允许主机和外设同时并行工作，并且允许一台主机管理多台外设，使它们同时工作。但是完成一次程序中断还需要许多辅助操作，当外设数目较多时，中断请求过分频繁，可能使 CPU 应接不暇。另外，对于一些高速外设，由于信息交换是成批的，如果处理不及时，可能会造成信息丢失，因此，它主要适用于中、低速外设。

程序中断与调用子程序的区别如下。

程序中断是指计算机执行现行程序的过程中，出现某些急需处理的异常情况和特殊请求，CPU 暂时终止现行程序，而转去对随机发生的更紧迫的事件进行处理，在处理完毕后，CPU 将自动返回原来的程序继续执行。

子程序的执行是由程序员事先安排好的，而中断服务程序的执行则是由随机的中断事件引起的；子程序的执行受到主程序或上层子程序的控制，而中断服务程序一般与被中断的现行程序毫无关系；不存在同时调用多个子程序的情况，而有可能发生多个外设同时请求 CPU 为自己服务的情况。

1. 中断的基本概念

中断是计算机中的一个十分重要的概念，在现代计算机中毫无例外地都要采用中断技术。什么是中断呢？可以举一个日常生活中的例子来说明，假如你正在给朋友写信，电话铃响了。这时，你放下手中的笔，去接电话。通话完毕，再继续写信。这个例子就表现了中断及其处理过程：电话铃声使你暂时中止当前的工作，而去处理更为急需处理的事情（接电话），把急需处理的事情处理完毕之后，再回过头继续原来的事情。在这个例子中，电话铃声称为"中断请求"，你暂停写信去接电话叫作"中断响应"，接电话的过程就是"中断处理"。相应地，在计算机执行程序的过程中，由于出现某个特殊情况（或称为"事件"），使得 CPU 中止现行程序，而转去执行处理该事件的处理程序（俗称中断处理或中断服务程序），待中断服务程序执行完毕，再返回断点继续执行原来的程序，这个过程称为中断。

中断是指由于某种事件的发生（硬件或者软件的），计算机暂停执行当前的程序，转而执行另一个程序，以处理发生的事件，处理完毕后又返回原程序继续作业的过程。中断是处理器一种工作状态的描述。把引起中断的原因，或者能够发出中断请求信号的来源统称为中断源。通常中断源有以下几种。

（1）外部设备请求中断。一般的外部设备（如键盘、打印机和 A/D 转换器等）在完成自身的操作后，向 CPU 发出中断请求，要求 CPU 为它服务。由计算机硬件异常或故障引起的中断，也称为内部异常中断。

（2）故障强迫中断。计算机在一些关键部位都设有故障自动检测装置，如运算溢出、存储器读出出错、外部设备故障、电源掉电以及其他报警信号等，这些装置的报警信号都能使 CPU 中断，进行相应的中断处理。

（3）实时时钟请求中断。在控制中遇到定时检测和控制，为此常采用一个外部时钟电路（可编程）控制其时间间隔。需要定时时，CPU 发出命令使时钟电路开始工作，一旦到达规定时间，时钟电路发出中断请求，由 CPU 转去完成检测和控制工作。

（4）数据通道中断。数据通道中断也称为直接存储器存取（DMA）操作中断，如磁盘、磁带机或 CRT 等直接与存储器交换数据所要求的中断。

（5）程序自愿中断。CPU 执行了特殊指令（自陷指令）或由硬件电路引起的中断是程序自愿中断，是指当用户调试程序时，程序自愿中断检查中间结果或寻找错误所在而采用的检查手段，如断点中断和单步中断等。

2. 中断请求

当外部中断源希望 CPU 对它服务时，就产生一个中断请求信号加载到 CPU 中断请求输入端，通知 CPU，这就形成了对 CPU 的中断请求。每个中断源向 CPU 发出的中断请求信号是随机的，而 CPU 是在现行指令执行结束后才检测有无中断请求发生，故在 CPU 现行指令执行期间，必须把随机输入的中断请求信号锁存起来，并保持到 CPU 响应这个中断请求后才可以清除。因此，每一个中断源都设置了一个中断请求触发器，记录中断源的请求标志。当有中断请求时，该触发器被置位；当 CPU 响应中断请求后，该触发器被清除。

3. 中断源识别

在微机系统中，不同的中断源对应着不同的中断服务子程序，并且存放在不同的存储区域。当系统中有多个中断源时，一旦发生中断，CPU 必须确定是哪一个中断源提出了中断请求，以便获取相应的中断服务子程序的入口地址，转入中断处理，这就需要识别中断源。在 Intel 80486 CPU 系统中，采用向量中断的方式来识别中断源。向量中断是指中断服务子程序的入口地址由中断事件本身提供的中断。中断事件在提出中断请求的同时，通过硬件向 CPU 提供中断向量。中断服务子程序的入口地址称为中断向量。系统为每一个外设都预先指定一个中断向量，当 CPU 识别出某一个设备请求中断并予以响应时，中断控制逻辑就将设备的中断向量送给 CPU，而转去执行相应的中断服务子程序。

4. 中断嵌套

在中断优先级已经确定的情况下，低优先级中断源向 CPU 发出中断请求，且得到了 CPU 的响应，CPU 正在对其进行服务时，若有优先级更高的中断源向 CPU 提出中断请求，则中断控制逻辑能控制 CPU 暂时搁置现行的中断服务（中断正在执行的中断服务子程序），转而响应高优先级的中断，执行中断服务子程序，待高优先级的中断处理完毕后，再返回先前被搁置的中断服务子程序继续执行。若此时是低优先级或同级中断源发出的中断请求，CPU 均不响应。这种高优先级中断源中断低优先级中断源的服务，使中断服务子程序可以嵌套进行的过程，称为中断嵌套。

5. 中断允许与屏蔽

在微机系统中，中断的允许与屏蔽通常分为两级来考虑。一级是针对 CPU 的可屏蔽中断请求（INTR）是否被允许进入系统，处理的方法是在 CPU 内部设置一个中断允许触发器（即 IF 标志），用来开放或关闭 CPU 中断，该触发器可以用指令置位或清零。当中断允许触发器置 1 时，称为开中断，允许 CPU 响应 INTR 请求；当中断允许触发器清零时，称为关中断，禁止 CPU 响应 INTR 请求。另一级是在外设接口中，为每一个中断源设置一个中断允许触发器和一个中断屏蔽触发器，用它们来开放或关闭中断源的请求。

6. 中断优先级判优

在微机系统中，中断源种类繁多、功能各异，所以它们在系统中的重要性不同，要求 CPU 为其服务的响应速度也不同，因此，系统按任务的轻重缓急，为每个中断源进行排队，并给出顺序编号，这就确定了每个中断源在接受 CPU 服务时的优先等级，称之为中断优先级。当有多个中断源同时向 CPU 请求中断时，中断控制逻辑能够自动地按照中断优先级进行排队，称之为中断优先级判优，选中当前优先级最高的中断进行处理。在一般情况下，系统的内部中断优先于外部中断、不可屏蔽中断优先于可屏蔽中断。

中断源的优先级判优，可以通过软件查询方式和硬件电路两种方法实现。软件查询方式的基本原理：当 CPU 接收到中断请求信号后，执行优先级判优的查询程序，逐个检测外设中断请求标志位的状态，检测的顺序是按优先级的高低来进行的，最先检测到的中断源具有最高的优先级，最后检测到的中断源具有最低的优先级。CPU 首先响应优先级最高的中断请求，在处理完优先级最高的中断请求后，再转去响应并处理优先级较低的中断源请求。硬件优先级判优是采用硬件电路来实现的，可节省 CPU 的时间，而且速度较快，但是成本较高。

当有两个以上的中断源都提出两个中断请求时，CPU 首先响应哪个中断请求？这就要求中断系统应该具有相应的中断排队逻辑，同时也需要有动态调整中断优先级的手段。

1）CPU 目前执行程序的优先级与中断请求优先级间的判优

CPU 的状态就是现行程序的执行状态，而外部中断请求则是外部事件的服务请求。性能更强的计算机除了设置允许中断触发器与开、关中断的指令外，还可在程序状态字中记录现行程序的优先级，以进一步细分程序任务的重要程度。CPU 通常设置多条中断请求输入线，据此将中断请求划分为不同的优先级。CPU 内部有一个优先级比较逻辑，对程序状态字中给定的优先级与中断请求的优先级进行比较，根据比较结果决定是否需要暂停现行程序的执行，而去响应中断请求。操作系统可以根据实际情况动态地对程序状态字中的优先级进行调整。

2）中断请求之间的判优

首先按中断请求性质来划分优先级，一般来说，CPU 内部引发的中断优先级最高，然后才是外部中断。对外部中断而言，不可屏蔽中断的优先级要高于可屏蔽中断，前者往往要求 CPU 处理故障，后者要求 CPU 处理一般的 I/O 中断。对于一般的 I/O 中断，按中断请求要求的数据传送方向，通常的原则是让输入操作的请求优于输出操作的请求。因为如果不及时响应输入操作请求，有可能丢失输入信息。而输出信息一般存于主存中，暂时延缓些，信息不至于丢失。当然，上述原则也不是绝对的，在设计时还必须具体分析。

在多数计算机中，一方面用硬件逻辑实现优先级排队（简称为判优逻辑）；另一方面，计算机又可以用软件查询方式体现优先级判别。在硬件优先级排队逻辑中，各个中断源的优先级可以是固定的，也可以通过软件控制的方法动态调整各中断源的中断请求优先级。在采用通过软件查询来确定响应中断次序的方式中，改变查询次序就意味着改变了中断请求优先级。此外，采用屏蔽技术也可在一定程度上动态调整优先顺序。下面介绍几种优先级排队方法。

（1）软件查询。

响应中断请求后，先转入查询程序，查询程序按优先顺序依次询问各个中断源是否已经提出了中断请求。如果是，则转入相应的服务处理程序。如果否，则继续往下查询。查询的顺序体现了优先级别的高低，改变查询顺序也就改变了优先级，如图 10-20 所示。

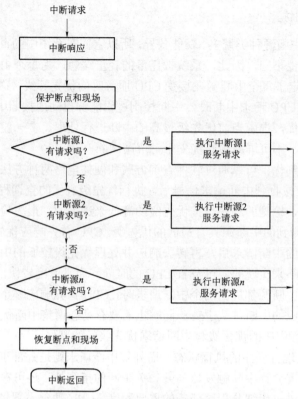

图 10-20 软件查询中断的中断请求逻辑和查询流程

（2）链式优先级排队逻辑。

如果中断请求信号的传递模式采用公共请求线方式，则优先级排队结果可以用形成的设备编码或中断识别编码来表示，相应地，可采用链式优先级排队逻辑，该逻辑也称为优先链逻辑。各个中断源提出的中断请求都送到公共中断请求信号线上，形成公用的中断请求信号 INTR 送往 CPU。响应请求时，CPU 向 I/O 设备发出一个公用的中断批准信号，也称为中断应答信号。CPU 发出的中断批准信号（INTA）先送给中断请求优先级最高的设备，如果该设备提出了中断请求，则在接到该批准信号后，通过系统总线向 CPU 送出自己的中断识别编码（或设备编码，或中断类型编码，或向量地址编码），也可以是一条 CPU 指令的编码，批准信号的传送也就到此为止，不再往下传送。如果该设备没有提出请求，则将批准信号传递到下一级设备，……。在采取这种连接方式时，所有可能作为中断源的设备被连接成一条链，其连接顺序体现了优先级顺序，在逻辑上离 CPU 最近的设备优先级最高。这种优先链结构在许多文献中也被称为菊花链，是应用很广泛的一种逻辑结构。

在中断优先级排队问题的各种方法中，有些方法可以综合运用，从而在实际应用中派生出许多具体方式。例如，中断控制器 8259A，可编程指定多种优先级排队方法，如固定优先级方式、循环优先级方式、特殊屏蔽方式等。

7. 中断响应和中断处理（中断服务）

1）中断响应

CPU 接到中断请求信号后，如果满足响应中断的条件，CPU 就会暂停现行程序的执行，而转入中断处理,将这一过程称为中断响应。

CPU 响应外部中断一般应具备以下条件。

(1) 有中断源请求中断。

(2) CPU 允许响应中断,即处于开中断状态。

(3) 一条指令执行结束。

CPU 对内部中断的响应不受上述条件的限制,有内部中断请求发生,就会立即响应。一般情况下,CPU 响应外部中断的时间是在一条指令执行结束的时候,但某些内部中断,如在指令执行过程中,取操作数时发现所需的数据不在主存(采用虚存时会发生这种情形),这时如不及时处理,指令就无法执行下去,这就要求在指令执行过程中响应中断。

CPU 响应中断后进入中断响应周期,在中断响应周期内,完成下面的操作。

(1) 关中断。以便在保存现场的过程中不允许响应新的中断请求,确保现场保存的正确性。

(2) 保存断点地址(即返回地址)和程序状态字。一般将它们压入堆栈中。

(3) 转入中断服务程序入口。以便执行相应的中断服务程序,完成中断处理任务。

2)中断处理(中断服务)

经过中断响应取得了中断服务程序的入口地址后(具体的中断服务程序入口地址的获取方法在下面论述),CPU 开始执行中断服务程序,完成规定的中断处理任务。

中断服务程序一般由三部分组成,即起始部分、主体部分和结尾部分。

中断服务程序的起始部分的主要功能按执行次序如下。

(1) 判明中断原因,识别中断源,对于不同中断源转入不同的服务程序。

对于向量中断,直接由硬件查明中断源并给出中断向量地址,转入相应中断服务程序。而非向量中断则需通过执行一段查询程序,查明中断源后转入相应的中断服务程序。

(2) 设置屏蔽字,封锁同级中断与低级中断。

(3) 保存中断现场。除了程序计数器(PC)和程序状态字(PSW)外,还有一些 CPU 内部寄存器的内容需要保护。因为在执行中断服务程序的过程中,如果需要用到 CPU 内部的某些寄存器,则需要事先将它们现有的内容保存起来。通常是将它们压入到内存中的堆栈来实现内容的保存。

(4) 开中断,以便在本次中断处理过程中能够响应更高级的中断请求。

中断服务程序的主体部分是执行处理具体中断的程序,如控制设备进行输入/输出操作。

中断服务程序的结尾部分按执行次序主要完成下列功能。

① 关中断,以便在恢复现场的过程中允许响应新的中断。

② 恢复中断现场,将起始部分保存的寄存器内容送回到原寄存器中。

③ 清中断请求或中断服务信号,表示本次中断处理结束。

④ 清屏蔽字,开放同级中断和低级中断。

⑤ 开中断,以便响应新的中断请求。

⑥ 恢复 PSW、PC,返回被中断的程序。

8. 中断服务程序入口地址的获取方法

为了执行中断服务程序,关键是获得该中断服务程序的入口地址。入口地址的获取有两

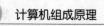

种方式，即向量中断和非向量中断。

1）向量中断

首先阐明 5 个有关的概念。

中断向量：通常将中断服务程序的入口地址及其程序状态字合称为中断向量。有些计算机系统（如早期的微型计算机）没有完整的程序状态字，此时中断向量仅指中断服务程序的入口地址。

PSW_n
PC_n
$\vdots$
PSW_2
PC_2
PSW_1
PC_1

图 10－21　中断向量表

中断向量表：存放中断向量的表格。通常系统将所有的中断向量连续地存放在内存的一个特定区域中，形成一个一维的表格，称为中断向量表，如图 10－21 所示。

向量地址：访问中断向量表中的一个表项的地址码，即读取中断向量所需的内存地址，也称为中断指针。

中断类型码：中断源提供的标识中断类型的编码，CPU 一般据此编码计算得到向量地址。

向量中断是指这样一种中断响应方式：先将各个中断服务程序的中断向量组织成中断向量表；响应中断时，由中断源提供中断类型编码，据此 CPU 计算得到对应于该中断的向量地址，再根据向量地址访问中断向量表，从中读取相应的中断服务程序的入口地址及 PSW 编码字，将入口地址装到程序计数器（PC）中，将 PSW 编码字装入到程序状态字寄存器中，由此 CPU 就转向执行中断服务程序。上述工作一般安排在中断响应周期中，由 CPU 执行中断响应指令实现。

向量中断的特点是系统可以管理大量中断，并能根据中断类型编码较快地转向对应的中断服务程序。因此，现代计算机基本上都具有向量中断功能，但具体实现方法有多种。例如，在 CPU 具有多条中断请求信号线的系统中，可根据请求信号线的状态编码产生各中断源的向量地址。又如，在菊花链形式的中断优先级排队结构中，经硬件链式查询找到被批准的中断源，该中断源通过总线向 CPU 发出其中断向量号。也可由中断源送出一种中断指令（如 RST n）及其编码，CPU 通过执行该指令而获取中断向量。在 Intel 8086 中，中断源产生的是偏移量，与 CPU 提供的中断向量表基址相加，形成向量地址。在有些系统中，CPU 内有一个中断向量寄存器，存放向量地址的高位部分，中断源产生向量地址的低位部分，二者拼接形成完整的向量地址。

2）非向量中断

非向量中断是指这样一种中断响应方式：CPU 在响应中断时只产生一个固定的地址，该地址是中断查询程序的入口地址，这样 CPU 可以转去执行查询程序，通过软件查询确定被优先批准的中断源，然后执行相应的中断服务程序。

例如，在 DJS－130 计算机中，CPU 响应中断时，在中断响应周期中让 PC 与 MAR 内容均为 1，即从 1 号存储单元中读出查询程序的入口地址，然后转去执行查询程序。通过执行查询程序，按优先顺序逐个地查询各中断源，若中断源提出了中断请求，则转去执行相应的中断服务程序，若中断源没有提出中断请求，则继续往下询问。

查询程序是为所有中断请求服务的，又称为中断总服务程序。它的任务仅仅是判定提出中断请求的中断源，进而转去执行处理中断的服务程序。查询程序本身可以存放在主存的任何位置，但它的入口地址被写入一个事先约定好的内存单元中，如在上面的例子中，入口地址被写入 1 号单元，这个特定的内存单元地址在硬件上是固定的，软件无法改变；而各个中断服务程序的入口地址则被写进查询程序中。

查询方式可以是软件轮询，即按某个次序逐个查询有关设备的状态标志；也可以先通过硬件取回被批准中断源的设备码（作为优先级排队电路对中断请求排队的结果），再通过查询软件依据设备码查询中断向量表，以获取中断向量。

可见，非向量中断方式是通过软件方式确定中断服务程序入口地址的。这种方式可以简化硬件逻辑，灵活地修改优先顺序，但相对来说中断的响应速度较慢。

现代计算机大多具备向量中断功能，也可以将非向量中断方式作为一种补充手段。

9. 多重中断与中断屏蔽

如果 CPU 在处理某一级中断的过程中，又遇到了新的中断请求，CPU 便暂停原中断的处理，而转去处理新的中断，待处理完毕，再恢复原来中断的处理，把这种中断行为称为多重中断，也称中断嵌套。

是否在中断处理过程中出现任何新的中断请求时 CPU 都要予以响应呢？显然不是这样的。对多重中断的处理是有一定原则的，这个原则就是：若目前请求中断的优先级高于正在处理中的中断的优先级，则 CPU 要响应这个中断请求；若目前请求中断的中断优先级等同或低于正在处理中的中断的优先级，则 CPU 不予响应，必须等待目前的中断处理完成后再响应中断。

例如，某计算机中断系统分为五级中断，中断响应的优先次序从高到低为 1—2—3—4—5，如果 CPU 在执行某一正常程序时出现了 1、2、4 级的中断请求，CPU 将首先转去执行处理 1 级中断的中断处理程序，待处理完成后返回正常程序。但此时还有 2、4 级的中断请求未被处理，所以在正常程序执行了一条指令后 CPU 又转去执行处理 2 级中断的中断处理程序，待 2 级中断处理完成后返回正常程序。因为此时还有 4 级的中断请求未被处理，所以在正常程序执行了一条指令后，CPU 马上又转去执行处理 4 级中断的中断处理程序。如果在执行处理 4 级中断的中断处理程序的过程中又出现了 3 级中断请求。因为 3 级中断的优先级高于 4 级中断，所以 CPU 必须转去执行处理 3 级中断的中断处理程序。若在执行处理 3 级中断的中断处理程序的过程中又出现了 1、5 级中断请求，因为 1 级中断的优先级高于 3 级中断，所以 CPU 将中断 3 级中断处理程序，而转去执行处理 1 级中断的中断处理程序，但因为 5 级中断的优先级别最低，所以不能中断其他高级别的中断处理程序。待 1 级中断处理完成后，CPU 返回 3 级中断的中断处理程序继续执行；3 级中断处理完成后，返回 4 级中断的中断处理程序继续执行；当 4 级中断处理完成后，CPU 返回正常程序。但此时还有 5 级的中断请求未被处理，所以在正常程序执行了一条指令后，CPU 又转去执行处理 5 级中断的中断处理程序，待 5 级中断处理完成后，返回正常程序继续执行。

实现多重中断处理的基本方法是利用中断屏蔽有选择地封锁部分中断，而允许其余来自屏蔽的中断提出中断请求。具体实现方法是，可以给每一个可屏蔽的中断源设置一个中断屏蔽触发器，用来决定是否屏蔽该中断源提出的中断请求。当 CPU 响应某个中断源的中断请求后，由相应的中断服务程序送出一个新的中断屏蔽字，对同级和低级中断实施屏蔽，只允许 CPU 响应优先级更高的中断，从而实现多重中断处理。

中断屏蔽还有一个用处就是中断升级。有些设备的优先级较低，因此申请的中断有可能长时间得不到响应，这就需要让它升级，利用屏蔽技术可以将原来优先级较高设备的中断请求暂时屏蔽掉，而由于优先级低的设备的中断请求未被屏蔽，优先级就相对提高了，这就是中断升级。

以前面所举的五级中断为例，各中断源的优先级为 1—2—3—4—5，每个中断源对应一个屏蔽码，屏蔽码为 1 表示中断被屏蔽。根据多重中断的处理原则，屏蔽码的设置如表 10-2 所示。

表 10-2　程序级别与屏蔽码

程序级别	屏 蔽 码				
	1 级	2 级	3 级	4 级	5 级
第一级	1	1	1	1	1
第二级	0	1	1	1	1
第三级	0	0	1	1	1
第四级	0	0	0	1	1
第五级	0	0	0	0	1

如果要采用中断屏蔽技术修改中断处理的次序，例如将处理次序修改为 1—4—3—2—5，则只需将中断屏蔽码修改成如表 10-3 所示的情况即可。

表 10-3　修改中断处理次序屏蔽码

程序级别	屏 蔽 码				
	1 级	2 级	3 级	4 级	5 级
第一级	1	1	1	1	1
第二级	0	1	0	0	1
第三级	0	1	1	0	1
第四级	0	1	1	1	1
第五级	0	0	0	0	1

10. 中断响应的及时性

在某些应用场合（如实时控制），对中断源提出中断申请后到中断处理程序的第一条指令开始执行之间的中断延迟时间有严格的要求。这个延迟时间实际上是 CPU 执行中断响应指令的开销。一般来说，设计 CPU 时应尽量做到使各个延迟时间越小越好。影响延迟时间的因素有以下 4 点。

（1）指令的执行时间。一般外部中断是在指令之间响应，如果指令系统中有执行时间较长的指令，如 x86 平台的 MOVS 指令，则需要考虑提供在指令执行过程中也可以对外部中断请求予以响应的能力。

（2）程序执行环境转换的开销，即保护断点、现场和恢复断点、现场时 CPU 的开销。在某些 RISC CPU 中，如 SUN Microsystems 公司的 SPARC 芯片，在 CPU 内部采用了多组寄存器"窗口"，使得环境转换得以加快，因为这时的转换工作只是在 CPU 内部寄存器组之间转换，而不是将大批数据传回内存，减少了环境转换的开销。

（3）中断服务程序入口地址的确定方式。在某些处理机中采用固定地址对应的方法，即某个中断源的中断服务程序的第一条指令放在固定的内存单元中，这样 CPU 在响应这个中断时，可直接转入中断服务程序，如 Z80 微处理器即为支持这种方式的处理机。而有些系统则采用中断向量表的方法，如 x86 平台，这时确定入口地址需要访问内存，所花费的时间多一些，可考虑将中断向量表安排在 CPU 内部的 Cache 中，以加快入口地址的确定时间。

（4）中断处理程序最好也安排在 Cache 中，以便加快中断处理。

11．小结

至此，已讨论从中断源发出中断请求开始，直到中断服务程序执行完毕，返回原来被中断的程序的全过程。现在总结如下。

（1）中断请求。

（2）择优响应。

（3）保存现场。

（4）中断服务。

（5）恢复现场。

（6）中断返回。

在这一过程中，有些工作是由硬件完成的，有些是由软件完成的，因此中断是一种软、硬件结合的技术手段。在不同的机器中，软、硬件功能分配的比例会有所不同。

10.8　直接存储器访问方式

直接存储器访问方式（Direct Memory Access，DMA）是一种直接依靠硬件在主存与 I/O 设备之间进行数据传送，且在数据传送过程中不需 CPU 干预的 I/O 数据传送控制方式。DMA 方式通常用于高速外设，按照连续地址方式访问内存。

直接存储器存取（DMA）意味着在主存储器与 I/O 设备间有直接的数据传送通路，I/O 设备与内存交换数据不必再经过 CPU 的累加器转手，即可在内存单元与设备接口数据缓冲器之间直接实现数据直传。即输入设备的数据只需经过系统总线中的数据总线，就可以直接输入到主存储器。同样，主存中的数据也可经数据总线直接输出给输出设备，因此称为直接存储器存取。DMA 的另一层含义是与直接程序控制方式不同，对数据传送的控制是由硬件实现的，不依靠 CPU 执行具体的 I/O 指令，所以在 DMA 控制的数据传送期间不需要 CPU 执行程序来控制 I/O 操作。

作为一种对比，再简要回顾一下程序控制方式。在程序查询方式（直接程序传送方式）中，当设备就绪时 CPU 要执行 I/O 指令实现数据的输入或输出。而且有些计算机的访问存储单元的指令与 I/O 指令是分别设置的，需要先执行访问存储单元的指令，将数据由主存读入 CPU，再执行输出指令，将数据由 CPU 写入 I/O 设备；或者反过来实现数据输入。在程序中断方式中，首先要切换到中断服务程序，在中断服务程序中同样要通过执行访问存储单元的指令与 I/O 指令实现数据的输入或输出。

10.8.1　DMA 方式的特点与应用场合

DMA 的特点是响应设备的随机 I/O 请求，实现主存与 I/O 设备间的快速数据传送，若不出现访问主存冲突，DMA 控制方式下的数据传送一般不会影响 CPU 正在执行的程序。换句话说，在 DMA 控制的数据传送期间，CPU 可以继续执行自己的程序，因而提高了 CPU 的利用率。但 DMA 方式本身只能处理简单的数据传送，不能实现如数据校验、代码转换等功能。

与程序查询方式相比，DMA 方式可以响应随机的 I/O 请求，当传送数据的条件具备时，接口提出 DMA 请求，获得批准后占用系统总线进行数据的输入/输出。CPU 不必为此等待查询，可以继续执行自身的程序。I/O 数据传送的实现是直接由硬件控制的，CPU 不必为此执行指令，其程序也不受影响。

与程序中断方式相比，DMA 方式仅需占用系统总线，不需要切换程序，因此不存在保存断点、保护现场、恢复现场、恢复断点等操作。因而在接到随机 I/O 请求后，可以快速插入 DMA 数据传送总线周期，只要不存在对主存的访问冲突，CPU 也可以与 DMA 控制的数据传送并行地工作。

鉴于以上特点，DMA 方式一般应用于主存与高速 I/O 设备间的简单数据传送（高速 I/O 设备指磁盘、光盘等外存储器），以及主存与其他带局部存储器的外围设备、通信设备（如网络接口适配器等）之间的数据传送。

根据磁盘的工作原理，对存放在磁盘上的数据的读/写是以数据块为单位进行的，一旦找到数据块起始位置，就将连续地进行读/写。因为找到数据块起始位置是随机的，所以接口何时满足数据传送条件也是随机的。由于磁盘读/写速度较快，而且在磁盘接口控制器上安排有较大容量的数据缓冲存储器，所以在数据传输过程中不会长时间占用总线，因此主机与磁盘之间的数据交换一般采用 DMA 方式传送数据。写盘时内存单元的数据直接经数据总线输出到磁盘接口的数据缓冲存储器中，然后由磁头写入盘片；读盘时由磁头从盘片上读出数据，放到磁盘接口的数据缓冲存储器中，然后经数据总线写入主存。

当计算机系统通过通信设备与外部通信时，常以数据帧为单位进行批量传送。引发一次通信是随机的，但在开始通信后常以较快的数据传输速度连续传送，此时可采用 DMA 方式。在大批量数据采集系统中，也可以采用 DMA 方式。

为了提高半导体存储器芯片的单片容量，许多计算机系统选用动态存储器（DRAM）构造主存，并用异步刷新方式安排刷新周期。刷新请求对主机来说是随机的。DRAM 的刷新操作是对原存储内容读出并重写，可视为存储器内部的数据批量传送。因此，也可采用 DMA 方式实现，将每次刷新请求当成 DMA 请求，CPU 在刷新周期中让出系统总线。在执行存储器刷新操作时，DMA 控制器提供存储器的行地址（即刷新地址）和读/写信号给主存，这样在一个存储周期内实现各存储芯片中的一行刷新。利用系统的 DMA 机制实现动态存储器的刷新，简化了存储器的动态刷新逻辑。

DMA 传送的最大优势是直接依靠硬件实现数据的快速直传，也正是由于这一点，DMA 方式本身不能处理数据传输过程中的复杂事态。因此，在某些场合需要综合应用 DMA 方式与程序中断方式，二者互为补充。典型的例子是主机对磁盘的读/写，磁盘读/写采用 DMA 方式进行数据传送，而对于类似磁盘寻道结果是否正确的判别处理、批量传送结束后的善后处理这类操作，则采用程序中断方式，由 CPU 执行相应的 I/O 程序来完成。

10.8.2　DMA 传送方式

DMA 传送方式是指 DMA 控制器获取或使用总线的方法。DMA 方式使用 DMA 控制器（简称 DMAC）来控制和管理数据的传输。DMA 控制器具有独立访问内存和 I/O 接口寄存器的能力，即 DMA 控制器能够通过地址总线向内存或 I/O 接口提供访问地址，通过控制总线向内存或 I/O 接口发出读/写控制信号，以实现外设与存储器之间的数据交换。通常 DMA 控制器和 CPU 共享系统总线，在 DMA 控制器控制传输数据时，CPU 必须放弃对系统总线的控制，而由 DMA 控制器来控制系统总线。不同的计算机系统会采用不同的方法来解决 CPU 与 DMA 控制器共享总线的问题。

CPU 与 DMA 控制器共享总线大致有 3 种方式。

1. CPU 暂停方式

CPU 响应 DMA 请求后，让出系统总线给 DMA 控制器使用，直到数据全部传送完毕后，DMA 控制器再把总线交还给 CPU。在此期间，CPU 是不能访问主存的，因此 CPU 需要暂时停止工作。此时 CPU 内部的控制器要在 CPU 内部封锁时钟信号，并使 CPU 与总线之间的信号线呈现高阻状态。DMA 控制器获得总线控制权以后，开始进行数据传送。在一批数据传送完毕后，DMA 控制器通知 CPU 可以使用内存，并把总线控制权交还给 CPU。采用这种 DMA 工作方式的 I/O 设备需要在其接口控制器中设置一定容量的存储器作为数据缓冲存储器使用，I/O 设备与数据缓冲存储器交换数据，主存也只与数据缓冲存储器交换数据，由于数据缓冲存储器的存取速度较快，这样可以减少由于执行 DMA 数据传送而占用系统总线的时间，从而减少了 CPU 暂停的时间。这种控制方式比较简单，用于高速 I/O 的成批数据传送是比较合适的。缺点是 CPU 的工作会受到明显的延误，当 I/O 数据传送时间大于主存周期时，主存的利用不够充分。

2. 周期挪用方式

这种方式有时也称为周期窃取方式。在这种方式中，当 I/O 设备无 DMA 传送请求时，CPU 正常访问主存。当 I/O 设备需要使用总线传送数据时，产生 DMA 请求。

DMA 控制器把总线请求发给 CPU，此时若 CPU 本身无使用总线的要求，CPU 就可把总线交给 DMA 控制器，由 DMA 控制器控制 I/O 设备使用总线，这样的情形当然最为理想；如果此时 CPU 也要使用总线，则 CPU 自身进入一个空闲总线周期状态，即 CPU 让出一个总线周期给 DMA 控制器（也称 DMA 控制器挪用一个总线周期）。DMA 控制器利用此总线周期控制传送一个数据字后，再把总线交还给 CPU，以便 CPU 可以执行总线操作。可见，当 I/O 设备与 CPU 同时都要访问主存而出现访问主存冲突时，I/O 设备访问的优先权高于 CPU 访问的优先权，因为 I/O 设备每次占用总线的时间较短（仅一个总线周期）。

周期挪用方式能够充分发挥 CPU 与 I/O 设备的利用率，是当前普遍采用的方式。其缺点是，每传送一个数据，DMA 都要产生访问请求，待到 CPU 响应后才能传送，因此判优操作及总线切换操作非常频繁，其花费的时间开销较大。往往在传输一个数据块时，需要 DMA

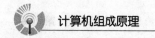

控制器多次申请使用总线,这影响了 DMA 的数据传输速度。这种情况适用于 I/O 设备接口控制器中数据缓冲器容量不大的场合,例如,在接口控制器中仅设置一个数据寄存器的情形,对具有较大容量的数据缓冲存储器的高速外设来说是不合适的。

3. 交替访问内存方式

使用这种方式的前提是 CPU 的工作速度相对较慢,而内存的工作速度较快,或者人为拉长 CPU 执行指令的时间。如主存的存取周期为 Δt,而 CPU 每隔 $2\Delta t$ 才产生一次访存请求,那么在 $2\Delta t$ 内,一个 Δt 供 CPU 访问主存,另一个 Δt 供 DMA 访问主存。这种方式比较好地解决了 CPU 与 I/O 设备之间的访存冲突以及设备利用不充分的问题,而且不需要有请求总线使用权的过程,总线的使用是通过分时控制的,此时 DMA 的传送对 CPU 没有影响。但加大了控制器的设计与实现难度,且对存储器的工作速度要求较高,增加了主存的成本。

应该看到,一个计算机系统是否采用 DMA 控制的 I/O 数据传送方式,采用什么样的使用总线的方法都不是绝对的,要因系统而异。假设某个计算机系统对 CPU 没有设置 Cache,那么采用程序控制方式的 I/O,主机与设备交换一次数据只有一半时间涉及内存操作,因为两个总线周期中有一个总线周期是 I/O 周期。这样由于 CPU 的工作速度的原因,在数据传输时将达不到存储器的最大带宽,即存储器的性能不能得到充分的发挥。而采用 DMA 方式传输数据只要一个总线周期,有可能充分发挥内存的性能,所以此时采用 DMA 传送方式的 CPU 暂停方式工作也是值得的。如果情况不是这样,CPU 工作速度非常快,即便采用程序控制方式的 I/O 也能使数据传输速度达到内存工作带宽的最大值,那么此时采用这种 DMA 方式就没有任何必要,所有的 I/O 工作都可让 CPU 来完成。例如,IBM PC/XT 个人计算机采用的是 Intel 8088 CPU,其工作主频只有 4.77 MHz,且没有对 CPU 设置 Cache,CPU 工作速度不快,因此该计算机系统采用 DMA 方式来实现硬盘与内存之间的数据变换,在数据交换过程中实际上 8088 无事可做;而 IBM PC/AT 个人计算机采用的是 Intel 80286 CPU,工作主频上升到 1.6 MHz,也没有对 CPU 设置 Cache,且 PC/AT 机内存的性能与 PC/XT 机内存性能相差不大,由于 CPU 的工作速度大大加快,因此在 PC/AT 个人计算机中,硬盘与内存的数据交换改用 CPU 执行程序控制方式来实现,即硬盘读写的 PIO 方式。

10.8.3 DMA 的硬件组织

在目前的计算机系统中,大多专门设置 DMA 控制器,而且较多采取 DMA 控制器与 DMA 接口相分离的方式。

DMA 控制器只负责申请、接管总线的控制权,发送地址和操作命令以及控制 DMA 传送过程的起始与终止,因而可以为各个设备通用,独立于具体 I/O 设备。

DMA 接口用于实现与设备的连接和数据缓冲,反映设备的特定要求。

按照这种方式,DMA 控制器中存放着传送命令信息、主存缓冲区地址信息、数据交换量信息等,它的功能是接收接口送来的 DMA 请求,向 CPU 申请掌管总线,向总线发出传送命令与内存地址,控制 DMA 传送。在逻辑划分上,DMA 控制器是输入/输出与系统中的公共接口逻辑,为各 DMA 接口所共用,是控制系统总线的设备之一。在具体组装上,DMA 控制器有集成芯片可供选用，常将它装配在主机系统板上。

DMA 接口的组成与功能相对简化，一般包含数据缓冲寄存器、I/O 设备寻址信息、DMA 请求逻辑。DMA 接口可以根据寻址信息访问 I/O 设备，将数据从设备读入数据缓冲寄存器，或将数据缓冲寄存器中的数据写入设备。在需要进行 DMA 传送时，接口向 DMA 控制器提出请求，在获得批准后，接口将数据缓冲寄存器存放的数据经数据总线写入主存单元，或将主存单元存放的内容写入接口数据缓冲寄存器。

10.8.4　DMA 控制器的组成

DMA 控制器由各类寄存器组、DMA 控制逻辑以及中断控制逻辑等组成。

1. 寄存器组

通常 DMA 控制器中包含多个寄存器（组）。

（1）主存地址寄存器（MAR）。该寄存器初始值为主存缓冲区的首地址。主存缓冲区是由连续地址单元组成的内存区域。在 DMA 操作过程中，主存地址寄存器负责提供交换数据的内存单元的地址。与设备交换数据时，从首地址指向的内存单元开始，每次数据传送后都修改 MAR 中的地址，直到一批数据传送完毕为止。

（2）设备地址寄存器（DAR）。该寄存器用于存放 I/O 设备的设备码，或者表示设备接口控制器上数据缓冲器的地址信息。其具体内容取决于 I/O 设备接口控制器的设计。

（3）传输量计数器（WC）。该计数器对传送数据的总字数进行统计，一般采用补码表示要传送的数据量。每传送一个字（或字节），计数器自动加 1，当 WC 内容溢出时表示数据已全部传送完毕。

（4）控制与状态寄存器（CSR）。该寄存器用于存放控制字（命令字）和状态字。有的接口中使用多个寄存器，分别存放控制字和状态字。

（5）数据缓冲寄存器（DBR）。该寄存器用来暂存 I/O 设备与主存传送的数据。通常，DMA 与主存之间是以字为单位传送数据的，而 DMA 与设备之间可能是以字节或位为单位传送数据的，因此 DMA 控制器还可能要有装配和拆卸字信息的硬件，如数据移位缓冲寄存器、字节计数器等。有的系统采用外设控制器上的数据缓冲器与内存单元之间通过数据总线直传的方法，这样就不需要数据缓冲寄存器了。

以上各寄存器均有自己的端口地址，以便 CPU 访问。

2. DMA 控制逻辑

DMA 控制逻辑负责完成 DMA 的预处理（初始化各类寄存器），接收设备控制器送来的 DMA 请求信号，向设备控制器回答 DMA 允许（应答）信号，向系统申请总线以及控制总线实现 DMA 传输控制等工作。

3. 中断控制逻辑

DMA 中断控制逻辑负责在 DMA 操作完成后向 CPU 发出中断请求，申请 CPU 对 DMA 操作进行后处理或进行下一次 DMA 传送的预处理。

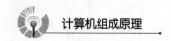

4. 数据线、地址线和控制信号线

DMA 控制器中设置了与主机和 I/O 设备两个方向的数据线、地址线、控制信号线以及有关收发与驱动电路。

10.8.5　DMA 控制下的数据传送过程

DMA 控制方式下的数据传送过程可分为 3 个阶段，即 DMA 传送前预处理阶段、数据传送阶段及传送后处理阶段。

1. DMA 预处理

在进行 DMA 数据传送之前需要 CPU 执行一段程序，做一些必要的准备工作。首先 CPU 要测试设备状态，在确认设备完好后，CPU 再向 DMA 控制器的设备地址寄存器中送入设备地址并启动设备，在主存地址寄存器中送入主存起始地址，在传输量计数器中送入要传送的数据个数，向控制寄存器写入 DMA 操作命令。在这些工作完成之后，CPU 可以继续执行原来的程序。

当外围设备准备好发送的数据（输入）或上次接收的数据已处理完毕（输出）后，就发出 DMA 请求给 DMA 控制器，由 DMA 控制器发出总线请求，申请使用系统总线。如果此时有几个 I/O 设备同时发出 DMA 请求，DMA 控制器要用硬件排队线路对 DMA 请求进行排队，以确定首先进行 DMA 传输的设备。在 DMA 控制器获得总线使用权后，DMA 控制器向该设备发出 DMA 允许信号（DMA 应答信号）。在 DMA 控制器的控制下，I/O 设备开始与内存进行数据变换。

2. 数据交换操作

DMA 控制器获取总线后，DMA 控制器根据在 DMA 预处理阶段 CPU 送来的 DMA 操作命令字所规定的传送方式进行输入或输出操作，直到将所有数据传输完毕，DMA 控制器交还总线，发出中断请求。

若为输入数据，则具体操作过程如下。

（1）从输入设备接口控制器的数据缓冲寄存器中读入一个字到 DMA 控制器的数据缓冲寄存器（DBR）中。如 I/O 设备是面向字符的，也就是一次读入的数据为一个字节，则需将两个字节的数据组成一个字。

（2）DMA 控制器将主存地址寄存器（MAR）中的主存地址送入主存的地址寄存器中。

（3）DMA 控制器将数据缓冲寄存器（DBR）中的数据送入主存的数据寄存器中，并发出存储器写操作信号，将数据写入主存单元。

（4）将主存地址寄存器（MAR）中的内容加 1 或减 1，以确定下一次交换数据的内存单元的地址。将传输量计数器（WC）的内容加 1。

（5）判断传输量计数器（WC）是否为溢出（高位有进位）状态，若不是说明还有数据需要传送，准备下一字的输入。若传输量计数器（WC）为溢出状态，表明一组数据已传送完毕，置 DMA 操作结束标志并向 CPU 发中断请求。

若为输出数据，则具体操作过程如下。

（1）DMA 控制器将主存地址寄存器（MAR）的内容送入主存的地址寄存器。

（2）DMA 控制器发出存储器读操作信号，以启动主存的读操作，将对应单元的内容读入主存的数据寄存器中。

（3）将主存数据寄存器的内容送到 DMA 控制器的数据缓冲寄存器（DBR）中。

（4）将数据缓冲寄存器（DBR）的内容送到输出设备控制器的数据缓冲寄存器中，若为字符设备，则需将 DBR 内存放的字分解成字符后再输出。

（5）将主存地址寄存器（MAR）中的内容加 1 或减 1，以确定下一次交换数据的内存单元的地址。将传输量计数器（WC）的内容加 1。

（6）判断传输量计数器（WC）是否为溢出（高位有进位）状态，若不是则说明还有数据需要传送，准备下一字的输出。若传输量计数器（WC）为溢出状态，表明一组数据已传送完毕，置 DMA 操作结束标志并向 CPU 发中断请求。

3. DMA 后处理

接到中断请求后 CPU 响应中断，CPU 停止原程序的执行，转去执行中断服务程序，做一些 DMA 的结束处理工作。这些工作常常包括校验送入主存的数据是否正确，决定是继续用 DMA 方式传送下去还是结束传送，以及测试在传送过程中是否发生了错误等。若需继续交换数据，则 CPU 又要对 DMA 控制器进行初始化；若不需交换数据，则停止外设；若为出错，则转去执行错误诊断及处理程序。

参 考 文 献

[1] 王爱英. 计算机组成原理与结构（第 3 版）[M]. 北京：清华大学出版社，2001.

[2] John L Hennessy，David A Patterson. Computer Architecture—A Quantitative Approach [M]. Morgan Kaufmann Publishers，INC，1998.

[3] 张功萱，顾一禾. 计算机组成原理 [M]. 北京：清华大学出版社，2005.

[4] 杨天行. 计算机技术 [M]. 北京：国防工业出版社，1999.

[5] 赵继文. 非击打式打印机结构原理维修 [M]. 北京：人民邮电出版社，1998.

[6] 白中英. 计算机组成原理 [M]. 北京：科学出版社，1994.